中国科学院大学研究生教材系列

空间光学理论与应用

王　虎　薛要克　编著

科学出版社
北　京

内 容 简 介

本书重点介绍了空间光学的基本概念、分类特点以及应用；针对对地观测卫星光学遥感链路，分别讨论了空间环境、力学环境、大气光学环境的主要特点及其对空间光学遥感的影响；对空间目标（合作、非合作）的光度特性进行了分析。在以上知识的基础上，阐述了空间光学遥感基础，介绍了空间光学遥感器的组成、分类、特性以及未来发展趋势，并针对空间运动目标的特点，分别就光学探测方法及各类载荷的工作方式进行了介绍。

本书可作为高等院校光学工程、航天光学遥感、光电信息科学与工程等相关专业的本科生、研究生教材或参考书，也可供相关专业的教师和科技工作者参考。

图书在版编目（CIP）数据

空间光学理论与应用 / 王虎，薛要克编著. -- 北京：科学出版社，2024. 9. --（中国科学院大学研究生教材系列）. -- ISBN 978-7-03-079593-9

Ⅰ. V423

中国国家版本馆 CIP 数据核字第 2024RU0286 号

责任编辑：周　涵　孔晓慧 / 责任校对：彭珍珍
责任印制：张　伟 / 封面设计：无极书装

科 学 出 版 社 出版

北京东黄城根北街 16 号
邮政编码：100717
http://www.sciencep.com

北京天宇星印刷厂印刷
科学出版社发行　各地新华书店经销

*

2024 年 9 月第 一 版　开本：720×1000　1/16
2024 年 11 月第二次印刷　印张：21 1/4
字数：429 000

定价：148.00 元
（如有印装质量问题，我社负责调换）

前　言

"空间"一词来源于英文"space"，《韦氏词典》的解释为"space—that portion of the universe outside the earth or its atmosphere; called also outer space"。意为"地球或其大气层以外的区域，也被称为外层空间"。在一些中文意境中也将"space"翻译为"太空"、"航天"等，如太空行走（walking in space）、太空食品（space food）、太空垃圾（space debris）、中国国家航天局（China National Space Administration，CNSA）、空间站（space station）、中国空间技术研究院（China Academy of Space Technology，CAST）等。在国家自然科学基金学科分类中，"空间光学"属于信息科学部的"空间、大气、海洋与环境光学"（代码为 F0510）。

航天事业的蓬勃发展使得空间已经成为全球科技竞争的重要领域，特别是近年来，随着空间站建设、月球及火星探测等一系列重大航天项目的成功实施，空间科技取得了前所未有的突破。其中，空间光学作为光学领域的重要分支，其理论研究和工程应用更是日新月异，为人类的空间探索活动提供了强有力的技术支撑。

作者在前辈以往成果的基础上，结合自身工程及教学实践，系统地阐述了空间光学的基础理论、技术原理和应用方法。本书最显著的特点是注重理论联系实际，在阐述基础理论知识的同时，注重工程案例的引入与分析，期待能使读者在实践案例中理解和掌握基本的理论，并能学以致用。同时，本书还注重外延知识的拓展，通过引入最新的研究进展和前沿技术，使教材内容更丰富、更具有时代性。

此外，本书秉承中国科学院大学科教融合的办学理念及特点，将包括作者团队等在内的科研成果与教学结合起来。一方面，通过引入作者团队的科研成果，用理论指导实践，使读者能够了解最新的科研动态和研究方向；另一方面，通过工程项目的应用，检验并进一步完善理论知识，使教材内容更加贴近实际、更具有实用性。这种科教融合的编写方式不仅提高了教材的质量和实用性，也为培养创新型人才工作提供了一种有效的尝试。

本书首先对空间光学进行概述，介绍了空间光学的基本概念、分类特点以及应用；基于对地观测卫星光学遥感链路，依次介绍了空间环境、力学环境、大气光学环境的主要特点及其对空间光学遥感的影响；对空间目标（合作、非合作）的光度特性进行了分析。其次在以上知识的基础上，阐述了空间光学遥感基础，介绍了空间光学遥感器的组成、分类、特性以及未来发展趋势，并针对空间运动目标的特点，分别就光学探测方法及各类载荷的工作方式进行了介绍。

本书可作为高等院校光学工程、航天光学遥感、光电信息科学与工程等相关专业的本科生、研究生教材或参考书，也可供以上专业的教师和科技工作者参考。

本书由王虎研究员主编，负责整体策划、编写和教学实践。薛要克高级工程师负责部分内容的编写及案例的准备工作，并承担课程的实践教学工作。

在本书的编写过程中，中国科学院西安光学精密机械研究所王晨洁高级工程师为第 6 章进行热分析仿真工作。潘越博士对第 6 章不同高度大气透过率进行了仿真计算。马占鹏博士对散射模型等进行了订正与完善。刘政高级工程师提供了部分膜系的仿真曲线。张洁高级工程师、薛勋高级工程师、王争锋工程师、邹刚毅高级工程师、王晨洁高级工程师、杨森博士对相关专业问题进行了指导。南方科技大学赵新彦教授提供了极紫外光源的拓展材料。陈荣利研究员阅读全文，并给出了很好的建议。

团队成员薛要克高级工程师、林上民高级工程师、马占鹏博士、潘越博士、刘杰高级工程师、刘美莹高级工程师、陈钦芳副研究员、沈阳博士、刘阳工程师、解永杰高级工程师、周藏龙工程师、王禛工程师、车云强工程师等提供了强有力的支持和帮助。本书部分素材也取自团队科研工作。博士生马博伦、刘佳文、王星艳，硕士生连进、王江涛、马丹丹、刘琳岚等完成了部分文献查阅、图表绘制、文字校对和编辑排版等工作。他们为本书的顺利出版都付出了辛勤的努力。在此，对他们的贡献表示衷心的感谢。

感谢书中所有引文的作者，他们的帮助让我们受益匪浅，向所有作者致谢！

感谢中国科学院大学教材出版中心资助本书的出版。

感谢中国科学院大学长期的鼓励与支持。

感谢中国科学院西安光学精密机械研究所各位领导和老师的支持和帮助。

从 2018 年开始，作者利用了几乎所有的节假日和晚上时间查阅文献，丰富教材内容，也感谢自己的不懈努力和家人的鼎力支持。

由于空间光学学科不断发展变化，加之作者水平有限，书中难免存在疏漏之处，恳请广大读者和同行批评指正，特别感谢！

王　虎　薛要克

2024 年 9 月于西安

目　　录

第 1 章　空间光学概论

浩瀚宇宙，孕育了众多星系与生命，蕴藏着无穷的自然力量，也留给人类很多未解之谜。西汉刘安在《淮南子·齐俗训》中对宇宙定义为：往古来今谓之宙，四方上下谓之宇[1]，即"宇"为上下四方，是所有的空间，"宙"是古往今来。故而宇宙是无限的空间和时间。

"空间"一词为英文"space"直译[2-4]。从广义上讲，空间就是人类活动的区域，如生存空间、发展空间、升值空间等。狭义上，空间特指地球大气层以外的宇宙范围，一般指距地球表面 100km 以上[5]。以 100km 高度为分界线，称为卡门线。如非特别说明，本课程所述的空间均为狭义上的外太空、宇宙。

为了探知未知，人类一直在努力，从地面、水下、空中以及空间平台，审视熟知，探究未知。人们通过不同平台观察同一物体，会获得更加全面的感知，也更加有利于认知世界。空间光学技术就是在空间平台上通过光学手段帮助人类仰望星空，俯瞰大地，进而认知自我，并改写认知。

不论是从地基观测星空，还是从空间观察地球，都需要通过不同的大气层结构。本章首先介绍大气层结构及其特点；其次对空间光学的概念、分类及特点进行说明；最后介绍光学遥感初步概念及相关前沿发展趋势。

1.1　大气层结构

根据不同高度的温度变化特征，把从地面垂直到外太空方向区域分为五层，分别为对流层、平流层、中间层、热层以及散逸层，见图 1.1-1。

1) 对流层

对流层是从地面到空间过程中温度出现第一极小值所在高度的大气层。对流层的高度为从地球表面至 10～20km 高度范围内[5]。海平面附近温度大约+20℃，但是在对流层顶层 12km 处温度已降至约−60℃。温度变化幅度比较大。

对流层的主要热量直接来源于大气吸收的地面红外辐射，地面上的植被、岩石、水面等不同物体对于太阳辐射能量的吸收和反射也不一致，使得温度分布不均，再加上地形对气流的影响，在近地面，气温高的地方空气呈上升运动，而气温低的地方空气呈下沉运动，从而形成了空气的对流，对流层顶层是风速最高的地方。

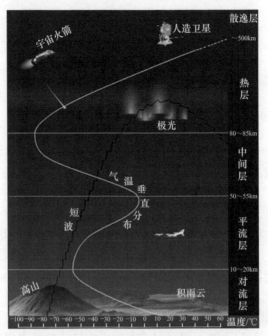

图 1.1-1　从地面到空间不同层的划分[6]

太阳光照射到地球表面，地面吸收大量的太阳辐射，随之温度就会升高。地面温度升高后会以长波红外辐射的形式将大部分能量辐射到空气中，这些红外辐射会被大气层尤其是二氧化碳和甲烷等吸收，这也是形成温室效应的缘由之一。接近地面的空气不但离热源近而且稠密，可以吸收更多的热量，对流层底部温度自然就高；对流层的上层一方面离热源远，另一方面稀薄的空气无法锁住更多的热量，所以温度较低，故对流层气温随高度升高而降低。平均而言，在对流层中高度每上升 1000m，气温下降约 6.5℃，该气温垂直梯度用公式表示为[7]

$$\gamma = -\frac{\partial T}{\partial h} = 0.0065℃ / m \tag{1-1}$$

式中，γ ——气温垂直梯度，即气温直减率，℃/m；

　　　　T ——大气温度，℃；

　　　　h ——高度，m。

对流层容易发生空气对流，形成大气湍流，造成大气抖动。民航飞机在起飞上升和降落过程中，都要穿过对流层，大气湍流会引起飞机颠簸。普通天文台的台址选在很缓的山顶上，主要也是考虑气流顺畅，湍流少使得大气相对稳定，而且山顶白天地面吸收的热量也少，晚上地面辐射的能量对大气的影响也小。

　　如果忽略重力加速度和温度随高度的变化，在地球引力作用下，地面的大气密度最大，气压最高。大气密度总体上随高度呈指数规律逐渐减小，气压也随之降低[8,9]。

$$p \approx p_0 \mathrm{e}^{-h/H}$$

$$(1\text{-}2)$$

式中，p——气压，Pa；

　　p_0——1 标准大气压(1atm)，$p_0 = 1\mathrm{atm} = 1.01325 \times 10^5 \mathrm{Pa}$，此时海平面的大气密度约为 1.25kg/m³；

　　h——高度，km；

　　H——标高，km，在 100km 以下，H=7~8km。

　　在局部区域，大气分子分布的不均匀性造成大气密度变化不稳定。地表温暖湿润空气上升时随气压降低而膨胀，低温条件下超饱和的水蒸气凝结而形成云。显著的对流运动和充足的水汽，使得对流层出现风、雨、云、雷电等复杂多变的天气现象。对流层中也存在电离层，对电磁波可以反射。

　　乘飞机降落穿过对流层前，若注视飞机影子方位，就有可能在对流层云层上看到"宝光"，俗称"佛光"现象，如图 1.1-2 所示。

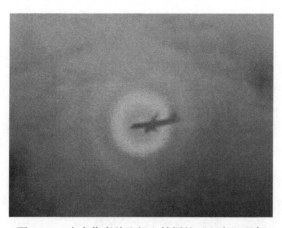

图 1.1-2　本书作者从飞机上拍摄的"宝光"现象

　　"宝光"是一种大气光学衍射现象。图 1.1-2 中一圈圈的彩色圆环是衍射环，是太阳光穿过飞机顶部的云(或者冰晶)所形成的孔洞，产生了圆孔衍射，投影在远处的云层上所致。具体形成原理将在第 4 章光的衍射部分中详细介绍。

　　【研讨】为什么海拔越高，温度越低？

　　中国南北分界线的秦岭主峰太白山，从古至今一直呈现出"太白积雪六月寒"、"山下酷暑山顶寒"的景象。那么为什么海拔越高，气温越低？

我们感受到的温度变化并不是直接来源于太阳的热量,而是来源于大地上空的空气,大地吸收了太阳的热量,以长波辐射的方式向周围的空气辐射能量,这些辐射会被大气层直接吸收,尤其是二氧化碳和甲烷等是最容易吸收这些长波辐射的,这也是温室效应的形成原因。因此,空气是自下而上逐渐变冷的。

同一高度下,空气密度越大,气压也就越高。气体分子的密度越大,大气中的各种气体和微粒(包括空气、水蒸气、尘埃等)就能吸收及散射更多太阳及地面辐射的热量。

海拔高的地方,湿度相对较低,空气洁净,云层形成也少,虽然白天被大气及云层反射掉的太阳直接辐射较少,使得大多数的太阳辐射投射到地面,随着地面辐射加强,大气辐射也跟着加强,但是由于大气稀薄,大气的保温效果差,无法有效形成类似"温室效应"的效果。而且云层底部及气体分子等对地面的逆辐射效应也不足,导致热量大量散失。

另外还与太阳直射程度等有关。太阳直射到地面上,单位面积获得的热量多;太阳斜射时,同样热量经过大气层的路径更长,被大气分子所吸收及散射掉的热量会更多一些,而且斜入射时照射到地面的面积就大,因此温度相对就要低一些。这也是纬度高的地方由于太阳高度角小,获得的太阳能量少,气候寒冷的原因。

总之,大气密度、太阳直射程度等因素导致"高处不胜寒"。

【应用案例】利用浓烟雾的逆辐射效应保温防霜冻

晴朗的夜晚,若天空没有云,大气逆辐射效果就比较弱,地面辐射的热量散失大,则夜晚地面气温很低,容易出现霜冻。民间通过在田间地头焚烧秸秆、杂草等产生的浓烟来防霜冻。浓烟中含有大量的二氧化碳、水汽、尘埃等,能吸收地面长波辐射使大气增温,大气增温的同时,通过大气逆辐射的形式将能量返还给地面,相当于"保温大棚",从而减少夜晚地面辐射损失的热量,对土地起到保温的作用,亦即可以预防霜冻。

【研讨】为什么在某一纬度上到达地面的太阳辐射能量相同,可是结果并不一样,陆地上剧烈升温,海洋上升温却十分和缓?

第一,陆地的反射率大于海洋水面,导致陆地实际吸收的太阳辐射比海洋少10%~20%。

第二,陆地对各种波长的太阳辐射都不透明,吸收的太阳辐射都用在加热很薄的陆地表面。水面虽然对红光和红外线不透明,但对可见光其余部分波段和到达水面的紫外线都是透明的,这一部分辐射能量可以到达海洋的深层。

第三,岩石和土壤都是热的不良导体,传导到土壤下层的热量很少。水却相反,有很高的热传导率,得到的太阳辐射能很快地向下层传导。

第四,岩石和土壤不能上下左右流动,海洋上却有波浪、洋流和对流进行热量的水平输送和垂直交换[10]。

第五，水的比热容大于岩石和土壤。**比热容简称比热**，它指单位质量的某种物质升高(或下降)单位温度所吸收(或放出)的热量。岩石的比热约为 0.8368J/(g·℃)；水比热是 4.184J/(g·℃)。如果将 4.184J 热量给 1g 水，温度可升高 1℃；如果将 4.184J 热量给 1g 岩石，温度可升高 5℃ [11]。

第六，海面有充足的水源供应，蒸发强烈，消耗了水面很多热量，使水温升不高，减少了空气的感热交换，但是热量多以潜热形式被带到大气中[12]。感热是可以感觉到的热量，能立即使气温升高；潜热暂不能升温，只有当水汽凝结时，才能释放潜热，加热大气。

第二到第五个原因使陆地得到的太阳辐射只集中于表层，导致地面迅速而剧烈地升温，从而加强了地面和大气的感热交换。而水面则将太阳辐射的一部分向下层传播，使水温不断升高，传给大气的感热自然减少[13]。

2) 平流层

平流层是从对流层顶以上至温度出现极大值所在高度的大气层[14]。平流层高度为对流层顶(10～20km)以上至 50～55km 高度范围[5]，因离地面远，地面辐射对其影响可忽略。但是平流层的臭氧层会大量吸收太阳光中的紫外线，从而温度升高，故其热量为上层热下层冷。平流层气温随高度的增加而上升，温度范围为 −60～0℃。臭氧的英文为"ozone"，源自希腊语"ozon"，意为"嗅"。臭氧(O_3)属于有害气体。

平流层大气以水平流动为主，在云层上方天气晴朗，有利于高空飞行，民航飞机平飞即是在平流层。用于科学实验的浮空器(气球或者飞艇)大体上也驻留在此位置。

【拓展知识】臭氧层被破坏的可能原因[15,16]

臭氧层是地球的一个保护层，太阳紫外线辐射大部分被其吸收。

造成臭氧层破坏的原因可能和太阳活动引起的辐射变化、臭氧化学成分的移动及大的气流在运动过程中引起的温度场和压力场的变化等因素有关。其中臭氧化学成分的变化会对臭氧浓度造成很大的影响。消耗臭氧层物质(Ozone-Depleting Substances，ODS)主要是卤素化合物。目前研究人员认为南(北)极臭氧层空洞形成的原因有可能是：

(1) 使用氟利昂(三氯一氟甲烷)制冷剂，其内的氯离子释放后反复破坏臭氧分子；

(2) 太阳风射来的粒子流在地磁场的作用下向地磁两极集中，并破坏那里的臭氧分子。

3) 中间层(高空对流层)

中间层是从平流层顶以上至温度出现第二极小值所在高度的大气层。高度范围为平流层顶(50~55km)以上至80~85km[5]。中间层内也有相当强烈的上下对流运动，故又称高空对流层。其底部衔接平流层的臭氧层，臭氧层吸收紫外线，温度升高，中间层上端远离臭氧层，故而呈现出上层冷下层热的状态。中间层的气温随高度的增加而逐渐降低，温度变化范围为 0~–85℃，中间层大气对流明显。

气压是由于气体分子不规则运动，其相互撞击表面产生了力的压强。中间层由于气体分子较少，空气密度很小，所以其撞击力也很小，故而气压低。

4) 热层(电离层)

热层是从中间层顶以上(高度约85~500km[5]，大气受太阳紫外辐射加热，温度随高度增加而增大)直至包含一部分温度不再随高度变化的高度区间的大气层。太阳紫外辐射和X射线又使N_2、O_2和O等电离，由于存在大量电离层，所以热层也叫电离层。电离层是由太阳电磁辐射、宇宙线和沉降粒子作用于地球高层大气，使高层大气电离从而形成的自由电子、离子和中性粒子构成的能量很低的准中性等离子体区域。等离子体是宇宙空间物质构成的主要形态，99%以上的物质都以等离子态形式存在。电离层对无线电波具有全反射作用，可用于无线电通信。

高层大气粒子受太阳辐射激发和太阳高能粒子的轰击，能产生气辉、夜光云、极光等发光现象[17]。

【拓展知识】极光(aurora) [18-20]

太阳风是从太阳连续不断发射的稳定等离子体流，主要成分是能量较低的电子和质子，通常速度约为300~1000km/s[5]。太阳风进入地球磁场，与地球南北两极高层大气分子或者原子激发(或电离)产生发光现象。由于地球磁场使大多数太阳风的带电粒子向南北两极地区移动，故而极光多发生于两极。

极光形成的原因：在大约80~105km高度的地球高层，稀薄的大气中含有氮、钠和氧等原子，受到太阳风的轰击后进入激发态，到了夜晚大气冷却，氮、钠、氧等离子状态还原并辐射出不同颜色的辉光，其中不同的电磁波波长决定了极光的不同颜色。

如果是氮原子，则辐射出蓝色、紫色或红色极光；如果是氧原子，则辐射出绿色极光；如果是钠原子，则辐射出黄色极光。通常见到的是绿色极光，其次是红色和蓝色极光。极光的色彩变化还取决于太阳风入射粒子的能量、随高度变化的大气成分以及大气密度等。比如距离地表越近，大气密度越大，分子之间的碰撞越频繁，某些波长的光就越不容易产生。

极光产生的三个必要条件：大气、磁场、高能带电粒子。

研究极光的意义：首先，极光是由太阳活动产生的带电粒子在地球磁场中的交互作用而产生的。通过研究极光现象，可以深入了解太阳活动与地球磁场之间的相互作用关系，从而更好地预测和防范太阳风暴对地球的影响，减小对人类的危害。

其次，极光现象的出现与地球大气层中的物理和化学反应密切相关。研究极光可以帮助我们深入了解大气层的结构和组成，进而探索地球的气候变化和环境问题。

【应用案例】激光导引星技术

激光导引星(人造激光信标)技术是为了解决自适应光学技术的信标问题。

为了避免大气的干扰(大气的流动与密度的不均匀分布)使地基光学望远镜观测到的图像发生扭曲，可采用自适应光学技术进行修正，即先测量目标天体非常靠近的标志导引星，实时计算出大气湍流的影响，通过调整望远镜的镜面形状自动适应外界条件变化来保持自身最佳工作状态(反应时间在毫秒级)。采用自适应光学技术可以使导引星恢复为无扰动时的图像，同时所观测的天体的图像"抖动"也被消除，因此能够获得非常好的观测质量。但是在实际应用时，绝大多数要观测的天体找不到与其相配的高亮度天然导引星。

当对亮于 5 等星的亮目标成像时，亮的目标自身可作为信标源。当对暗目标成像时，需要用人造信标来测量成像通道上的大气扰动误差。

人造信标有瑞利(Rayleigh)信标和钠信标两种。**瑞利信标利用 10km 左右高度大气中分子对激光的瑞利后向散射而形成，激光波长通常选用 532nm 的绿光。钠信标的高度为 85～105km，利用该高度的钠原子对 589.159nm 黄色激光共振散射产生**[21,22]。

激光导引星的主要应用是在天文观测中提高图像的清晰度。此外，激光导引星也被用于地球大气层的研究。通过测量激光导引星的光线畸变，科学家们可以研究大气层的湍流特性。激光导引星技术也被应用于卫星和导弹的导航系统中。

【拓展知识】高层大气的探测方法

(1) 间接法。在观测目标以外(主要在地面)，利用探测仪器观测高层大气中的物理现象，如流星、极光、气辉等[23]，推算不同高度的大气成分、密度和温度；或通过研究声、光、电波在大气中的传播特性及其穿透大气时所发生的变化，探测大气不同高度上的密度、温度和电离程度等。

(2) 直接法。利用飞机、气球、火箭和人造地球卫星等飞行器，把探测仪器带到所要观测的高度，测定飞行器周围的大气参量；或通过研究空间环境对飞行器的影响，如卫星的大气制动来探测大气密度。利用大气层外的卫星平台可以避开平流层臭氧(O_3)对紫外线的吸收，可以更加充分地利用紫外谱段进行更宽范围谱段的观测。

5) 散逸层

热层顶以上，并可延伸至 1000km 以上，层内温度不随高度变化，同时气体分子具有足够速度可以克服地球引力的束缚[5]。该等温大气称为外层大气，也叫逃逸层、散逸层。它是大气层与星际空间的过渡带，大气比较稀薄，由于远离地球故而引力小，某些高速运动的空气分子一旦被撞击会不断散逸到宇宙空间。散逸层对光和辐射的影响不大。

1.2　空间光学的发展历史

空间光学是在高层大气和大气外层空间，利用光学设备对空间和地球进行观测与研究的一门应用学科分支[24]，其发展从 20 世纪 40 年代发射探空火箭和放置探空气球开始[25]。

1610 年，伽利略发现木星的卫星在围绕木星转动，促成了从"地心说"到"日心说"的伟大转折，并对人们的社会、文化、宗教和科学观产生了深远影响[26]。

在第二次世界大战时，科学家发展利用火箭技术的同时，曾经小规模地尝试过以太空为基地的天文学。1946 年利用 V2 火箭发射摄谱仪(将复色光分解为光谱并且能拍摄光谱照片的仪器，其部件与分光镜相同)首次探测到了来自空间的太阳紫外线光谱[27]。1947 年美国人把照相机装载在第二次世界大战中缴获的德国 V2 火箭上，并发射到超过 100km 高度，使得人类第一次俯瞰到蓝色行星，建立了"行星地球"的观念。

随着 1957 年 10 月 4 日苏联发射了第一颗人造地球卫星"斯普特尼克 1 号"(Sputnik-1)，又称"人造地球卫星 1 号"，人类进入了空间时代[28]。随后，美苏开始研究把光学有效载荷装在卫星上实现对地侦察，标志着空间遥感时代的到来。英国在 1962 年发射了太阳望远镜，作为亚利安太空计划的一部分。1966 年美国国家航空航天局(NASA)进行了第一个轨道天文台(Orbiting Astronomical Observatory，OAO)任务，但第一个 OAO 的电池在三天后失效了，故而中止了这项任务。第二个 OAO 在 1968～1972 年对恒星和星系进行了紫外线的观测，比原先的计划多工作了一年的时间。

1958 年，美国"探险者 1 号"(Explorer-1)卫星首次发现地球上空数万公里处永久存在核爆一样的辐射带，即地球辐射带(范艾伦辐射带(van Allen radiation belt))，让人们意识到空间环境的险恶[26]。

自从 20 世纪 70 年代开始，空间遥感进入快速发展时期，除了美国和苏联外，法国、德国、日本、中国、加拿大和印度等都成功发射了自己的遥感卫星。人类先后将探测器发射到月球、金星、火星等，并传回地表照片，掀起了深空探测热潮。

【拓展知识】人造地球卫星[29]

人类首颗人造地球卫星是苏联于 1957 年 10 月 4 日发射的"人造地球卫星 1 号"(也叫"斯普特尼克 1 号"(Sputnik-1))。它是一个直径 0.58m、重 83.6kg 的金属球状物，内含两个雷达发射器和 4 条天线，还有多个气压和气温调节器，主要探测外空间的气压和温度变化。

"人造地球卫星 2 号"(也叫"斯普特尼克 2 号"(Sputnik-2))卫星于 1957 年 11 月 3 日发射，是苏联发射的世界上第二颗进入地球轨道的人造卫星，也是第一颗携带动物小狗莱卡的人造卫星。"斯普特尼克 2 号"卫星总质量为 508kg，其携带的两个分光光度计用于测量太阳辐射(紫外线和 X 射线)和宇宙射线，另外，乘客舱还装有电视摄像机用以观测实验狗莱卡的状况。

1958 年 1 月 31 日，美国发射了"探险者 1 号"(Explorer-1)人造卫星。卫星轨道为椭圆轨道，高度近地点 354km，远地点 2515km，轨道倾角为 33.34°，轨道周期为 114.8min。该卫星外形呈细长圆柱形，长 2.03m，直径 0.159m，质量 13.97kg，采用自旋稳定方式，卫星中段对称装有 4 根鞭状天线。探测仪器包括宇宙射线探测仪、温度敏感器以及微流星撞击探测器等。利用该卫星人类首次发现地球周围存在高能辐射带即范艾伦辐射带，这个辐射带内的高能带电粒子对载人空间飞行和卫星材料、仪器都有一定的危害性。

1965 年 11 月 26 日，法国第一颗人造卫星"阿斯特里克斯"(Asterix)卫星(也称试验卫星 A-1)发射成功。卫星质量 41.7kg，轨道高度近地点 526.2km，远地点 1808.9km，倾角 34.3°，轨道周期为 107.5min。卫星的主要任务是对"钻石"运载火箭的发射进行测试，卫星还搭载了一个可用于电离层测量的信号发射器。

1970 年 2 月 11 日，日本发射成功"大隅"号卫星，重约 9.4kg，轨道倾角 31.11°，近地点 339km，远地点 5138km，运行周期 144.2min。主要用于试验火箭级间分离和第 4 级火箭入轨性能。

1970 年 4 月 24 日，中国成功发射"东方红一号"卫星，4 月 24 日也被确定为中国航天日。卫星总质量 173kg，由结构、温控、能源、《东方红》音乐装置和短波遥测、跟踪、天线等分系统及姿态测量部件等组成，主要任务是进行卫星技术试验、探测电离层和大气层密度。椭圆轨道倾角 68.44°，近地点 441km，远地点 2368km。"东方红一号"卫星的设计寿命虽然只是 20 天，但由于卫星的近地点高度较高，因此至今仍在轨道上。

"东方红一号"卫星任务成功的标志是："上得去，抓得住，听得到，看得见"。

上得去：由"长征一号"运载火箭发射，火箭第 3 级上安装了固体发动机，使"东方红一号"卫星按照设计方案进入轨道。

抓得住：卫星状态尽在掌握中。测量方式以无线电观测为主，光学观测为辅。无线电设备有单脉冲雷达、比相干涉仪、多普勒测速仪。

听得到：《东方红》乐音接收、转播系统。卫星播发的《东方红》乐音，是采用电子线路产生模拟铝板琴声奏出。

看得见："东方红一号"卫星直径只有 1m，技术人员把卫星外形设计成由 72 面体组成的球体，卫星采用自旋稳定方式稳定，当它转起来时，由于角度不同，就会产生一闪一闪的效果，便于在地面观察。实际上卫星本体的亮度只有 6 等星左右(6 等星为晴朗夜空，正常人眼能看到的最暗的极限星等)，还是不易观测。技术人员又把第 3 级固体火箭的"外衣"由锥形的"裙"变成球状的"体"，通过第 3 级固体火箭的旋转运动和观察体结构自身的伸展运动，最终成为 4m 直径的球体，使末级火箭的亮度提高为 2~3 等星，由于第 3 级火箭是跟卫星一起入轨的，与卫星一前一后，轨道速度差不多，前后距离并不远，在球体的引导下，在其附近比较容易找到"东方红一号"卫星。

1.3　空间光学技术的应用领域

人类需要不断了解自己所存在的空间，所以需要仰望星空，俯视大地，向往深海。仰望星空主要对空间进行观测；俯视大地、向往深海主要是对地观测。

1.3.1　空间观测领域

人类对宇宙最早的认识和观测始于可见光，之后由于有 1865 年麦克斯韦对于电磁波的预言、1887 年赫兹的证实，以及 1932 年卡尔·央斯基(Karl Guthe Jansky)发现银河系的射电辐射，可见光观测自此扩展到电磁波多波段观测，出现了多波段天文学。1912 年，赫斯发现宇宙线，使得天文观测在电磁波观测之外多了一种手段，拉开了多信使(multi-messenger)天文学的序幕。1987 年，戴维斯和小柴昌俊发现了来自超新星爆发的中微子信号，这也是人类首次探测到来自宇宙的中微子，自此又多了一种认识和观测宇宙的信使。2016 年美国激光干涉引力波天文台(Laser Interferometer Gravitational-Wave Observatory，LIGO)探测到引力波，在补齐对于验证爱因斯坦广义相对论的最后一块拼图的同时，也使得引力波成为多信使天文学目前所知的最后一种信使[30]。

电磁波、宇宙线、中微子和引力波四大信使是目前人类所知的能够认识和探测宇宙的四种基本手段。在这四种信使当中，电磁波的探测最为成熟，宇宙线的探测已有百年历史，中微子的探测也已数十年，唯有引力波的探测才刚刚拉开序幕。

不同的物质、不同的天体和不同的温度发出的电磁波频率不同,利用电磁波的反射、折射、衍射和干涉等物理性质,利用电磁波不同波段及不同类型的光学设备,接收来自天体的可见光、红外线、紫外线和软 X 射线等信息,探测它们的存在,测定它们的位置,研究其结构,探索其运动和演化规律。

宇宙线[30]是来自太阳系以外的粒子和射线,包括原子核、电子、正电子、反质子等带电粒子以及中子、高能伽马射线、中微子等电荷中性粒子。宇宙线由各种天体演化过程,尤其是高能天体物理过程所产生,它们携带着这些过程中的丰富信息。太阳及其他恒星表面的高能活动、脉冲星、超新星遗迹、活动星系核和类星体等,都可能是宇宙线源。通过观测和研究它们的起源和在宇观环境中的微观变化,从而获得宇宙大部分奇特环境中天体剧烈活动过程的大量信息。

中微子[30]是构成物质世界最基本的单元之一,它散布于宇宙每一个角落,但能被原子核俘获的截面只有约 $10^{-45} m^2$,所以在极大程度上增加了人类对它的探测难度。中微子有极强的穿透能力且携带着宇宙早期最丰富信息,是联系微观世界和宇观世界的重要环节。中微子在寻找超高能宇宙线的起源、研究超新星爆发的机制、研究太阳模型、利用超新星背景中微子研究宇宙大尺度结构、利用地球中微子研究地球演化等方面有着极为重要的意义。

引力波[30]的存在是广义相对论最重要的预言之一。在广义相对论中,引力被视为是时空弯曲的一种效应,这种弯曲是质量存在所导致的结果。质量越大所导致的时空曲率也越大,当一个有质量的物体在时空中运动时,也会对周围的时空造成扰动,并且能够用波的形式向外释放能量,类似于在平静的水面投石激起的波纹,这种现象被称为引力波。它可以在宇宙中以光速传播,使时空发生轻微的扭曲,因此引力波也被称为时空的涟漪。当引力波通过观测者时,观测者就会发现时空变形,亦即两个物体之间的距离会以与引力波频率一致的方式增加或减少,由于这种时空变形效应的强度与引力波源的距离成反比,而引力波源距离地球非常遥远,所以在地球上能观测到的形变效应非常微弱,大约是 10^{-21}。由此探测引力波要求实验的精度非常高,这也正是引力波的观测如此困难的关键原因。

引力波提供了不同于电磁波的探索宇宙的新手段。在标准宇宙学模型中,有电磁相互作用的普通物质在宇宙成分中只占不到 5%,超过 95% 的宇宙成分由暗能量和暗物质组成,它们无法直接通过电磁波进行探测,但却都参与引力相互作用,对暗能量性质和暗物质属性的研究可以帮助我们认识引力的本质,了解早期宇宙的演化。同时,引力波探测和研究有助于解开暗能量和暗物质之谜[31]。

空间观测主要为空间科学提供相关研究数据。目前"一黑"、"二暗"、"三起源"问题是空间天文的关注点,即黑洞;暗物质、暗能量;宇宙起源、天体起源、生命起源等问题。宇宙在加速膨胀是暗能量排斥在起作用,宇宙中大部分物质是暗物质。科学家也在尝试通过不同的手段感知暗物质的存在。

寻找暗物质粒子和高能宇宙射线的起源是当前天文学和物理学共同的重大问题，其中伽马射线暴的监测成为目前天文领域重点研究对象之一。

【拓展知识】伽马射线暴[32,33]

伽马射线暴(Gamma-ray Burst，GRB)简称伽马暴，是指在空间某一方向的伽马光子迅速上升然后又快速衰退的展现现象。持续时间从几毫秒到几分钟不等。辐射主要集中在 0.1～100MeV 的能段。伽马射线波长：0.00001～0.001nm(0.01～1pm)。

伽马暴是已知宇宙中最强的爆射现象，理论上是巨大恒星在燃料耗尽时塌缩爆炸演化为黑洞或者两颗邻近的致密星体(如黑洞或中子星)并合而产生。

伽马暴的探究对于揭示宇宙演化和宇宙结构有着重要的意义。因为伽马暴的强度和持续时间与黑洞和中子星的性质有关，因此可以通过观测和分析伽马暴来推断和验证它们的存在和性质。伽马暴还可以为宇宙探测提供重要的信息。由于伽马射线暴具有极高的能量，因此会产生大量的中微子，这些中微子是宇宙中最难以捕捉的粒子之一。但中微子又与伽马射线暴密切相关。因此，通过观测和分析伽马射线暴所产生的中微子，可以深入了解中微子的性质和行为，并探索宇宙的更多奥秘。

伽马暴辐射分为瞬时和余辉两部分。瞬时辐射是初始阶段的巨大的爆炸，表现为强烈的低能伽马射线辐射，持续时间很短，从几毫秒到几分钟不等，主要在伽马射线波段中观察到。另一方面，接近于光速的爆炸物与周围环境气体碰撞产生"后随爆炸"，即伽马暴爆发过后会在其他波段观测到辐射，称为伽马暴的余辉。根据波段不同可分为 X 射线余辉、光学余辉、射电余辉等。余辉通常随时间指数式衰减，X 射线余辉能够持续几个星期，光学余辉和射电余辉能够持续几个月到一年。光学和射电观测的定位精度可以小于 1″，足以确定伽马暴的宿主星系。

1991 年美国发射的康普顿伽马射线天文台(Compton Gamma Ray Observatory，CGRO)是世界首台针对伽马射线研究的天文卫星，完成了首次伽马射线波段的巡天观测；1996 年意大利和荷兰联合研制的 X 射线天文学人造卫星(Beppo Satellite per Astronomia i raggi X，BeppoSAX)，被认为是 X 射线天文学发展史上的一座里程碑；2004 年美国发射的雨燕卫星(Swift Gamma-Ray Burst Mission，SWIFT)上搭载了伽马暴触发器(BAT)、X 射线望远镜(XRT)和紫外光学望远镜(UVOT)，在轨对伽马暴的全波段进行观测，对伽马暴早期余辉的研究做出了重要贡献[34]。

我国于 2015 年 12 月成功发射了暗物质粒子探测卫星(Dark Matter Particle Explorer，DAMPE)——"悟空号"，它可以探测高能伽马射线、电子和宇宙射线。

其主要科学目标是以更高的能量和更好的分辨率来测量宇宙射线中正负电子之比,通过探测宇宙中高能粒子的方向、能量以及电荷大小来间接寻找和研究可能的暗物质粒子[35]。

2018 年我国自主设计建造的高海拔宇宙线观测站"拉索"(Large High Altitude Air Shower Observatory, LHAASO)[36]是新一代伽马射线望远镜与宇宙线探测装置,具有世界上海拔最高、规模最大、灵敏度最高的特点,将对暗物质和高能宇宙射线的研究做出重大贡献。LHAASO 的核心目标[37]:第一是寻找宇宙线的起源,以实现对宇宙线能谱和成分的精确测量,进而探索宇宙线加速和传播机制。第二是开展全天区伽马源的扫描搜索,大量发现新伽马源,并研究其辐射机制。捕捉宇宙中的高能伽马暴事例,进而研究其爆发机制。第三是探索量子引力、暗物质和洛伦兹不变性破坏等新物理现象,发现新物理规律。

2022 年 10 月 9 日,由中国科学院高能物理研究所负责建设和运行管理的"拉索"(LHAASO)、空间新技术试验卫星(SY-01)搭载的"高能爆发探索者"(High Energy Burst Searcher, HEBS)和"慧眼"(Insight)硬 X 射线调制望远镜(Hard X-ray Modulation Telescope, HXMT)卫星等三大科学装置,通过天地联合,同时探测到迄今最亮的伽马射线暴(编号为 GRB 221009A)[33]。

2024 年 6 月 22 日发射的中法天文卫星——天基多波段空间变源监视器(Space-based Multi-band Astronomical Variable Objects Monitor, SVOM)[34,38]是中国和法国联合开展的伽马暴探测任务,是继美国 2004 年的雨燕卫星(SWIFT)任务之后最重要的伽马暴多波段探测项目。SVOM 有效载荷集成了中法双方的四台科学仪器。其中中方提供伽马射线监测器(GRM)和可见光望远镜(VT),法方提供硬 X 射线相机(ECLAIRs)和软 X 射线望远镜(MXT)。SVOM 的三大科学目标:发现和快速定位各种伽马暴(GRB);全面测量和研究伽马暴的电磁辐射性质;利用伽马暴研究暗能量和宇宙的演化。SVOM 能够对经过升级的下一代引力波探测器(升级的 Virgo/LIGO)以及高能中微子探测器(KM3NeT, IceCube)发现目标的电磁对应体进行观测。

正在计划实施中的中国空间站高能宇宙辐射探测设施(High Energy Cosmic-Radiation Detection facility, HERD)[39]是由中国提出并领导的重大国际合作空间科学实验项目,计划安装在中国空间站上,进行空间天文和粒子天体物理实验。HERD 将以前所未有的灵敏度搜寻暗物质,探究宇宙线起源的世纪之谜;开展高灵敏度的高能伽马射线全天巡天和监视,并探索脉冲星导航的新机制。

【拓展知识】暗物质和暗能量[24]

暗物质和暗能量被认为是笼罩在 21 世纪物理学上的两朵"乌云"。科学界公认，揭开暗物质之谜将是继日心说、万有引力定律、相对论及量子力学之后的又一次重大飞跃，将带来物理学的又一次革命。

暗物质存在于人类已知的物质之外，人们知道它的存在，但不知道它是什么，它的构成也和人类已知的物质不同。现行的粒子物理模型仅能解释占宇宙 5%的普通物质，却无法解释暗物质和暗能量。

首先，暗物质不是我们通常讲的黑物质，普通黑物质因为能够吸收可见光而呈黑色，并非与可见光不发生作用。其次，暗物质也不是黑暗中的物质。我们看不到黑暗中的物质是因为没有光线，只能说明暗物质是不发光的物质，而不能证明是否与光发生作用。

应当说，暗物质是既不发射任何波段的光且又对任何波段的光都是绝对透明的物质。某种意义上，暗物质类似于干净无瑕的普通玻璃，就像有时我们误认为玻璃门还没有安装玻璃而碰了头(当然这仅仅是对可见光而言，普通玻璃强烈吸收紫外线，对紫外线就不透明了)，我们寻找暗物质可以想象成在光线充足的明亮屋里寻找不发光的绝对透明物体。

【拓展知识】如何探测暗物质[40,41]

暗物质是一种比电子和光子还要小的物质，不带电荷，不与电子发生干扰，能够穿越电磁波和引力场，是宇宙的重要组成部分。其密度非常小，但是数量庞大，因此它的总质量很大，代表了宇宙中 84.5%的物质含量。暗物质无法直接观测得到，本身不和已知的任何明物质发生关系，唯一发生关系的就是引力的变化，能干扰星体发出的光波或引力，其存在能被明显地感受到。

暗物质是由万有引力效应明确证实其存在，但却无法通过电磁波被直接观测到的物质，这是长久以来粒子物理和宇宙学的核心问题之一，其研究成果很可能带来基础科学上的重大突破，导致粒子物理标准模型和大爆炸宇宙论的完善、更新甚至扬弃，预示着人类对物质世界认识的新的革命，直接推进人类对宇宙的演化、对物质的基本结构和基本相互作用的理解，也将是人类对自然界认识的革命性飞跃。所以很多国家都在开展这一方向的研究。

目前探测暗物质的主要方法有三种：地下直接探测、加速器实验探测和空间间接探测。

地下直接探测实验直接探测来自宇宙空间的暗物质粒子和原子核碰撞所产生的信号。由于发生这种碰撞的概率很小，产生的信号也很"微弱"。为了降低本底，通常需要把探测器放置在很深的地下，因此这类技术路线也被人们统称为地下探测。暗物质直接探测实验是目前寻找暗物质粒子的各类实验手法中采用最多的一种探测方式。

加速器实验探测是在地面加速器上通过加速粒子到极高能段并互相碰撞，打出新粒子，将暗物质粒子"创造"出来，并研究其物理特性，如目前世界上最大的欧洲大型强子对撞机(Large Hadron Collider，LHC)。

空间间接探测法是观测暗物质粒子在宇宙空间发生湮灭或衰变之后产生的稳定粒子，如伽马射线、正电子、反质子、中微子等。根据目前的理论模型，暗物质粒子衰变或相互作用后可能会产生稳定的高能粒子，如果我们能够精确测量这些粒子的能谱，可能会发现暗物质粒子留下的蛛丝马迹。测量宇宙线粒子能量的探测器一般分为量能器和磁谱仪两种。量能器用于测量宇宙线在探测器中产生的簇射。磁谱仪用于测量宇宙线在其磁场中的偏转。我国暗物质粒子探测卫星(DAMPE)"悟空号"使用量能器探测暗物质；国际空间站上的 α 磁谱仪 2 号等使用磁谱仪探测暗物质。

其中，地下直接探测的实验至今对暗物质存在的参数空间给出了一定的限制；地面加速器上的实验目前没有明确地给出暗物质搜寻的结果；空间间接探测实验看到了一些暗物质粒子存在的迹象，但仍需进一步的数据积累以及更高能量的精确测量，以确定这些信号究竟是来自于暗物质还是其他天体物理过程。

爱因斯坦的广义相对论提出能量和质量是可以相互交换的，并且空间、时空与任意存在的物质和辐射的能量及其运动相关。据此推断，黑洞或者巨大恒星物体的碰撞会造成引力的扭曲，并且会向四周扩散[42]。引力波为人类探索宇宙提供了全新的方式。

引力波探测原理：引力波经过时会挤压或拉伸附近的时空，从而引起空间中不同位置的点之间的光程变化。空间和地面激光干涉引力波探测器都是基于迈克耳孙干涉测量原理，利用激光干涉仪精密测量引力波引起的光程变化[31]。

2016年2月美国地基激光干涉引力波天文台(LIGO)宣布在2015年9月14日人类首次直接成功探测到了引力波[41-43]，引力波信号是由一对名为GW150914的恒星质量黑洞并合产生的。三位LIGO引力波实验组的科学家获得2017年诺贝尔物理学奖。2017年10月，LIGO和意大利室女座引力波天文台(即室女座干涉仪(Virgo interferometer，简称Virgo)，Virgo为天文学中"室女座"的拉丁语)这两个地面引力波探测天文台联合宣布于2017年8月17日首次发现双中子星并合引力波事件。

引力波探测实质是对其特征振幅值进行测量，大质量天体所发射的引力波随着传播距离越远，其振幅也会越来越微弱。引力波信号跟电磁波信号一样，是一个宽频带的信息载体。受干涉仪臂长和地面振动噪声的限制，LIGO、Virgo等地面引力波探测器主要关注10Hz～10kHz频段的引力波事件。

为了克服地面噪声和干涉臂长的影响，探测到更低频率的引力波信号，自从20世纪80年代起，科学家们提出**空间引力波探测计划**，关注的频率范围在

0.1mHz～1Hz之间。中低频段的引力波信号能够发现天体质量更大、距离更遥远的引力波波源，揭示更为丰富的天体物理过程。典型的空间引力波探测计划如由欧洲航天局(European Space Agency，ESA)和美国国家航空航天局(NASA)合作的激光干涉空间天线(Laser Interferometer Space Antenna，LISA)将于2034年发射，如今该计划已由欧洲航天局转为演化激光干涉空间天线(evolved Laser Interferometer Space Antenna，eLISA)，即eLISA计划(也称NGO)，具体内容是在地球同步轨道(Geostationary Earth Orbit，GEO)上，由三个航天器组合成一个等边**三角形绕日运转，每条边长由LISA的500万km缩短为eLISA的100万km**，其中任意两条边形成一个迈克耳孙干涉仪，用于探测由引力波所引起的悬挂检验质量的微位移[31]。

　　目前国内有两个空间引力波探测计划，分别为"天琴计划"和"太极计划"。这两个计划的轨道以及边长的不同，将实现探测引力波频率的互补。

　　2014年提出的"天琴计划"[44]是中国首个空间引力波探测计划。其目标是在2035年前后，在约**10万km高度的地球轨道上**，部署三颗无拖曳控制卫星，构成**边长约为17万km的等边三角形编队**，建成空间引力波天文台"天琴"，利用高精度星间激光干涉链路来探测宇宙空间中毫赫兹频段的低频引力波信号。**探测频段为1mHz～0.1Hz**。采用地球高轨是其显著特征。"天琴一号"已于2019年12月成功发射，对无拖曳控制等关键技术进行了在轨验证。

　　"天琴计划"提出的"0123"技术路线图主要包括[44,45]：第"0"步，开展月球激光测距实验，包括研制新一代激光测距角反射器、新建和升级激光测距台站，获得对天琴卫星的高精度测距能力，为天琴卫星的高精度定轨提供技术支撑；第"1"步，发射高精度空间惯性基准技术试验卫星，对高精度惯性传感、微牛级推力器、高精度无拖曳控制等核心技术进行在轨验证，对天琴卫星轨道所在的空间环境参数进行高精度测量；第"2"步，发射星间激光干涉测量技术试验双星，对星间激光干涉测量技术进行在轨验证；第"3"步，发射天琴三星构成星座，建成空间引力波探测天文台"天琴"，长期进行引力波的空间探测。

　　2016年，中国科学院提出了我国空间引力波探测"太极计划"[31,46]。类似LISA计划，"太极计划"的轨道是以太阳为中心，设计**干涉臂臂长**(即3颗呈正三角形的卫星编队间距)为**300万km，探测的频段为0.1mHz～1Hz**。2019年8月发射的"太极一号"(即单星任务)是中国首颗发射入轨的空间引力波探测技术实验卫星，是"太极计划"激光干涉测距系统的首发任务，用于验证空间引力波探测技术路线的可行性。按照确定的"单星、双星、三星"、"三步走"的发展战略和路线图，未来也将逐步开展双星绕日激光测距系统、地面测试论证及300万km三星长基线编队运行，用于实现中低频段引力波信号的空间探测。

1.3.2　对地观测领域

对地观测是以地球为研究对象，依托卫星、飞机以及近地空间飞行器等空间平台所携载的光电仪器，利用可见光、红外、高光谱和微波等探测手段，对人类生存所依赖的地球环境及人类活动本身进行的各种探测活动。它包括探测并记录云层、大气、陆地和海洋的一些物理特征，从而研究它们的状况和变化规律；解决矿藏、农业、林业和渔业等资源勘查、气象、地理、测绘、地质等的科学问题；同时也可为侦察、空间防御等提供服务。

其中，近地空间指在地球与月球距离以内的空间区域，通常为 380000km 以内[47]。

1.3.2.1　气象观测

对地观测中气象探测发展迅猛。目前气象卫星向多通道探测、高频次探测、高空间分辨率成像、极轨和静止轨道两类有机结合以及多学科综合监测的趋势发展。根据运行轨道的不同，分为太阳同步极地轨道气象卫星(低轨道)和地球同步轨道静止气象卫星(高轨道)。

卫星平台具有"站得高，看得广"的优势。一颗刈幅为 2800km 的极轨气象卫星每 12h 左右就能对全球大气观测一遍。一颗静止轨道气象卫星能获得地球上近 1 亿 km² 的气象资料，能观测到台风系统的全貌和全过程，从而获得诸如温度、湿度、云、闪电等气象要素及各种天气现象。

气象卫星主要获得可见光云图、红外云图和水汽图[48]。

可见光云图是由气象卫星接收到的可见光谱段云面反射的太阳辐射。气象卫星在可见光谱段接收的辐射与物体的反照率和太阳的天顶角有关，若太阳天顶角越小，物体的反照率越大，则气象卫星接收到的辐射越大，反之则越小。在可见光云图上，辐射越大，色调越白；辐射越小，色调越暗。通常云层越厚，反照率越大，色调也越白。而对于水面，其反照率很小，表现为深色。陆地反照率比海洋略大，表现为灰色。而潮湿或者森林覆盖的地区表现为灰暗的色调。

红外云图是温度分布图，是气象卫星在 10.5～12.5μm 波段测量地表和云面发射的红外辐射，在白天和黑夜都能获得，可以连续监测和跟踪区域乃至全球的云系变化，估算云量、云顶温度和高度。在红外云图上物体的色调决定于其自身的温度，物体温度越高，发射的辐射越大，色调越暗。地面的温度一般较高，呈现较暗的色调。由于大气的温度随着海拔升高而递减，故云顶高而厚的云，其温度低，呈白色调。低云的云顶温度较高，与地面相近，故在红外云图上不容易识别。由于各类云的云顶温度的差异较大，在红外云图上可以识别各种高度的云。此外，地表的温度随季节、纬度、海陆分布及其本身的热惯量而不同，所以在红外云图上的色调亦不同。在电视显示的红外云图上，地表以绿色表示，已与云相分开。多通道红外云图资料还用于云微物理参数及降水量的反演估计，应用于沙尘暴的监测与预警。

水汽图是气象卫星选用 $6\sim7\mu m$ 附近波段接收大气中水汽发射的辐射。在这一波段，水汽一方面接收来自下面的辐射，又以自身较低的温度发射红外辐射。卫星接收的辐射决定于水汽含量，大气中水汽含量越多，发射的辐射越小；水汽含量越低，大气底层的辐射越能透过水汽到达卫星，则卫星接收的辐射越大。在水汽图中，色调越白，辐射越小，水汽越多。对于 $6\sim7\mu m$ 水汽带，卫星测得的辐射来自于对流层中上层，故水汽图反映大气上层水汽的空间分布。从系列水汽云图上可以分析一定高度范围大气层水汽场的演变，帮助天气形势的诊断与预报。

1.3.2.2　对地观测

对地观测分为民用和军用两种用途。民用主要在国土自然资源普查、自然灾害感知与防治、城市规划、矿藏探测、森林防护等方面发挥效能。军用主要是侦察、地形测绘等方面。对地观测一般采用全色、多光谱等探测手段。红外和微光观测也不断得到应用。

全色波段(panchromatic band)一般指约 $0.5\sim0.75\mu m$ 的可见光波段。因为是单波段，在图上显示是灰度图片。全色遥感影像一般空间分辨率(spatial resolution)高，但无法显示地物色彩。

多光谱，又叫多波段，是指对地物辐射中多个单波段的摄取。得到的影像数据中会有多个波段的光谱信息。多波段遥感影像可以得到地物的色彩信息，但是空间分辨率较低。实际操作中，将全色与多波段影像融合处理，得到既有全色影像的高分辨率，又有多波段影像的彩色信息的影像。

红外观测是利用观测地球自身辐射或者地球轮廓大气红外特征(例如红外地球敏感器) 以及地球表面物体的红外辐射来进行探测。

紫外探测是利用日盲区进行探测。$10\sim200nm$ 波段的紫外线在空气中被氧气强烈吸收而只能应用于真空，称为真空紫外(Vacuum Ultraviolet，VUV)。只有波长大于 200nm 的紫外线辐射才能在空气中传播。$200\sim300nm$ 波段为中紫外，波长短于 300nm 的中紫外辐射由于同温层中臭氧的吸收，基本上到达不了地球近地表面，造成太阳光中紫外辐射在近地表面形成盲区。故将 $200\sim300nm$ 中紫外光谱区称作"日盲区"。

微光观测是通过探测目标微弱可见光信号来感知目标相关信息。一般用于夜晚环境光条件下探测。

近年来商业遥感异军突起。典型的如 1999 年美国发射的 IKONOS 商业遥感卫星,它是世界上第一颗商用 1m 分辨率卫星。在轨道高度为 680km 的太阳同步轨道(SSO)上每日环绕地球飞行 14 圈,重复周期为 3 天。2001 年美国发射的 QuickBird 商业卫星可提供亚米级分辨率彩色图像,其全色分辨率为 0.61m,多光谱分辨率为 2.44m,同时全色和多光谱图像可融合成 0.61m 分辨率的彩色图像。QuickBird 卫星轨道高度为 450km,重访周期为 13.5 天,在中国境内每天至少有 2 至 3 个过境轨道,扫描带宽度为 16.5km。

美国的 WorldView-Ⅰ卫星是全球分辨率最高、响应最敏捷的商业成像卫星。卫星轨道高度为 450km,平均重访周期为 1.7 天,全色分辨率为 0.5m。具备现代化的地理定位精度能力和响应能力,能够快速瞄准要拍摄的目标并有效地进行同轨立体成像。

2015 年“吉林一号”一箭四星成功发射,是我国首次发射的商用高分辨率遥感卫星,同时开创商业航天多项先河。4 颗卫星中包括具有 0.72m 全色分辨率和 2.88m 多光谱分辨率的光学 A 星;可对目标区域凝视视频成像的视频 01、02 星;完成了首次国产高性能 CMOS 探测器及多模式成像技术在轨验证的灵巧验证星[49]。

2016 年中国发射了首批 2 颗全色分辨率达 0.5m 的商业遥感卫星“高景一号”01 组。2018 年“高景一号”03、04 星发射成功,与同轨道的“高景一号”01、02 星组网运行,标志着我国首个 0.5m 高分辨率商业遥感卫星星座首期正式建成[50]。

1.3.2.3　海洋观测

海洋观测卫星按用途分为:海洋水色卫星、海洋动力环境卫星和海洋综合探测卫星等[51]。

海洋水色卫星主要对海洋水色要素(如叶绿素、悬浮沙和可溶性的黄色物质等)和水温及其态势变化进行探测。水色遥感器接收到的光谱信号主要来自于大气散射、海面漫反射和海面的水体辐射。有效载荷通常选用灵敏度高、信噪比(Signal-to-Noise Ratio,SNR)高、光谱分辨率(spectral resolution)高、波段多、带宽窄的海洋水色扫描仪。要求空间分辨率在 250~1000m,地面覆盖周期 2~3 天。

海洋动力环境卫星主要用于探测海洋动力环境要素,如海面风场、海面高度、浪场、流场、海冰以及温度场等动力环境要素等,此外还可获得海洋污染、浅水水下地形、海平面高度信息。有效载荷通常是微波散射计、微波辐射计、雷达高度计等,并具有多种模式和多种分辨率。

海洋综合探测卫星用于海洋地形环境遥感,主要用于探测海表面拓扑,即海平面高度的空间分布,还可探测海冰、有效波高、海面风速和海流等。

1.4　空间仪器的特点

1.4.1　空间仪器与地面设备的主要区别

1) 星上资源约束要求

功耗约束：二次电源，浪涌电流要求冗余和备份。

重量、尺寸约束：重量及尺寸影响发射成本，近乎一克千金。

数据率约束：在规定的通信窗口期内下传数据。

机、电、热接口约束：参照接口数据单(Interface Data Sheet，IDS)规范。

2) 空间环境适应性要求

温度要求：深冷空间，温度变化–270℃(3K冷黑宇宙背景)～+260℃("资源一号"卫星阳照区电镀涂层)。

力学要求：力学模态，力学振动和冲击，一般为 20～150g。

真空环境：低地球轨道(Low Earth Orbit，LEO)一般为 10^{-2}Pa(海拔 100km)，10^{-7}Pa(海拔 500km)，10^{-9}Pa(海拔 2000km)。

微重力环境：对结构、机构的影响。

极端环境要求：总剂量、紫外、质子、粒子辐照，单粒子事件等。

3) 硬件高可靠性要求

高可靠性：一般寿命末期(End of Lifetime，EOL)可靠性要求 0.95 以上。

冗余和备份：一般采用元器件计数法、应力分析法可靠性分析、失效模式和影响分析(Failure Mode and Effect Analysis，FMEA)、故障树分析(Fault Tree Analysis，FTA)、降额设计；高质量等级器件的应用。

高安全性要求：要求万无一失。

4) 星上软件高可靠要求

软件工程化要求：要经过需求分析、设计、测试、联试、第三方测评等。

5) 高电磁兼容性要求

电磁兼容性(Electro Magnetic Compatibility，EMC)：不仅要耐受其他设备的电磁环境，且自身不能产生影响其他设备的电磁干扰。

静电放电(Electrostatic Discharge，ESD)：在空间等离子体环境中，需要避免静电放电造成的危害。

1.4.2　空间光学有效载荷

有效载荷是卫星中直接执行特定任务的分系统，是卫星的核心部分，是决定卫星性能水平的主要分系统。光学有效载荷是利用光学谱段获取目标信息的航天有效载荷，又称为光学遥感器、空间相机。空间相机是集光学、精密机械、电子、热控和航天技术等多学科于一体的综合性高科技产品，在信息技术中属于源头技术。图 1.4-1 为空间相机的组成。

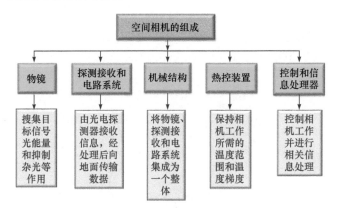

图 1.4-1　空间相机的组成

1.4.2.1　空间光学有效载荷的分类

(1) 按工作谱段分为：
- 可见光相机(camera，telescope)
- 红外相机(近红外(NIR)、中红外(MIR)、长波红外(LWIR))
- 微波成像(合成孔径雷达(SAR)、合成孔径雷达干涉(测量)(InSar))
- 粒子成像(X 射线、γ 射线)

(2) 按照相功能分为：
- 成像相机
- 光谱仪(成像、非成像)
- 探测相机
- 辐射度计

(3) 按用途分为：普查型与详查型。
目前卫星最高空间分辨率：光学 0.1m，雷达 0.3m。
(4) 按成像原理分为：光学成像类与雷达成像类。

1.4.2.2　锁眼-12 光学侦察卫星[52,53]

美国最先进的锁眼系列侦察卫星中的锁眼-12(KeyHole-12，KH-12)于 1990 年首发成功。如图 1.4-2 所示，光学系统采用全反射式里奇-克雷蒂安(Ritchey-Chrétien，R-C)系统。主镜口径约 3m，焦距约 27m，轨道高度 258km/1000km，极端情况下可迅速变轨下降至 120km 高度。采用自适应光学技术，可见光分辨率达到 0.1m，幅宽 3～5km，卫星与有效载荷一体化设计。增加了红外侦察能力，红外分辨率为 0.6～1m，这意味着 KH-12 能够侦察导弹发射、识别利用树林和灌木丛进行的伪装；采用了防核效应加固和防激光武器保护手段，增装了防碰撞探测器，提高了卫星的生存能力。具备隐身功能，朝向地表端安装有圆锥形罩子用以折射雷达的电磁波；同时卫星星体使用了能吸收高达 99.965%可见光的碳纳米管材料，使得除镜头和太阳能电池板以外的整个卫星呈绝对黑色，因此地面上的光学观测装置几乎不可能发现卫星的存在。

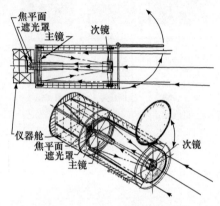

图 1.4-2　KH-12 光学系统[52]

1.4.2.3　哈勃空间望远镜[54,55]

哈勃空间望远镜(Hubble Space Telescope，HST)于 1990 年发射，轨道高度 575km[54]。如图 1.4-3 所示，哈勃空间望远镜几乎全部继承自 KH-11，主镜口径也是 2.4m。整个镜面的温度差不超过 ±0.1℃。HST 的发射为天文学家提供了更便捷的观测平台，让人类对天文物理有了更深刻的认识。

图 1.4-3　哈勃空间望远镜[54]

1.4.2.4　中国巡天空间望远镜[56,57]

正在研制中的中国巡天空间望远镜(China Space Station Telescope，CSST)是中

国载人航天工程规划建设的大型空间天文望远镜，将在我国空间站中服役，具备深空探测及巡天能力。望远镜口径 2m，兼具大视场和高像质的优异性能，并具备在轨维护升级的能力。

图 1.4-4 是中国巡天空间望远镜渲染图，其后端天文模块包括：多色成像和无缝光谱巡天模块、多通道成像仪、积分视场光谱仪、系外行星成像星冕仪、高灵敏度太赫兹模块。中国巡天空间望远镜以大规模天文巡天为主任务，致力于成为一个面向国际开放的、先进的且专门服务于天文学及物理学研究的空间天文台。中国巡天望远镜的主镜口径为 2m，虽然略小于 2.4m 的哈勃空间望远镜，但其视场约为哈勃空间望远镜的 300 倍，可以比较快地完成大范围宇宙观测。

图 1.4-4 中国巡天空间望远镜渲染图[58]

1.4.2.5 詹姆斯·韦伯空间望远镜[59]

2021 年 12 月，詹姆斯·韦伯空间望远镜(James Webb Space Telescope, JWST)成功发射，其运行轨道为距离地球 150 万 km 的日地拉格朗日 L2 点。如图 1.4-5 所示，JWST 采用可展开光学技术。主镜口径 6.5m，由 18 块边长 1.32m 的六边形分块金属铍(Be)镜组成，采用同轴三反消像散光学系统，视场角达到 9.1′×18.2′，焦距 131.4m，像稳定镜用于校正光轴抖动，波长范围 0.6～28.5μm，在 2μm 处达到衍射极限。

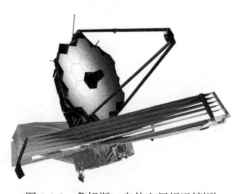

图 1.4-5 詹姆斯·韦伯空间望远镜[60]

1.4.2.6　大型紫外/光学/红外望远镜[61]

大型紫外/光学/红外望远镜(Large UV/Optical/Infrared Telescope，LUVOIR)是国际天文界于 2016 年 1 月发起的四项十年天文任务概念研究之一。LUVOIR 是未来最大的空间望远镜，希望能拍摄最古老的宇宙中第一代星系，也能在太阳系外行星上搜寻生命印迹。LUVOIR 目前有两种方案：LUVOIR-A 口径 15m、LUVOIR-B 口径 8m，如图 1.4-6 所示。

图 1.4-6　大型紫外/光学/红外望远镜示意图[61]

LUVOIR 是一个高性能、多波段空间天文台，其科学目标将从再电离时代到星系的形成和演化、恒星和行星的形成，再到太阳系遥感。LUVOIR 的另一主要目标是描绘出各种系外行星，包括可能适合居住甚至有人居住的行星。

1.4.2.7　长曲棍球雷达成像侦察卫星[62]

美国长曲棍球雷达成像侦察卫星(Lacrosse)于 1988 年 12 月发射，重约 15t，星体长 12m，直径 4.4m，卫星实物图如图 1.4-7 所示。合成孔径雷达天线呈矩形，14.4m×3.6m，由 3 个平面天线阵组成，各天线阵含 4 个长度相等的子阵。星上既有用于小范围探测的高分辨率探测器，又装载了用于大范围(数百平方千米)探测的低精度探测器。雷达的几何分辨率为 0.3~3m，适于跟踪舰船、装甲车辆，监视机动或弹道导弹，能发现伪装的武器和识别假目标，还能穿透干燥地表发现地下数米深处的设施。

图 1.4-7　长曲棍球雷达成像侦察卫星[62]

1.5　光　学　遥　感

遥感(remote sensing) 泛指对地表事物的遥远感知。遥感分为光学遥感、合成孔径雷达(SAR)、激光雷达(LiDAR)和非成像遥感等。

光学遥感是从地表上空(空中或者空间)利用光学传感器搜集和记录地球环境或者宇宙中的物体和现象的有关信息，并且处理成为形、像、谱、色的技术。

空间光学遥感具有信息及时、信息可融合的特点。空间光学遥感器在地球静止轨道可实现大范围的同步观测，时效性高，对同一区域的重复观测周期最短。其他轨道由于轨道高度与相机视场角的不同，重复观测周期也不同。在相机视场角一定的情况下，轨道高度越高，对地观测幅宽(刈幅)越宽。对于紫外、可见、红外等不同谱段所获得的图像可进行信息融合，提升对目标全方位的信息感知。目前典型的有定量遥感及高光谱遥感。

1.5.1　定量遥感

定量遥感或遥感量化研究，主要指从对地观测电磁波信号中定量提取地表参数的技术和方法，或者说是从遥感观测数据中定量地估算地球环境要素，区别于仅依靠经验判读的定性识别地物的方法[63,64]。

定量遥感有两重含义：一是遥感信息在电磁波不同波段内给出地表物质定量的物理量和准确的空间位置；二是从这些定量的遥感信息中，通过实验或物理的模型将遥感信息与地学参量联系起来，定量地反演或推算出某些地学或生物学信息。定量遥感是一门交叉学科，涉及物理学、数学、计算机科学、信息科学和植物生理学等[63]。定量遥感也是遥感数字孪生技术的基础和基石。通过定量遥感并结合卫星自身特性的变化规律，采用数字孪生技术可预测遥感器在轨寿命末期性能变化情况。

经典的定量遥感研究主要面向光学和热红外开展遥感成像机理研究，其研究内容包括[63]：传感器定标(sensor calibration)、大气校正(atmospheric correction)、辐射传输建模(radiative transfer modeling)、多角度效应(multi-angular effect)、尺度效应与混合像元分解(scale effect and mixed pixel unmixing)、遥感反演(remote sensing inversion)、数据同化(data assimilation)及其应用。

1.5.1.1　定量遥感的主要内容

如图 1.5-1 所示，陆地表面定量遥感包括：辐射预处理、反演、高端产品生产和应用。反演算法依赖于陆表与大气系统辐射场物理模型。生成地表生物物理和生物化学变量的卫星产品是遥感科学与应用之间的关键桥梁。通过现场测量以验证反演算法和卫星产品是关键组成部分之一。应用卫星产品解决科学和社会相关问题是陆地表面定量遥感的使命。

图 1.5-1　陆地表面定量遥感主要内容[65]

定量遥感的发展经历了以下三代[66]：

第一代为物理机理模型驱动的定量遥感。运用数学或物理模型定量推算或反演地物目标参量。物理机理模型具有可解释性强等优势，但模型包含了大量难以获取和计算的变量，给建模带来极大的不确定性。

第二代为机器学习模型驱动的定量遥感。利用机器学习归纳遥感观测数据与地面实测值之间的特定规律，完成地学参量的定量反演。一般地，机器学习模型对数据的适应性强，但对结果的可解释性差。

第三代定量遥感为耦合物理机理与机器学习的双驱动反演框架，如图 1.5-2所示。机器学习是对物理建模的补充与增强。

数据驱动和模型驱动的深度耦合将是未来待突破的难点和重点。

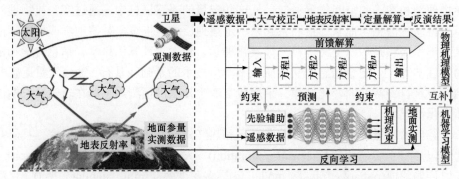

图 1.5-2　耦合物理机理与机器学习的第三代定量遥感示例[67]

1.5.1.2　定量遥感的技术需求[68]

1) 遥感信息精准性

以业务化运行方式提供精准可靠的定量化遥感信息产品，是遥感技术与应用发展的方向。作为遥感载荷→观测数据→信息产品这一技术链路的源头，遥感载荷自身性能及其在生命周期内的工作稳定性对于遥感数据及信息产品的应用效果至关重要。

2) 遥感载荷性能变化检测时效性

遥感载荷由于发射时的振动冲击、入轨后的空间环境等因素不可避免地会造成自身性能退化。通过定标手段经常性地观测既定靶标(地基靶标、星上定标系统、空间已知恒星(如太阳等)、月球),可及时动态发现载荷实际运行过程中的性能变化,精确检测变化程度,分析推断变化原因并制定针对性的补救措施。另一方面,也为后续类似载荷数字孪生模型的建立积累定量数据。

3) 遥感数据质量一致性

一致性(consistency)指的是不同遥感载荷或同一遥感载荷在不同观测时间对于相同目标获取的观测数据在物理意义和测量值上的统一性和相似性。载荷性能的差异或变化会表现在遥感数据处理和信息产品生产过程中,造成数据产品显示出不同的信息表达。在地面测试目标/设备支持下,将外场参考基准传递至在轨运行中的遥感载荷,以此来确保不同载荷以及同一载荷性能长时间的测试基准一致性,是保证不同来源定量遥感信息之间可比性及基于长时序遥感产品进行应用的前提。

1.5.2 高光谱遥感

高光谱遥感利用成像光谱仪,以数十或数百个窄波段同时对地表地物以纳米级的光谱分辨率成像,在获取地表二维空间图像的同时,将传统的图像维与光谱维信息融合为一体,能够获得地物的连续光谱信息,实现了地物空间信息、光谱信息和辐射信息的同步获取,即图谱合一[69,70]。高光谱遥感融合了光谱分析和成像遥感的优点,可以利用精细光谱特征分析、识别目标的种类和表面状态[71],获取的图像具备较高的分辨率,图像细节信息丰富,可获取目标的二维空间信息[72-74]。高光谱分辨率、高空间分辨率、高时间分辨率及高辐射分辨率的同时兼顾是高光谱成像技术发展的主流趋势。

与高光谱遥感相比,多光谱相对波段较少,光谱分辨率较低,但是多光谱遥感光谱分辨率低的同时空间分辨率较高。高光谱与多光谱遥感的特点如表 1.5-1 所示。

表 1.5-1 高光谱与多光谱遥感的特点

指标	高光谱遥感	多光谱遥感
光谱分辨率	5～10nm,具有更高水平的光谱细节,对光谱差异较小的不同地物的识别效果较好	约为 70～400nm,难以区分具有相似光谱特征的地物,不具备精细识别地物的条件
空间分辨率	星载高光谱数据的空间分辨率较低,大多在 10m 以上,机载的空间分辨率较高,可达到 2m 左右	部分多光谱遥感具有较高的空间分辨率,能满足地理国情调查、土地利用类型解译等涉及范围较广的工作

指标	高光谱遥感	多光谱遥感
数据处理	数据维度高，数据量大，专用的处理软件较少，整体处理过程较为复杂	现存的开源处理方法较多且比较成熟，影像处理速度快，整体处理过程较为简单
波段数	较多(100～200 个)，为模型的构建提供更多选择	较少(5～10 个)，且大部分波段位于可见光范围内
数据源	机载数据获取成本高，星载数据源较少，数据较为短缺	拥有高分系列、中分辨率成像光谱仪(MODIS)、陆地卫星(Landsat)等丰富的卫星数据库
结果精度	地物识别效果好，参数的定量遥感反演精度极高	反演精度一般，能满足部分工作需求

1.5.2.1　高光谱遥感关键技术

高光谱遥感技术的核心为成像光谱仪，其关键技术如下[70]。

1) 精细分光技术

精细分光技术是高光谱成像的关键，也是区别于单波段、多光谱成像遥感的核心。高光谱成像的分光技术已从纳米级逐步向亚纳米级发展。

常规的分光方式有：

(1) 色散型分光(光栅、棱镜或二者合一，光栅-棱镜-光栅(P-G-P))；

(2) 干涉型分光(时间调制傅里叶变换、空间调制傅里叶变换)；

(3) 滤波型分光(声光可调谐滤波器(AOTF)、液晶可调谐滤波器(LCTF)、法布里-珀罗(F-P)滤波器以及干涉滤光片)；

(4) 快照型光谱获取法。

基于色散元件的成像光谱仪在可见光、近红外和短波红外光谱区的灵敏度高，因为这些光谱区仪器的噪声往往是光子限的。除了在一些仪器里有扫描机构和(或)机械制冷器外，基于色散元件的成像光谱仪一般没有活动部件。单个成像光谱仪的光谱范围有限，当要求光谱分辨率高且光谱覆盖范围宽时，整个仪器会比较复杂且体积大。其中：

棱镜分光相对光栅分光，主要区别在于：能量利用率较高；光谱维只能校正到近似线性；光谱分辨率低；体积质量略高。

傅里叶变换分光相对光栅分光，主要区别在于：地面分辨率低；定标难度高；不能进行实时监测；数据量较大。

【拓展知识】声光可调谐滤波器（AOTF）

声光可调谐滤波器（Acousto-optic Tunable Filter，AOTF）是根据声光衍射原

理制成的分光器件，由晶体和键合在其上的换能器构成。换能器将高频的电磁频率，即射频（Radio Frequency，RF）转换为在晶体内的超声波振动，超声波对声光介质的折射率产生了空间周期性的调制，使得穿过声光介质的电磁辐射产生衍射，其作用相当于衍射光栅。当入射光照射到此光栅后将产生布拉格衍射，其衍射光的波长与高频驱动电信号的频率有着一一对应的关系。因此，只要改变 RF 驱动信号的频率，即可改变衍射光的波长，进而达到分光的目的。

经 AOTF 的入射辐射被分成具有正交偏振的两束光。在制造紧凑、低成本、可编程高光谱成像仪方面，基于 AO 的光谱成像仪大有可为。由于它能够提供偏振信息，因此便于探测和识别目标。AOTF 适用于紫外到中红外。

表 1.5-2 为高光谱不同精细分光技术的特点对比。

表 1.5-2　高光谱不同精细分光技术的特点对比[75]

分光技术	结构类型	优点	缺点	长波红外是否适用
色散光谱成像技术	棱镜成像光谱仪	光通量高	色散非线性	适用
	光栅成像光谱仪	色散线性	高精密光栅制作与安装增加设计难度	适用
	P-G-P 成像光谱仪	共轴系统便于安装	在长波红外波段的 P-G-P 元件制作较为困难	适用
干涉光谱成像技术	时间调制型傅里叶变换成像光谱仪	光学分辨率高	需要高精度内部扫描系统，要求平台保持高稳定性	适用
	空间调制型傅里叶变换成像光谱仪	光学分辨率高	能量分散，空间分辨率低，体积重量功耗大	适用
滤波光谱成像技术	AOTF	光谱波段可选择	在长波红外波段的光学衍射效率极低	紫外到中红外
	LCTF	体积小、重量轻、功耗低	对温度变化敏感，需要复杂的温控设备	不适用
	F-P 滤波器	光学分辨率高	不适用于宽频段范围	不适用
	线性渐变滤光片	结构简单	光谱分辨率低	可用，但波段数较少
快照光谱成像技术	直接成像技术	无需移动部件与扫描机构	光谱分辨率受探测器制约	暂不适用
	计算成像技术	光谱分辨率不受探测器制约	数据量大，重构质量低，实时性差	暂不适用

注：**通量**[76,77]指单位时间通过单位面积的粒子的数量，单位为粒子个数/(m²·s)。

【应用案例】使用带通干涉滤光片时应注意:

带通干涉滤光片尤其是窄带滤光片对入射角度敏感,当光的入射角增大时,通带位置以及起始和截止波长向波长较短的方向漂移,即大角度入射时主波长会向短波漂移。

要注意通带外的光谱透过率,特别是当所用探测器的光谱响应范围较宽时要注意。一般地,对于滤光片指标,除了波段、主波长、带宽外,还要对通带外透过率提出截止深度指标要求。

2) 高帧频探测器技术

高帧频面阵探测器是高光谱相机的核心器件,直接约束了系统的空间分辨率和灵敏度。

3) 运动补偿技术

运动补偿技术是实现高空间分辨率高光谱应用的关键核心技术之一,其主要目的是降低高分辨率对应的成像高帧频速率对面阵探测器的要求,同时增加曝光时间,提高探测灵敏度。运动补偿的实现方式包括指向镜补偿和整星补偿。

4) 宽幅/大视场技术

宽幅与大视场技术相辅相成,可提升仪器的观测效能,提高探测效率。一般而言,可采用外视场或内视场拼接技术实现宽幅覆盖,外视场拼接是多台仪器并排放置拓展观测视场,原理较为简单,但是涉及的谱段间拼接、像元级配准等关键技术仍在研究。

5) 低温光学系统技术

低温光学技术是随着高光谱成像波段向中长波红外拓展而引入的,其核心是通过低温制冷压制光谱仪自身的热辐射背景,特别是在热红外谱段,仪器自身的热辐射峰值波长与探测目标波长重合,目标的窄光谱信号与光谱仪自身背景宽光谱信号重合导致目标信号难以探测,故而必须将光谱仪制冷到一定程度。

1.5.2.2　高光谱与多光谱遥感图像超分辨率融合[78]

高光谱图像作为多模态遥感数据的重要组成部分,能够捕捉地物精细的光谱特征。受成像机理的限制,空间细节的损失导致高光谱图像的空间表征能力有所退化,限制了数据进一步应用的潜力。数据融合是解决空间/光谱分辨率矛盾的有效手段。

超分辨率融合技术是近年来多模态遥感数据融合研究的热点,旨在通过融合高空间分辨率图像的空间信息与高光谱分辨率图像的光谱信息来获得空间与光谱分辨率双高的产品,进而缓解空间/光谱分辨率相互制约的问题。图 1.5-3 为高光谱与多光谱遥感图像超分辨率融合原理图。

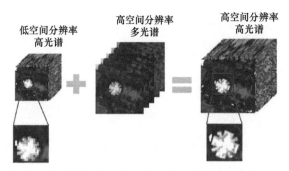

图 1.5-3　高光谱与多光谱遥感图像超分辨率融合原理图[78]

1.5.2.3　高光谱技术应用提升

由于空间环境复杂多变，受光谱成像仪自身因素及外部环境的影响，高光谱图像易出现不同程度的失真现象，通过预处理、特征提取及多特征融合检测等技术可提高高光谱遥感图像的目标检测性能。

预处理技术能够有效恢复原始图像信息，最大限度保障数据的准确性和完整性，是实现高精度高光谱遥感目标检测的前提条件。

特征提取技术可以在海量、高维的数据中充分挖掘图像的光谱和空间特征，增强目标与背景间差异，提升"同物异谱"和"同谱异物"的区分能力。

多特征融合检测技术作为提高特征提取利用率和提升检测性能的关键手段，可综合比较提取出的各空间及光谱特征，实现多特征优势互补，精准检测出目标位置及尺度信息。

1.6　小　　结

本章从空间光学的基本概念、分类及特点出发，介绍了空间的划分、空间光学的概念及发展历史，以及空间光学在空间观测、对地观测和海洋观测中的应用。结合工程实例介绍了典型的空间光学遥感载荷，并对空间光学遥感中的典型技术——定量遥感及高光谱遥感进行了综述。在此过程中，对相关知识点进行了拓展。

复习思考题

1. 简要说明大气层的结构划分及各层特点。
2. 对流层为什么容易形成云？
3. 简要说明空间光学技术的应用领域。
4. 空间相机的主要组成及作用是什么？
5. 什么是引力波？引力波探测的原理是什么？

6. 查阅相关文献，简答引力波探测的方式及各自的特点。

7. 空间光学有效载荷的分类有哪些？

8. 什么是高光谱遥感？与多光谱遥感的主要区别是什么？

9. 定量遥感的未来发展方向及面临的主要挑战有哪些？

参 考 文 献

[1] 古诗文网. 淮南子·齐俗训[EB/OL]. https://so.gushiwen.cn/guwen/bookv_4 6653FD803893E4 FF05A0CF66E3F2B56.aspx[2023-10-30].

[2] 张霄军. Space 到底该怎么定名？—— 一项基于真实语料的调查研究[J]. 中国科技术语, 2007, 9(1): 43-46.

[3] 全国科技名词委事务中心. 全国科技名词委召开航天基本名词研讨会对 "空间"、"太空" 等词界定及用法初步达成共识[J]. 科技术语研究, 2004, 6(2): 7-8.

[4] 高国柱. 谈立法中 "空间" 与 "航天" 的取舍问题[J]. 中国科技术语, 2008, 10(6): 20-21.

[5] 国家质量监督检验检疫总局,中国国家标准化管理委员会. 航天器空间环境术语: GB/T 32452—2015[S]. 北京: 中国标准出版社, 2016.

[6] 中山大学行星环境与宜居性研究实验室. 中层大气中的波动[EB/OL]. (2019-12-31) https://atmos.sysu.edu.cn/pearl/article/155[2023-10-30].

[7] 江净超, 刘军志, 秦承志, 等. 中国近地表气温直减率及其季节和类型差异[J]. 地理科学进展, 2016, 35(12): 1538-1548.

[8] 饶瑞中. 现代大气光学[M]. 北京: 科学出版社, 2012.

[9] 曹正蕊, 洪延姬, 文明, 等. 吸气式激光推力器速度与高度耦合特性的数值研究[J]. 推进技术, 2007, 28(5): 489-494.

[10] 刘婷婷. 冬冷夏热地区应用地表水源热泵系统供暖的优化方法[D]. 长沙: 湖南大学, 2005.

[11] 蒙建东. 小型水体最大供冷能力的计算分析[D]. 哈尔滨: 哈尔滨工业大学, 2008.

[12] 李粉玲. 高山高原地区地表温度遥感反演研究[D]. 兰州: 兰州大学, 2006.

[13] 张鸣, 杨彩玲, 陈宏彬, 等. 近地层日最高最低气温出现的时间特征[J]. 甘肃高师学报, 2011, 16: 51-53.

[14] 陈双远. 大气红外透过率测量[D]. 北京: 中国科学院大学(中国科学院云南天文台), 2019.

[15] 张贺, 广海军. 臭氧层破坏对环境产生的影响及预防措施[J]. 资源节约与环保, 2020, 17(5): 6-7.

[16] 唐诗, 孙小五, 单丹滢, 等. 预浓缩-气质联用法测定环境空气中 33 种消耗臭氧层物质[J]. 能源与环保, 2023, 45(11): 82-87.

[17] 段晓东. 地基气辉成像干涉仪探测高层大气风场的仪器正演及数据反演研究[D]. 西安: 西安理工大学, 2012.

[18] 王誉棋, 魏勇. 赤与白: 古代极光描述的主要用色—关于中国古代极光年表的对比研究[J]. 中国科技史杂志, 2022, 43(3): 446-459.

[19] 王美丽. 绚丽的极光背后会有哪些危险[J]. 生命与灾害, 2023(6): 36-37.

[20] 郑瑞生. 地球出现绚丽极光, 太阳 "外衣" "漏" 了一个洞？[J]. 科学大观园, 2023(12): 8-11.

[21] 晋凯, 魏凯, 李敏, 等. 钠信标测光理论与实验研究[J]. 红外与激光工程, 2018, 47(1):

106005(1)-0106005(9).

[22] 卞奇, 薄勇, 彭钦军, 等. 微秒脉冲激光钠导引星星群技术研究(特邀)[J]. 红外与激光工程, 2022, 51(6): 1-6.

[23] 丁广兴. 极光沉降粒子的远紫外辐射特性及探测方法研究[D]. 北京: 中国科学院大学(中国科学院长春光学精密机械与物理研究所), 2018.

[24] 宋贯一. 对引力、斥力、暗物质和暗能量等物理学热点问题的探讨[J]. 地球物理学进展, 2022, 37(3): 971-980.

[25] 杨照金, 王雷, 范纪红. 空间光学仪器设备及其校准检测技术[M]. 北京: 中国计量出版社, 2009.

[26] 万卫星, 魏勇, 郭正堂, 等. 从深空探测大国迈向行星科学强国[J]. 中国科学院院刊, 2019, 34: 748-755.

[27] 阮宁娟, 苏云. 国外紫外空间探测器发展综述[J]. 航天返回与遥感, 2008, 29(3): 71-78.

[28] 宋玉环, 魏勇. 从地球到行星[J]. 现代物理知识, 2020, 32(2): 13-17.

[29] 人造地球卫星[EB/OL]. https://baike.baidu.com/item/人造地球卫星/377179?fr=ge_ala [2023-10-30].

[30] 李泽琴, 宁长春, 杨瑞, 等. 认识和探测宇宙的基本方法介绍[J/OL]. 物理与工程, 2023: 1-14. http://kns.cnki.net/kcms/detail/11.4483.O3.20231122.1507.002.html[2023-12-24].

[31] 罗子人, 张敏, 靳刚, 等. 中国空间引力波探测"太极计划"及"太极 1 号"在轨测试[J]. 深空探测学报(中英文), 2020, 7(1): 3-10.

[32] 蓝广旋. 长时标伽玛射线暴爆发率和光度函数演化的研究[D]. 合肥: 中国科学技术大学, 2022: 1-3.

[33] 百度百科. 伽马射线暴(天文学名词)[EB/OL]. https://baike.baidu.com/item/伽马射线暴/5259795?fr=ge_ala[2023-12-23].

[34] 潘越. 空间天文光学望远镜辐射定标技术研究[D]. 北京: 中国科学院大学, 2021.

[35] 袁强, 常进. 暗物质粒子探测卫星研究进展[J]. 科学通报, 2021, 66(11): 1299-1306.

[36] 张重阳. 在世界屋脊向宇宙线世纪之谜发起冲击[J]. 中国科技财富, 2023(6): 8-10.

[37] 曹臻, 陈明君, 陈松战, 等. 高海拔宇宙线观测站 LHAASO 概况[J]. 天文学报, 2019, 60(3): 1-16.

[38] 余舜京, Gonzalez F, 魏建彦, 等. 中法天文卫星(SVOM)伽马暴联合探测任务[J]. 空间科学学报, 2019, 39(6): 800-808.

[39] 毕效军, 董永伟. 中国空间站高能宇宙辐射探测设施 HERD[J]. 现代物理知识, 2020, 32(5): 40-44.

[40] 谢博. 用"绝活"探测宇宙中的暗物质—中国首颗暗物质卫星"悟空"成功发射升空[J]. 天文爱好者, 2016(1): 36-42.

[41] 陈学雷. 暗物质研究述评[J]. 科技导报, 2006, 24(1): 15-18.

[42] 梁荣, 周晓军, 邹纯博, 等. 高倍率低波前畸变引力波探测望远镜的光学设计[J/OL]. 光子学报, 2023: 1-10. http://kns.cnki.net/kcms/detail/61.1235.O4.20231115.1538.012.html[2023-12-25].

[43] 吴树范, 王楠, 龚德仁. 引力波探测科学任务关键技术[J]. 深空探测学报, 2020, 7(2): 118-127.

[44] 张雪峰, 叶伯兵, 檀庄斌, 等. 天琴轨道与星座设计进展[J]. 中山大学学报: 自然科学版,

2021, 60(1): 123-128.

[45] 罗俊, 艾凌皓, 艾艳丽, 等. 天琴计划简介[J]. 中山大学学报: 自然科学版, 2021, 60(S1): 1-19.

[46] 吴树范, 孙笑云, 张倩云, 等. 空间引力波探测航天器平台系统前沿研究进展[J]. 深空探测学报(中英文), 2023, 10(3): 233-246.

[47] 国家市场监督管理总局, 国家标准化管理委员会. 空间环境 航天材料空间环境效应模拟试验通用规范: GB/T 41543—2022[S]. 北京: 中国标准出版社, 2022.

[48] 魏文寿. 卫星遥感应用[M]. 北京: 气象出版社, 2013.

[49] 赵志远. 吉林一号: 我国最大的商业遥感卫星星座[J]. 太空探索, 2021(9): 15-17.

[50] 晓曲. 中国首个0.5m高分辨率商业遥感卫星星座首期正式建成[J]. 卫星应用, 2018, 26(2): 66.

[51] 文质彬, 吴园涛, 李琛, 等. 我国海洋卫星数据应用发展现状与思考[J]. 热带海洋学报, 2021, 40: 23-30.

[52] 李爽. 美军锁眼侦察卫星计划分析及展望[J/OL]. 武汉大学学报(信息科学版), 2024: 1-11. https://doi.org/10.13203/j.whugis20230128[2024-01-30].

[53] 赵秋艳. 美国成像侦察卫星的发展[J]. 航天返回与遥感, 1999(3): 31-39.

[54] NASA. Hubble Design[EB/OL]. https://science.nasa.gov/mission/hubble/observatory/design/optics/ [2023-12-12].

[55] 李正映, 魏勇, 王誉棋. 哈勃空间望远镜的宇宙寻踪[J]. 现代物理知识, 2022, 34(2): 17-23.

[56] 詹虎. 中国空间站巡天空间望远镜介绍[C]. 中国天文学会2021年学术年会摘要集, 2021: 1.

[57] 百度百科. 中国巡天空间望远镜[EB/OL]. https://baike.baidu.com/item/中国巡天空间望远镜/62853573?fr=ge_ala[2023-12-12].

[58] 张保淑. "飞天巨眼" 中国造[J]. 科学之友, 2023(5): 18-19.

[59] 金秋. 哈勃空间望远镜的 "接班人" ——詹姆斯·韦伯太空望远镜[J]. 科学启蒙, 2021(8): 1-3.

[60] NASA. James Webb Space Telescope[EB/OL]. https://science.nasa.gov/mission/webb/[2023-12-12].

[61] Bolcar M R, Balasubramanian K, Clampin M, et al. Technology development for the advanced technology large aperture space telescope (ATLAST) as a candidate large UV-optical-infrared (LUVOIR) surveyor[C]//UV/Optical/IR Space Telescopes and Instruments: Innovative Technologies and Concepts Ⅶ. SPIE, 2015, 9602: 86-99.

[62] 范增. 空间轨道转移飞行器轨道机动及应用仿真研究[D]. 沈阳: 沈阳理工大学, 2012.

[63] 黄华国. 林业定量遥感研究进展和展望[J]. 北京林业大学学报, 2019, 41(12): 1-14.

[64] 梁顺林. 中国定量遥感发展的一些思考[J]. 遥感学报, 2021, 25(9): 1889-1895.

[65] 梁顺林, 白瑞, 陈晓娜, 等. 2019 年中国陆表定量遥感发展综述[J]. 遥感学报, 2020, 24: 618-671.

[66] 杨倩倩, 靳才溢, 李同文, 等. 数据驱动的定量遥感研究进展与挑战[J]. 遥感学报, 2022, 26: 268-285.

[67] 龚健雅, 李彦胜. 定量遥感与机器学习能够融合吗？[J]. 地球科学, 2022, 47(10): 3911-3912.

[68] 李传荣, 马灵玲, 唐伶俐, 等. 面向定量遥感的高分辨遥感综合定标场及其应用[J]. 遥感学报, 2021, 25: 198-219.

[69] 温志纯. 基于高光谱遥感方法的土壤重金属污染检测应用[J]. 能源与环境, 2022(5): 69-71.

[70] 王建宇, 李春来. 高光谱遥感成像技术的发展与展望[J]. 空间科学学报, 2021, 41(1): 22-33.

[71] 范启雄, 胡继成, 周家丹, 等. 高光谱遥感目标探测国内外研究进展及其军事应用[C]. 国家安全地球物理丛书(十四)——资源·环境与地球物理, 2018: 85-92.

[72] 张新颜, 王国勇. 基于多尺度特征的高光谱遥感图像分类方法[J]. 激光杂志, 2022, 43(10): 97-101.

[73] 孙晓敏, 郑利娟, 吴军, 等. 基于 U-net 的"高分五号"卫星高光谱图像土地类型分类[J]. 航天返回与遥感, 2019, 40: 99-106.

[74] 赵轩浩, 李欣竺, 王云浩. 基于改进卷积神经网络的高光谱遥感影像分类算法[J]. 科学技术创新, 2023(21): 19-22.

[75] 韩艳雪. 低温长波红外高光谱成像仪关键技术研究[D]. 北京: 中国科学院大学(中国科学院长春光学精密机械与物理研究所), 2023.

[76] 国家市场监督管理总局, 国家标准化管理委员会. 空间环境 地球同步轨道太阳质子注量及其统计模型置信度选择指南: GB/T 41457—2022[S]. 北京: 中国标准出版社, 2022.

[77] 国家市场监督管理总局, 国家标准化管理委员会. 空间环境 用于低轨道卫星的商业现货(COTS)器件的辐射效应评估: GB/T 42242—2022[S]. 北京: 中国标准出版社, 2022.

[78] 张兵, 高连如, 李嘉鑫, 等. 高/多光谱遥感图像超分辨率融合研究进展与展望[J]. 测绘学报, 2023, 52: 1074-1089.

第 2 章　空间环境及其对空间光学遥感的影响

空间光学载荷与地基仪器不一样的地方在于，它不仅需要能承受发射和返回过程中的冲击、振动等，还需要在工作期间能适应恶劣的空间环境。

空间环境是指距地面几十千米直到太阳以外的广阔空间内的物理状态及其变化。空间环境主要包括：真空环境、微重力环境、粒子辐射、高低温环境以及微流星体和碎片、冷黑环境、原子氧、弱磁场、磁层亚暴、电离层、等离子体等环境[1]。

对航天活动具有较大影响的主要包括太阳电磁辐射、中性大气、地球电离层、空间等离子体(部分或完全电离的气体，主要成分为低能质子和电子)、地球磁场、空间带电粒子辐射、空间碎片与微流星体等。图 2.0-1 为不同空间环境因素对航天器的影响程度[2,3]。

	地球引力场	高层大气	原子氧	地磁场	银河宇宙线	太阳宇宙线	地球辐射带	电离层	磁层等离子体	微流星体	空间碎片	太阳电磁辐射	地球反照	地球大气辐射
温度	☆											★	★	★
通信测控								★						
计算机软件错误					★	★	★							
充电							☆	☆	★					
化学损伤		★												
辐射损伤					★	★	★					☆		
机械损伤										★	★			
姿态	☆	☆		★								☆		
轨道	☆	★							☆			☆		

★表示有严重影响；　☆表示有一般影响

图 2.0-1　不同空间环境因素对航天器的影响程度

空间环境对航天器的影响比较大。对我国 6 颗地球静止轨道卫星故障原因的统计结果见表 2.0-1，30 次故障中由空间环境引起的故障就有 12 次，故障率达 40%。

表 2.0-1 我国 6 颗地球静止轨道卫星故障原因[4]

故障原因	故障次数	故障率/%
设计和工艺原因	5	16.7
空间环境影响	12	40.0
元器件质量	5	16.7
其他未确定因素	8	26.6

美国国家地球物理数据中心对 1971～1986 年间 39 颗地球静止或准静止轨道卫星的在轨异常情况进行了统计,如表 2.0-2 所示,由空间环境引起的电子诱发的电磁脉冲(Electromagnetic Pulse,EMP)、静电放电(Electrostatic Discharge,ESD)和单粒子翻转(Single Event Upsets,SEU)占全部故障的 71.05%。

表 2.0-2 美国 39 颗地球静止或准静止轨道卫星故障原因[5]

故障原因	故障次数	故障率/%
电子诱发的电磁脉冲(EMP)	293	18.44
静电放电(ESD)	215	13.53
单粒子翻转(SEU)	621	39.08
其他	460	28.95
总计	1589	100

【应用案例】GOES-1 卫星载荷故障原因及改进措施[6,7]

1975 年 10 月美国地球静止环境业务卫星-1(GOES-1)发射升空,在轨期间成像仪器失效,失效的主要原因是编码器的白炽灯烧毁。白炽灯的作用是对所产生的气象图进行编码,编码器的灯丝采用钨金属材料,灯过早烧毁是因为钨本身有缺陷或者灯的密封有问题。

另外,失效原因还有传动部分的润滑剂问题。扫描镜传动部分使用溅射法在轴承表面蒸镀二硫化钼润滑剂,润滑剂及磨屑沉积造成润滑剂分布不均,其中润滑剂增厚的部分使得电机电流增加,导致内部产生热量。热效应引起固定部分膨胀,使得安装在旋转部位的编码盘间隙变窄导致其卡滞,打乱了扫描镜信号,进而停止工作。

针对成像仪编码器的白炽灯过早烧毁问题,后续改进采取了以下措施:

(1) 星上安装备份的编码器;

(2) 为了延长灯丝寿命,采用铼合金材料;

(3) 后续星安装电子编码装置以取代光学编码器;

(4) 加强灯丝材料的挑选与改进灯的封装工艺。

本书作者解决与 GOES-1 卫星类似的传动部分润滑剂及磨屑堆积问题的一种思路如下：

(1) 采用增加反转工作模式，通过正转与反转结合的方式使堆积的润滑剂重新分布均匀；

(2) 若在高温及低负荷工况下应用，可考虑将二硫化钼(MoS_2)更换为更不易磨损及磨料堆积的二硫化钨(WS_2)膜层。

【应用案例】GOES-4 卫星故障原因及改进措施[7]

1980 年 9 月美国地球静止环境业务卫星-4(GOES-4)发射升空。卫星在轨期间共发生了成像仪失效，可见光/红外自旋扫描辐射计大气探测器(VAS)前后 22 次停止工作，卫星在工作期间太阳电池阵输出功率突然下降等故障。

成像仪失效的主要原因是电源中的印制线路板(Printed Circuit Board，PCB)出现开路故障；可见光/红外自旋扫描辐射计大气探测器(VAS)多次停止工作是由于静电放电现象造成的；太阳电池阵输出功率突然下降是由于空间粒子辐射环境的影响造成的。太阳电池阵的电池片尽管有覆盖层保护，但是由于粒子辐射剂量超过了设计时的预估值，结果造成不同程度的损伤，从而使得输出功率下降。

针对卫星静电故障采取了以下措施：

(1) 星体外表面所有装置进行屏蔽，同时在指令和其他敏感电子元器件中采用备份逻辑。

(2) 采用卫星带电主动控制技术，即通过向空间辐射卫星电势以平衡输入环境通量，来达到控制卫星电势的目的。

(3) 采取卫星均匀电荷分布技术方案，即利用导线或其他导电栅将星体电介质表面分解成若干小块的电介质矩阵。每小块电介质由接地平面耦合起来。通过大大减少表面积，缩短从任一点电介质到结构地的距离，从而降低单独放电的强度。

(4) 采用新型抗静电热控涂层材料，以降低电荷的积累。

防止太阳电池阵输出功率下降主要是要提高其抗空间粒子辐射的能力，主要措施有：

(1) 对卫星运行轨道粒子辐射环境进行探测。为选择高性能电池盖片材料和高效太阳电池材料提供必要的支撑。

(2) 采用激光束扫描恢复受辐射损伤的太阳电池性能。

本书作者猜测第 2 项措施有可能是利用升温退火可使玻璃"色心"破坏而褪色的特性。

若太阳能电池盖片玻璃未用含铈玻璃或极高纯度的熔融石英玻璃而是采用一般普通光学玻璃，在高剂量辐照下易释放出电子并形成对热不稳定的"色心"，使玻璃变成褐色甚至黑色,大幅降低了玻璃的透过率。通过激光等外部加热方式可破坏对热极不稳定的色心,逐渐恢复盖片材料的透过率。

2.1 冷黑环境

常规的热交换的方式有传导、对流和辐射。空间由于气压极低,故航天器与空间环境热交换几乎以辐射形式进行。宇宙空间背景辐射能量极小,约 10^{-5} W/m^2,相当于 3K 绝对黑体辐射。从热交换的观点可以完全不考虑行星或恒星对航天器辐射的反射。因此,可认为航天器的自身辐射全部被宇宙空间吸收,没有二次反射,亦即空间对航天器来说是黑体。这一环境称为**冷黑环境**,又称**热沉**[8]。

如图 2.1-1 所示,太阳、地球和各种星体辐射光谱分别近似于 5900K、300K 和 3.5K 的黑体。宇宙背景的辐射相当于绝对温度为 3K 的黑体。

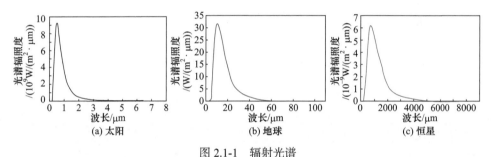

图 2.1-1 辐射光谱

深空背景辐射包含太阳的直接辐射和地球大气对太阳的反射两部分,以可见光为主。太阳的直接辐射以可见光为主;地球以及星体在可见光波段的辐射近似为零;地球对太阳光的反射光谱特性与入射光谱特性相似[9]。

2.2 真空环境

真空环境是指在给定空间内低于一个大气压的气体状态,该空间内气体分子密度低于一个大气压的分子密度。

定义温度为 0℃、纬度 45° 海平面上的气压为标准大气压,1atm=101325Pa,即 1.01325×10^5 N/m^2。

气压和分子密度同步变化,在标准状态(0℃,101325Pa)下,气体的分子密度为 2.6870×10^{25} m^{-3};真空度为 1.33×10^{-4} Pa 时,气体分子密度为 3.24×10^{16} m^{-3}。完全没有气体的空间状态称为绝对真空,绝对真空实际上是不存在的[10]。

在太阳系内,行星际空间 90%成分为氢离子,9%是氮离子,真空中已经很少有气体分子，所以其撞击力也很小，故而它们的密度极小，压力极低。500km 空间低轨道环境压力约为 10^{-7} Pa。

真空区划分如下区段[11]：

低真空： $10^{5}\sim10^{2}$ Pa （海拔 0～50km）

中真空： $10^{2}\sim10^{-1}$ Pa （海拔 50～90km）

高真空(HV)： $10^{-1}\sim10^{-5}$ Pa （海拔 90～330km）

超高真空(UHV)： $< 10^{-5}$ Pa （海拔 330km 以上）

表 2.2-1 为不同海拔时的气压变化情况。

表 2.2-1　空气真空度随海拔变化情况[12]

海拔/km	真空度/Pa	海拔/km	真空度/Pa
100	2.64×10^{-2}	600	4.12×10^{-8}
200	7.50×10^{-5}	700	1.85×10^{-8}
300	5.96×10^{-6}	800	1.03×10^{-8}
400	8.69×10^{-7}	1200	10^{-9}
500	9.52×10^{-8}	10000	10^{-10}

月球表面大气压力为 $10^{-10}\sim10^{-12}$ Pa；银河系星际大气压力为 $10^{-13}\sim10^{-18}$ Pa[13]。

【应用案例】低气压下的空气折射率

真空或者低气压情况下，空气折射率不一致。折射率 n 的定义式为

$$n = \frac{c}{\upsilon} \tag{2-1}$$

式中， c ——光在真空中的传播速度， $c = 299792458\text{m/s} \approx 3\times10^{8}$ m/s；

υ ——光在折射率为 n 的介质中的传播速度，m/s。

由式(2-1)可知，光在折射率为 n 的介质中的传播速度为

$$\upsilon = \frac{c}{n} = \frac{\lambda}{n}\gamma \tag{2-2}$$

其中， γ 为频率。

也就是说，光在介质中传播时，频率不变，而光的波长变为真空中波长 λ 的 $1/n$ 倍。

例 2-1　油浸显微镜：油的折射率(n_{o}=1.5～1.7)大于空气的折射率(n_{a}=1.000273)，

故在油中光的波长变短了 $1/n_0$ 倍，亦即物方折射率增大，分辨率提高了。

例 2-2　在光学检验中，用光学样板检验曼金(Mangin)镜的面形时，若光学样板和曼金镜材料的折射率不一致，且差异较大，则透过样板玻璃和曼金镜看到的光圈数不一致。透过高折射率的光圈数多。

在常温常压状况下(T=293K=20℃，p=101325Pa=760mmHg)，空气的折射率 n 为 1.000273。在真空情况下，$\upsilon = c = 3 \times 10^8$ m/s，故折射率 n=1。

透镜在大气中的折射率比真空中大，折射率变化会导致整个镜头的焦距发生变化。因此，在地面装配探测器时应预置一定的偏差距离(即离焦量)，才能保证相机在真空环境工作时，探测器始终处于最佳焦平面位置。

【应用案例】真空焦面预置

一种方式是在保障像质的前提下，建立地面气压与真空气压的理论类比关系，然后将探测器预置在真空焦面理论位置，并在真空罐内进行真空预置焦面位置验证。

还有一种可行方式是在实验室装调和测试期间，在镜头各透镜之间充满氦气(氦气的折射率 n_{He} 为 1.000033，与大气折射率 1.000273 相比，它更接近于真空的折射率)，相机入轨后通过排气装置将内部氦气排放出去[14]。排气的目的是使相机内外气压保持一致，不至于由于内外存在压差而导致光学系统面形发生变化。

2.2.1　冷焊效应

在真空环境下，运动部件容易产生冷焊(cold welding)现象。在地面上，固体表面总吸附有 O_2 和 H_2O 膜及其他膜，在不加注润滑剂的情况下，它们能构成边界润滑剂，起到减小摩擦系数的作用。但是在真空，尤其是在 10^{-7}Pa 以上的超高真空环境下，固体表面的吸附气膜、污染膜以及氧化膜(O_2 和 H_2O 膜及其他膜)由于负压被全部清除，当材料表面达到原子洁净程度时，在一定压力负荷和温度下，相互接触的金属表面由于黏着力增加或原子相互渗透，使相邻表面原子键发生结合[15]，形成原子状态"吸附"，即引起冷焊，使运动副卡死。

发生冷焊的三要素：高真空、相同金属材料、压力。一般来说，表面越清洁，接触压力越大，接触时间越长，温度越高，则越易形成冷焊效应。

【应用案例】"伽利略号"冷焊故障[16]

"伽利略号"木星探测器是美国国家航空航天局第一个直接专用于探测木星的航天器，其与地面联络的主要工具是一个伞状高增益天线(主天线)，由于其航行路线中最初的一段离太阳比较近，为了避免主天线受太阳照射损坏，故而飞行初始状态主天线一直保持收拢。按照计划，当"伽利略号"运行到远离太阳的时候，地面控制中心通过远程指令使主天线像伞一样打开，但在实际操作中很不幸没能准确打开。本来"伽利略号"数据通信能每数分钟往地球发回一张照片，故障发生后变成了数周一张。经过研究人员在实验室进行问题复现试验，发现是主天线上几根骨架上的润滑物质和氧化层在摩擦的作用下被过早地磨损掉了。在进入空间后，有三根骨架和其他金属部件在冷焊的作用下被黏结在一起，导致主天线无法打开。

冷焊的危害：运动部件卡死；加速轴承的磨损；使电机滑环、电刷、继电器和开关触点等接触不良；天线或重力梯度杆无法展开；太阳电池阵板、散热百叶窗打不开等。

防止冷焊的措施：

选择不易发生冷焊的配偶材料；在接触表面涂覆固体润滑剂或补充液体润滑剂；涂覆不易发生冷焊的材料膜层，如二硫化钼、三氧化二铝、二氧化锆、三氧化二铬、碳化钨涂层等。

【拓展知识】二硫化钼[17]

二硫化钼(MoS_2)用于摩擦材料时的主要功能是低温时减摩，高温时增摩。

减摩：由超声速气流粉碎加工而成的二硫化钼粒度达到 325～2500 目，微粒硬度 1～1.5，摩擦系数 0.05～0.1，所以它用于摩擦材料中可起到减摩作用。

注：目是目数的简称，即筛网的孔数。在泰勒标准筛中指每平方英寸(1in=2.54cm)筛网上的孔眼数目，我国以每平方厘米面积内的网孔个数表示，表征物料颗粒的大小，即粒度。一般来说，目数×孔径大小(微米单位)=15000。325目筛网的孔径为 45μm 左右。

增摩：二硫化钼不导电，存在二硫化钼、三硫化钼和三氧化钼的共聚物。当摩擦材料因摩擦而温度急剧升高时，共聚物中的三氧化钼颗粒随着升温而膨胀，起到了增摩作用。

注意：潮湿环境使 MoS_2 吸收水汽膨胀的概率增加，致使摩擦阻力增大，润滑性能下降。

真空防冷焊技术包括：

(1) 空间真空环境下的液体润滑技术。选用饱和蒸气压较低的液体润滑剂，并密封，以防蒸气向空间蒸发。

(2) 空间真空环境下的固体润滑技术。一般为薄膜或粉状固体润滑物质，按种类分为层状晶体、非层状无机物、金属薄膜、塑料、合成膜、化合膜等。

(3) 采用自润滑材料，如石墨、陶瓷、复合材料等。

注意：石墨的润滑性需要水汽，水汽的加入才能形成层间氢键结构，故而在

真空环境下石墨没有润滑性能。

【拓展知识】固体润滑薄膜[18]

固体润滑材料按材料结构可以分为层状结构物质、低摩擦聚合物、软金属和低摩擦非层状无机化合物四种类型。

层状结构物质主要有二硫化钼(MoS_2)、二硫化钨(WS_2)、二硫化铌(NbS_2)、二硫化钽(TaS_2)、二硒化钨(WSe_2)、二硒化钼($MoSe_2$)、二碲化钼($MoTe_2$)等。

低摩擦聚合物主要有聚四氟乙烯(Polytetrafluoroethylene，PTFE)、聚酰亚胺(Polyimide，PI)、聚酰胺(尼龙)、超高分子量聚乙烯以及聚芳醚酮等。低摩擦非层状无机化合物主要有具有低摩擦特性的金属氧化物、氟化物以及某些含氧酸盐等。软金属如铅(Pb)、金(Au)、银(Ag)、锡(Sn)、锌(Zn)等具有较低的剪切强度，同时晶体结构为各向异性，因此易于发生晶间滑移而起到润滑作用。此外，软金属一旦黏着于基材表面，便能牢固地结合在一起，从而持续地发挥润滑作用。Pb、Sn、Zn 等软金属的熔点低，仅适用于室温及中温度段润滑；而金属 Ag 在氧化性气氛中在 145℃生成过氧化银(AgO)；在 300℃氧化生成+1 价的氧化银(Ag_2O)。同时**软金属在真空条件下，摩擦系数相对 MoS_2 较大。**

类金刚石(Diamond-Like Carbon，DLC)薄膜具有高硬度、低摩擦系数及优异的耐磨性能，目前成熟的 DLC 薄膜一般用于耐磨活动零部件。

黏结 MoS_2 固体润滑涂层及树脂基黏结涂层柔韧性好，低温下摩擦系数较小，适合于极低温度非精密件的润滑。

二硫化钼(MoS_2)、二硫化钨(WS_2)均为层状六方晶体结构，结构特征决定了层片状润滑剂中层与层之间的众多滑移面具有良好的滑移性，且滑移面的存在使原来相对滑动的两金属表面的直接摩擦转化为分子层的相对滑移，从而降低了摩擦系数，减少了磨损。

一般来说，**二硫化钨(WS_2)膜厚约 0.5μm，且比较均匀，适用于公差小的精密零件和极限高低温使用环境(防盐雾性能除外)。**二硫化钨(WS_2)摩擦系数可减至 0.03，抑制了碳的堆积，减少了磨损、咬合等问题；并且附着性能强，不易分离，与所有物质在分子水平上结合，与基材表面结合的 WS_2 微粒只能通过去除基材表面才能消除；在-273~650℃高低温下依然有润滑耐磨的效果(在真空环境下可以在 1200℃下工作从而不分解)，适用于高温、高压、高真空、高负荷、高转速、高辐射、强腐蚀、超低温等各种苛刻条件下的润滑。与聚四氟乙烯和尼龙等配制的填充材料，可用于制作自润滑部件。WS_2 被 NASA 应用在航天领域。

二硫化钼(MoS_2)适用于高负荷应用场合。涂层厚度正常范围在 5~30μm，膜厚分布有±5μm 公差，适用于-220~400℃工作环境中，摩擦系数可降低至 0.02~

0.06。涂覆后基材具有一定的润滑、耐磨、防盐雾性能，盐雾试验较高可达到300～1500h，具有良好的防腐蚀性能。具有不溶于水、耐酸、耐碱、耐高混合气体液体等特性。

常温工况下，WS_2 涂层在金属基上成膜状态不如 MoS_2 涂层；高温工况下，WS_2 涂层的摩擦性能优于 MoS_2 固体润滑涂层。

WS_2 在空气或氧气中加热可转化为 WO_3。

软金属薄膜在低轨时受原子氧作用，导致薄膜中的 Ag、Cu 发生了氧化反应．使薄膜的附着力减小，生成的氧化物产生了磨粒磨损，导致该薄膜的耐磨寿命减少。

2.2.2 真空出气效应

500km 低轨道大气压力约为 10^{-7}Pa。当真空度高于 10^{-2}Pa 时，气体就会释放。这些气体来源于：原先在材料表面吸附的气体(如空气、水汽等)在真空状态下从表面脱附；原先溶解于材料内部的气体，在真空状态下从材料内部向真空边界扩散，最后在界面上释放并脱离材料；渗透气体通过固体材料释放出来[19]。空间热真空环境下，大多数非金属材料体内的某些不稳定成分，或由紫外辐射、粒子轰击、原子氧效应等其他空间环境因素诱导，产生某些不稳定成分，造成有机材料易于挥发。由于蒸发和升华作用，非金属材料的质量减少；可凝聚挥发物(Collectable Volatile Condensable Materials，CVCM)和水汽释出，通过分子流动和物质迁移沉积在航天器其他部位易造成分子污染。一些多微孔结构的材料如复合材料，在一定湿度条件下会吸收水汽，在空间高真空环境下释放出水汽[20]。

航天器表面和材料出气是分子污染的重要来源。真空环境易造成非金属材料出气，如黏合剂、多层隔热膜、碳纤维加筋增强塑料等；封/涂层胶黏剂和胶带的主要材料是环氧树脂、聚氨酯树脂、有机硅、聚酰亚胺(PI)和氟橡胶等[21]。

严重的分子污染会降低观察窗和光学镜头的透过率，减少太阳能电池的光吸收率。一般光学部件，如光学扫描镜和光学系统，当其表面吸附微尘埃达到 10^{-7} g/cm^2 量级时，性能就会受到影响。例如可使高温吸附的可凝性气体转移到航天器的低温处，造成低温处表面污染，从而改变表面性能，尤其是热控涂层；如果污染物转移到电子器件附近，会增加电器元件的接触电阻等[22]。

2.2.3 真空质量损失与可凝聚挥发物

材料在真空环境下的蒸发、升华和分解会造成其组分的变化，引起材料总质量损失(Total Mass Loss，TML)[23]，简称"质损"。

许多非金属材料，特别是一些树脂基复合材料在真空和热环境条件下，会释放出可凝聚挥发物(CVCM)，这些气体物质在相对较冷的背景物上可能出现凝结。

在真空中总质量损失通常损失的是吸附的水汽、气体和溶剂材料，尤其是一些具有多微孔结构的材料。如果 $0.5g/cm^2$ 的聚合物具有 0.1%的可凝聚挥发物，并且全部凝结在同样面积的敏感表面上，就会形成厚度为 4μm 的污染层，足以污染触点或光学件。故而可凝聚挥发物的淘汰线定为 0.1%[24]，如表 2.2-2 所示。

表 2.2-2　真空质量损失与可凝聚挥发物性能要求[24-27]

项目	性能要求	备注
总质量损失(TML)	≤1%	一般有效载荷航天材料
	≤0.1%	光学遥感器光敏面附近材料
可凝聚挥发物(CVCM)	≤0.1%	一般有效载荷航天材料
	≤0.01%	光学遥感器光敏面附近材料
恢复后的质量损失(RML)	≤0.1%	光学遥感器光敏面附近材料
水蒸气回吸率(WVR)	WVR= TML−RML	

若水蒸气回吸率(Water Vapor Regained，WVR)与总质量损失(TML)相当，而可凝聚挥发物(CVCM)很小，则出气成分主要为水汽。

若总质量损失(TML)较大，而可凝聚挥发物(CVCM)及水蒸气回吸率(WVR)很小，则出气成分主要为水汽以外的低分子量化合物(分子量 < 1000)，如乙醇、甲烷等，它们在常温下不造成污染。

真空环境下材料的不均匀升华引起的质量损失，会引起表面粗糙，使航天器表面光学性能变差。在高真空度下材料的内、外分界面可能变动，引起材料力学性能的变化。由于蒸发缺失氧化膜或其他表面保护膜，因而可能改变材料表面的适应系数及辐射率，显著改变材料的机械性能、蠕变强度和疲劳应力等。

【应用案例】加热排污模式

对于需要制冷的空间光学遥感器，一般在入轨后先开启加热排污模式，即先通过热控单元局部加温，使可凝聚挥发物尽量全部转移至舱外后，再开启正常工作模式。

【应用案例】树脂基体降低空间放气率的途径[28,29]

(1) 选择分子结构稳定、抗空间环境侵蚀性能强的树脂基体，如碳纤维树脂基复合材料中，可选氰酸酯改性环氧树脂，其含有笼状聚倍半硅氧烷(POSS)等。

(2) 在现有树脂基体中添加纳米氧化物(SiO₂、TiO₂)等材料加固树脂中分子的结构，增大和增强纤维的界面结合力。

(3) 在复合材料结构件的内外表面镀金属膜，如钛膜等，阻滞低分子物质的挥发。

2.2.4 真空放电效应

根据帕邢定律(Paschen law)，气体的击穿电压是气压和两电极间距离乘积(气压和间距的乘积称为帕邢参数)的函数，它是一条弯曲的曲线，存在极小的击穿电压。从常压下抽真空的过程中，随着压力越接近绝对真空，两电极点间越来越容易放电，到达某一气压时，最容易放电。但是过了这个点后，继续抽真空，放电能力又快速地呈现绝缘加强的状态，一直到极限真空(绝对)条件，又有绝缘极强的趋势。

真空放电效应发生在 $10^3 \sim 10^{-1}$Pa 低真空范围。当电极之间发生自激放电时容易电击穿造成短路故障。在真空试验过程中在此区间不得对设备加电，以避免造成元器件击穿。

当真空度达到 10^{-2}Pa 或更高时，在真空中分开一定距离的两块金属表面受到具有一定能量的电子碰撞时，会从金属表面激发出更多的次级电子，形成微放电[30]，使得电流通过了通常状态下的绝缘介质(例如空气)，引起电弧放电故障。金属由于发射次级电子而受到侵蚀，电子碰撞会引起温度升高，而使附近气体压力升高，甚至会造成严重的电晕放电导致电子元器件故障或失效[31]。真空效应小结如表 2.2-3 所示。

表 2.2-3　真空效应小结

压强/Pa	影响类型	备注
$10^3 \sim 10^{-1}$	真空放电区	造成元器件击穿，真空试验过程中在此区间避免对设备加电
10^{-2}	材料出气	造成污染
10^{-7}	冷焊区	造成活动部件卡紧，不能正常活动

【应用案例】低气压风险及措施

若正负电极间的绝缘不良(隐性"裸对")，正负极周边存在低气压环境，易诱发电源短路，故而一定要关注易形成低气压的环节。在一些安装有接插件等的密闭空腔中，腔体应设置排气孔(欧洲航天局(ESA)规定不小于 $2\text{mm}^2/\text{L}$)，且不得残留多余物堵塞排气孔导致低气压。

如无法避免"电极裸对"(如导电滑环)，应综合采用多种手段，如优化电极排列顺序(减小相邻电极的电压差)、优化安全间距(根据电压差设计安全间距)、爬电阻挡墙设计(迷宫)、多余物及污染控制等。

2.2.5　真空环境对光学器件及其涂层的影响

光学薄膜器件通常要在真空镀膜机内进行膜层镀制，之后要在大气环境下进行性能测试及安装。由于制备的膜层不可能完全致密，膜层中会存在孔隙等缺陷。在大气环境下测试、安装过程中，空气、水蒸气等分子将会浸入到膜层缺陷中成为膜层的组成部分，因而膜层折射率由于包含空气水蒸气等会发生细微变化，故而测得的光谱是在大气环境下的光谱。光学薄膜器件随光学遥感器发射进入空间后，在真空环境下膜层中吸附的空气、水蒸气等气体分子逃逸出来，膜层构成的微小变化导致折射率发生改变，从而使得器件光谱特性发生变化[32]。

真空度对于高致密性膜层的光学器件影响很小，但对于多孔(针孔)膜层会造成光谱响应向短波长漂移。原因是真空对多孔膜层的质量损失(尤其是水汽)引起膜系厚度发生了变化(一般是变薄)，如图 2.2-1 所示，图中的角度值是光的不同入射角。

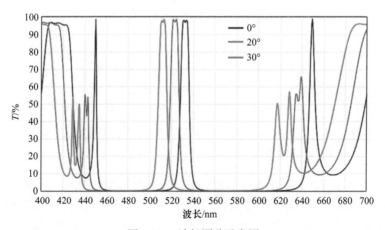

图 2.2-1　波长漂移示意图

对于光学器件而言，为了提升通光效率，抑制杂散光，玻璃基板上镀制多层增透膜或者高反射与保护膜等。由于膜层水分损失的影响，有可能会产生应力变化，如同干涸的河底淤泥由于干旱缺水表层呈现龟裂状。图 2.2-2 为单层膜与基板玻璃之间的应力情况示意图。当材料由薄膜和基板衬底两层组成时，真空热循环也会因为材料热膨胀系数(Coefficient of Thermal Expansion, CTE)不同而产生张应力和压应力两种应力情况。其中薄膜有向表面扩张的趋势是压应力，收缩的趋势是张应力。在薄膜面形测量中，凸起面形为压应力，凹陷面形为张应力。

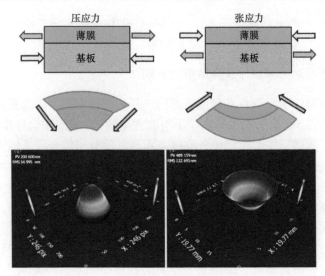

图 2.2-2　膜层质损的变化引起应力的变化

2.3　微重力环境

对于地球表面的物体或轨道飞行器而言，其有效重力由所受到的重力与运动所产生的惯性离心力共同决定。微重力这一概念严格讲是指 $10^{-6}\,g_0$ 的有效重力加速度。航天器在轨运行时会受到地球引力以外的各种干扰力的作用，达不到完全的失重状态，而是一种"微重力"环境，一般在 $10^{-3}\,g_0 \sim 10^{-6}\,g_0$ 之间[33]。

未轻量化的实体反射镜的自重 W 与直径 D 的经验公式[34]为

$$W = 290D^3 \tag{2-3}$$

由式(2-3)可以看出，随着反射镜口径增大，反射镜的自重以口径三次方的比例增加。哈勃空间望远镜，其主镜选用口径为 2.4m 的超低膨胀系数(ULE)石英玻璃，即使进行了轻量化，质量也高达 828kg，所以大口径的自重问题不可忽视。

对于实心圆柱形反射镜，径厚比与自重变形的经验公式[35]

$$\delta = \frac{3\rho g a^4}{16Et^2} = \frac{3\rho g (D/t)^2 D^2}{256E} \tag{2-4}$$

式中，δ —— 镜面最大变形量，m；

　　ρ —— 材料密度，$\mathrm{kg/m^3}$；

　　g —— 重力加速度，$g \approx 9.8\mathrm{m/s^2} = 9.8\mathrm{N/kg}$；

　　a —— 圆盘半径，m；

　　E —— 材料杨氏模量，Pa；

t ——圆盘厚度，m。

大口径反射镜常采用光轴竖直状态进行加工及镀膜，受重力影响，将产生自重变形，圆形镜面自重变形量 δ 与反射镜口径 D 有如下关系[36]：

$$\delta_{A} = C_{A} \frac{\rho g\left(1-v^{2}\right)}{16E} \frac{V_{0}}{I_{0}} D^{4} \cos\theta \tag{2-5}$$

式中，δ_{A} ——轴向镜面变形量，m；

　　　C_{A} ——与支撑结构几何形状有关的参数，具体见表 2.3-1 所示；

　　　v ——反射镜材料的泊松比；

　　　D ——反射镜直径，m；

　　　V_{0} ——反射镜的单位体积，对于实体反射镜有 $V_{0}=t$，其中 t 为反射镜厚度；

　　　I_{0} ——反射镜单位截面惯性矩，对于实体反射镜，将其截面积近似为矩形，则其截面惯性矩为 $\left(D \times t^{3}\right)/12$，其中 D 为截面宽度(反射镜直径)，则其单位截面惯性矩 $I_{0}=t^{3}/12$；

　　　θ ——反射镜光轴与重力矢量之间的夹角，(°)。

式(2-5)为反射镜横截面变化不大于 10%时，不同的支撑方式而产生的轴向自重变形量。如果反射镜足够小以至于可以忽略水平方向变形，则该公式可以应用于变方向重力矢量。

表 2.3-1 为各种几何形状安装结构的支撑参数 C_{A}。

表 2.3-1　反射镜各种几何形状安装结构的支撑参数 C_{A}

安装结构的几何形状	$C_{A}/(\times 10^{-3})$
直径 68%处连续环	2.32
直径 68%处六点等间隔分布	2.59
边缘夹持	15.6
直径 64.5%处三点等间隔分布	26.3
直径 66.7%处三点等间隔分布	26.9
直径 70.7%处三点等间隔分布	29.9
边缘简单支撑	65.8
沿直径连续支撑(扫描反射镜)	78.6
中心支撑(柱状或蘑菇形镜座)	97.2
边缘三点等间隔分布	113

由式(2-5)可知，当圆形反射镜的结构尺寸与支撑方式确定后，重力沿光轴方

向时，镜面轴向最大形变量与口径的四次方成正比，与比刚度(E/ρ)成反比。

【拓展知识】轻质反射镜的"压印效应"

轻质反射镜是径厚比更大、轻量化更高的反射镜。镜面面板在铣磨等光学加工过程中，由镜身自重及加工刀具压力对镜面施加的压强会使其产生变形，尤其是轻质镜背部没有加强筋的悬空区域，在压强撤离后发生回弹而高出背部有筋板的区域，形成明显的波浪形的"压印效应"。

【应用案例】避免"压印效应"的要求

为避免轻质反射镜产生"压印效应"，一般要求镜面的面形精度峰谷(Peak to Valley，PV)值不超过 0.1λ。

在微重力环境下，大口径望远镜等设备自重消失，从而在地面上已经达到力系平衡的光机结构在空间被打破，导致光学组元之间间隔及其面形发生改变，构件之间产生了新的应力。

2016 年中国首颗微重力科学实验卫星"实践十号"发射升空，"实践十号"科学实验涉及微重力流体物理、微重力燃烧、空间材料科学、空间辐射效应、重力生物效应和空间生物技术共六大领域。

2.4 粒子辐射环境

辐射是能量传递的一种方式。自然界的一切物体，只要温度在绝对零度以上，都会以波或粒子的形式向外传递能量。常见的辐射有电磁辐射、热辐射等。

空间辐射环境对航天器的**辐射损伤机制**主要为**电离辐射和非电离辐射(位移损伤辐射)**。空间粒子辐射主要指空间带电粒子(电子、质子和重离子)，空间 X 射线、γ 射线和空间中性粒子(中子、中微子和宇宙线尘埃)。宇宙射线主要包括银河宇宙线(与大气层发生相互作用的宇宙射线，包含质子(84.3%)、α 粒子(14.4%)和其他重离子核(1.3%))和太阳宇宙线(主要成分是高能质子，也包含 5%～10% 的 α 粒子、重离子和电子)。天然粒子辐射的主要成分为质子、电子以及重离子[37]。这些天然粒子都会使得航天器中的半导体器件发生失效而无法正常工作。其中主要的空间带电粒子有：

质子：即电离氢(H^+)，是空间辐射中最主要的辐射成分，质子入射器件材料内部时，通过卢瑟福散射，将能量传递给材料，引起原子电离或位移。**大于 1MeV 的高能质子**，可有 173keV 的能量传递给被撞原子，该能量大于质子引起 Si(半导体器件重要构成元素)原子位移的阈值能量，**可以引起 Si 原子位移**。

α粒子：α 粒子由两个质子和两个中子组成，与带电氦核(He^{2+})相同。其穿透能力弱，电离本领强，与原子核发生弹性碰撞，α 粒子损失能量，而原子核获得动能发生反冲，引起晶格原子位移形成缺陷，即引起辐射位移损伤。

电子：高能电子同物质相互作用，同 α 粒子类似，都因是带电粒子，会有卢瑟福散射作用。当与半导体相互作用时，与 α 粒子一样，使半导体材料的原子电离而产生自由电荷，例如电子空穴对。

重离子：比 α 粒子重的离子，通常指 He，或者原子序数更大的离子，特点是带的能量特别高，通过半导体时与半导体相互作用，产生强烈电离，且很难屏蔽。

粒子辐射的三个主要来源：地球辐射带、太阳宇宙线和银河宇宙线。粒子辐射与太阳活动密切相关。

【拓展知识】电离辐射与非电离辐射[38]

从损伤机制上，辐射分为电离辐射与非电离辐射两类。

电离辐射是一切能引起物质电离的辐射的总称，即入射粒子诱发材料中靶原子的电离和核外电子的激发，进而形成电子空穴对。

电离辐射有两种形式：**高能量电磁辐射和粒子辐射**。高能量电磁辐射包括紫外线中的高能部分**(波长小于 100nm 的极紫外(EUV))**、**X 射线、γ 射线**和来自放射性物质的辐射。粒子辐射包括 **α 粒子、β 粒子、质子和中子**。其中，带电粒子有 α 粒子、β 粒子、质子，不带电粒子有中子以及 X 射线、γ 射线。**电离可以引起器件性能退化，产生单粒子效应(Single Event Effect，SEE)、总剂量效应(Total Dose Effect，TDE)**等。其中，**X 射线波长：0.001nm(1pm)～10nm；γ 射线波长：0.00001nm(0.01pm)～0.001nm(1pm)**[39,40]。

从原子核中发射的氦核(He^{2+})被称为 α 粒子，而通常(但不总是)以相对论速度射出的电子(e$^-$)被称为 β 粒子。高能 β 粒子在穿过物质时会通过轫致辐射(bremsstrahlung, braking radiation)效应产生 X 射线或次级电子(δ 射线)。这两种情况都会造成间接电离效应。当屏蔽 β 发射体时，轫致辐射现象需要考虑，因为 β 粒子与屏蔽材料的相互作用产生轫致辐射。

电离能力由射线(粒子或波)携带的能量而不是射线的数量决定。如果射线没有带有足够电离能量的话，大量的射线并不能够导致受作用物的电离。

非电离辐射是指能量比较低，并不能使物质原子或分子产生电离的辐射。与电离辐射相对，非电离辐射的形式也有两种：**超声波和低能量电磁波(波长大于100nm)**。也就是说，紫外线中低能部分以及大于其波长的所有频谱，包括可见光、红外线、微波、无线电波都属于非电离辐射。

因为不同的分子和原子具有不同的电离能，紫外线中电离辐射和非电离辐射之间没有明确的边界，一般习惯将边界置于 **10eV(相当于波长 124nm 的远紫外线)和 33eV(38nm 波长的电磁辐射)**之间。

其中，**轫致辐射**又称刹车辐射或制动辐射，是指高速运动的电子骤然减速产生的辐射。泛指带电粒子与原子或原子核发生碰撞(尤指它们之间的库仑散射)时突然减速发出的辐射。根据经典电动力学，带电粒子做加速或减速运动时必然伴随电磁辐射。其中，又将遵循麦克斯韦分布的电子所产生的轫致辐射叫做热轫致辐射。

2.4.1　地球辐射带

地球辐射带(Earth Radiation Belt，ERB)是指近地空间被地球磁场捕获的高能带电粒子区域，常称为**地磁捕获辐射带(即范艾伦辐射带)**，这两条内、外地球辐射带对称于地球赤道排列，呈环形，剖面为月牙状。其内、外带之间的缝隙则是辐射较少的安全地带[41]。图 2.4-1 为不同高度轨道在地球辐射带中的相对位置示意图，图中横坐标单位 R_E 为地球半径。

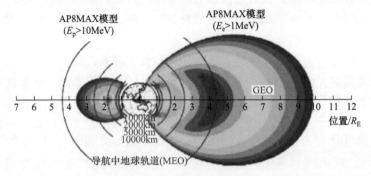

图 2.4-1　不同高度轨道在地球辐射带中的相对位置示意图[42]

对于来自太阳的高能带电粒子辐射，地球磁场通过两种方式保护地球：使高能粒子行进方向偏转，使其分流转向地球两极方向，进而又使其回到空间；同时捕获了一些辐射粒子，它们在地球磁场的作用下受到洛伦兹力的作用被束缚在地球周边，从而形成了高能粒子地球辐射带。

地球辐射带会影响中、低轨卫星通信，破坏卫星上的电子元件，缩短卫星的在轨寿命等。

【拓展知识】范艾伦辐射带(van Allen radiation belt)[43,44]

范艾伦辐射带是环绕地球的甜甜圈状区域，是由地球磁场捕获的包围着地球的高能粒子辐射带，分为内带和外带，由美国物理学家詹姆斯·范艾伦发现并以他的名字命名。

内辐射带在赤道平面离地面高度 **600~10000km**，在某些特定情况下，如太阳活动强烈或南大西洋异常区(South Atlantic Anomaly，SAA)内，其高度边界可能会被压缩至海平面上方 **200km**。它主要是由高达几百兆电子伏($1MeV=10^6eV$)带正电荷的质子组成。

外辐射带在赤道平面离地面高度 10000～60000km，主要由地球磁层捕获的高能**(0.1～10MeV)电子**组成。它比内带更易变，因为更容易受太阳活动的影响。它几乎是环形的。

地球磁场的非同轴对称性造成南大西洋附近存在一块磁场较弱的区域——南大西洋异常区(SAA)，该区域对高能粒子的束缚能力不足，导致范艾伦辐射带中的内带更靠近地球表面，**离地高度在 200km** 左右。这将使低轨道卫星在通过该区域时承受比其他区域更多的高能粒子照射。SAA 的分布位置如图 2.4-2 所示。

SAA 的特征是磁场强度低而辐射强度极高。SAA 是低轨道航天事故的高发区，其导致的总剂量效应和单粒子效应危害最大。

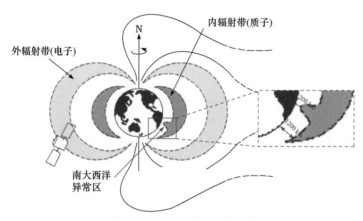

图 2.4-2　SAA 的分布位置[43]

2.4.2　太阳宇宙线

太阳宇宙线(Solar Cosmic Ray，SCR)是太阳活动产生的高能粒子流，又称太阳高能带电粒子[45]。在太阳光球层表面上突然爆发并释放出巨大能量，当发生太阳耀斑时，喷射出高能、高通量的带电粒子流。由于这些带电粒子的绝大部分是质子，其次是 α 粒子，因此又常称为**太阳质子事件**。

太阳宇宙线粒子的能量范围一般从 10MeV(MeV，Million Electronvolt，兆电子伏特，1MeV=10^6eV=1.6×10^{-19}J)到几十 GeV(GeV，Giga Electronvolt，吉电子伏特，1GeV=10^3MeV(即 1 千兆电子伏特)= 10^9eV(即 10 亿电子伏特))。

太阳宇宙线对航天器以及地面电子设备都具有相当大的破坏性。爆发型太阳活动发射的行星际磁场(IMF)强度也很高，到达地球时和地磁场相互作用，进而影响地球辐射带的空间粒子。

【拓展知识】太阳风暴攻击地球的三种主要形式[46]

第一种，在太阳光球层表面上突然爆发并释放出巨大能量，发生太阳耀斑时，光的辐射增强，到达地球需要大约 8.3min(据此时间并结合光速即可计算得到日地之间的大致距离(1AU))。太阳耀斑以及地球对其的反照，可影响航天器的光照环境以及对地观测的光学背景。

第二种，太阳会喷射出高能、高通量的带电粒子。这些带电粒子的绝大部分是由质子(构成原子核的粒子之一，带正电，所带电量和电子相等，质量为电子的 1836 倍，能量 1～100MeV)组成，因此又常称为**太阳质子事件**。到达地球需要几十分钟到几小时，其与太阳黑子关系密切。与太阳黑子一样，太阳质子事件的发生频率也存在 11.04 年变化周期。在一个太阳活动周中，强质子事件发生 10 次左右，中等质子事件发生 30 次左右，弱质子事件发生 50 次左右。其中，太阳活动周也称为太阳黑子活动周，太阳黑子极少的年份称为太阳活动的极小年(谷年)，两次相邻的极小年之间为一个太阳活动周.规定以 1755 年极小年起算的太阳活动周为第 1 周，2024 年处于第 25 太阳活动周峰年阶段。

质子事件发生时，地球周围如同遭遇了一场高能带电粒子"暴雨"的袭击，这些高能带电粒子如同高速飞行的子弹一般(日冕物质抛射对质子的加速是在日冕中或由日冕物质抛射引发的激波在行星际空间中完成的)，能够击穿几毫米厚的金属，具有很强的破坏性。大量高能粒子的袭击对卫星和其他空间飞行器来说可能就是一场灾难。对于在空间执行任务的航天员来说，若遭遇到这样的高能粒子流，他们的生命安全可能会受到威胁。对于穿越极区的航空乘客来说，若穿越时恰逢高能粒子流的沉降，则辐照剂量会增大，健康将受到影响。

由于极区地磁场的磁力线是开放的，高能粒子流能够沿着磁力线沉降到极盖区上层大气中，引发极盖吸收事件(当太阳高能质子到达地球极区后，由于粒子的能量很高，它能穿透到电离层低层(主要是 D 层)，引起极区电离层的电离增强，电子密度增大，会引起电波的吸收增大，即为极盖吸收事件)。极盖吸收会引起长波信号相位的改变，产生甚低频导航误差，会引起中波广播和短波通信信号的干扰和中断，其影响范围主要是在极区和高纬地区，持续时间约 1h 至几十小时，会对跨极区的飞行造成影响。

第三种为太阳风，影响范围最广。**太阳风来自太阳大气的最外层，即日冕，其主要成分是等离子体。所以，太阳刮出来的是"等离子体风"。等离子体由质子、α 粒子、少数重离子和电子流组成，** 太阳风将这些带电粒子以 300～800km/s 的速度"刮"到地球。太阳风中的带电粒子需要飞行 40h 左右。这些粒子到达地球后，被地磁场这把"大伞"阻挡在外，只能绕道而行。

高速等离子体太阳风携带着日冕磁场冲击地球磁层，使地球磁层压缩变形，引起地球的磁层像海啸一样发生剧烈扰动。并且它通常携带南北方向转动的磁场，当磁场转为南向和地磁场相互作用时，太阳风会将巨大的能量倾泻到磁尾的大尺度空间中，使磁尾等离子体片(plasmasheet)中大量的带电粒子注入环电流中，环电流强度发生变化，而变化的电流会产生变化的磁场，从而引起全球范围剧烈的地磁扰动，即**地磁暴**(geomagnetic storm)[47-49]，简称**磁暴**。地磁暴是由于猛烈太阳风撞击地球磁层引起的。地磁暴发生前后磁层变化情况如图 2.4-3 所示。

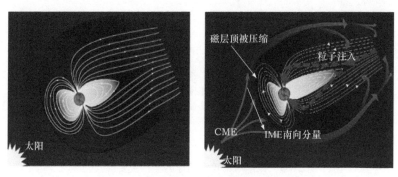

图 2.4-3　地磁暴发生前后磁层变化情况[50]

地磁暴期间，高能粒子沉降和焦耳加热等过程使低层大气受热膨胀，引起高层大气密度增加；高层大气密度、成分和风场的变化，会引起电离层暴；磁层剧烈扰动时，磁尾中的热等离子体被加速向地球方向运动，形成热等离子体注入。带电粒子沿磁力线沉降，轰击高层大气，形成绚烂多彩的极光。磁层扰动期间，磁层中的电子可能被加速至很高的能量，引起全球范围的高能电子增强现象，即高能电子暴。

太阳风会引起空间天气的各种变化。灾害性的空间天气会对航天系统、无线电链路系统、电力和能源系统、军事系统产生严重影响，对生命系统产生显著影响，还会对地面天气和气候系统产生较明显的影响。太阳风引起的地磁暴相关反应[51-54]如图 2.4-4 所示。

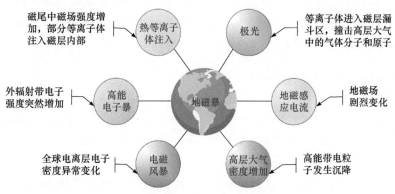

图 2.4-4　地磁暴的连锁反应[50]

太阳风暴攻击地球的三种主要形式[55-57]如图 2.4-5 所示。

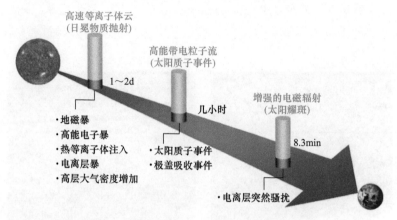

图 2.4-5　太阳风暴攻击地球的三种主要形式[58]

表 2.4-1 为对高层大气有重要影响的三类太阳辐射。

表 2.4-1　对高层大气有重要影响的三类太阳辐射

辐射类型	到达地球的时间	地球物理效应
X 射线	8.3min	电离层突然骚扰
质子(1～100MeV)	几小时	太阳质子事件
高速等离子体	1～2d	地磁暴和极光

2.4.2.1　太阳电磁辐射

太阳辐射能是航天器电源的主要能量来源。太阳的可见光和红外辐射、地球对太阳辐射的反射以及地球大气系统自身的热辐射构成了低地球轨道(LEO)航天器的外热源。通常用太阳常数来描述太阳电磁辐射。

【拓展知识】太阳常数[59-61]

太阳常数从来就不是一个恒定的数，所以目前国际上普遍改称为**太阳总辐照度**(Total Solar Irradiance，TSI)，是指在距离太阳一个天文单位(Astronomical Unit，AU)处(即日地平均距离，记为 1**AU**，$1AU=1.495978930\times10^8$km)，以及在地球大气层之外，垂直于入射太阳光线的平面方向上，单位面积接收到的来自太阳的总电磁辐射能(即对所有波长的积分)，用 S_* 表示，$S_*=(1367\pm7)$**W/m²**(等效 5777K 黑体)。

太阳辐射作用于物体表面而产生的辐射压称为光压,对于在近地空间轨道上运行的小航天器,太阳辐射压对姿态控制的影响不明显,但对于像空间站这样的大型航天器,太阳辐射压的影响就成了姿态控制设计中需要考虑的一个因素。

不同波长的辐射能量各不相同。在太阳辐射的不同波长或波段所占辐射能的比例如表 2.4-2～表 2.4-4 所示[28,59,62,63]。

表 2.4-2　各波段所占太阳辐射能百分比

波长/nm	所占比例
0～450	15.140%
0～550	29.380%
0～650	41.550%
0～750	51.691%
0～850	59.899%
0～950	66.556%

用 450～550nm 波长所占的辐射能为 14.240%(29.380%–15.140%),代表太阳 500nm 波长所占辐射能百分比,以此类推,如表 2.4-3 所示。

表 2.4-3　各波段所占太阳辐射能平均值

波长/nm	所占比例
500 (450～550)	14.240%
600 (550～650)	12.170%
700 (650～750)	10.141%
800 (750～850)	8.208%
900 (850～950)	6.657%

用 450～950nm 波长所占的辐射能的 51.416%(66.556%–15.140%)模拟光源的总能量。模拟光源的波长为离散的,则各波长的权重如表 2.4-4 所示。

表 2.4-4　各波段所占太阳辐射能权重

波长/nm	所占比例
500	27.696%
600	23.670%
700	19.723%
800	15.964%
900	12.947%

【应用案例】不同谱段权重的确定方法及应用

在对利用太阳光进行成像或者探测系统设计时,除了要考虑目标光谱特性(很大程度取决于太阳光)和探测器的光谱响应外,还要考虑光学系统的光谱透过率。最终的光谱响应曲线应该是这三种光谱响应的卷积。光学设计时也可据此对不同谱段进行权重分配。

在对太阳直接或者间接引起的杂散光进行抑制效果评估仿真时,按照不同谱段的权重进行总体效果仿真评估,才能与实际情况相吻合。

2.4.2.2　真空紫外辐射

太阳辐射特别是 $10\sim400\,\text{nm}$ 的紫外部分,会对已沉积的污染物产生诸如聚合作用和分解作用之类的影响,从而改变材料的物理性质,也可使逸出到空间的分子发生电离,离子可能受到带负电的空间系统的吸引并造成污染[21,64]。

真空紫外(VUV)也叫远紫外(Far Ultraviolet,FUV),光谱范围为 $10\sim200\,\text{nm}$,该波段的紫外线在空气中被臭氧强烈吸收而只能存在于真空。在 LEO 环境中,VUV 主要为 H 原子 121.6nm 的莱曼 α(Lyman-α)谱线。

由光子能量 E 与频率 ν 关系式即普朗克公式(2-6),可以计算得到紫外辐射 $10\sim400\,\text{nm}$ 各波段的光子能量。如表 2.4-5 所示,光的波长 λ 与频率 ν 成反比。波长越短,频率越高,则辐射的量子能量越大。

$$E = h\nu = hc/\lambda \tag{2-6}$$

式中,h —— 普朗克常量,$h=6.62607015\times10^{-34}\,\text{J}\cdot\text{s}$,或者 $h=4.13566743\times10^{-15}\,\text{eV}\cdot\text{s}$;

ν —— 光的频率,s^{-1},即 Hz;

c —— 光在真空中的传播速度,$c = 299792458\,\text{m/s} \approx 3\times10^{8}\,\text{m/s}$;

λ —— 光的波长,nm。

表 2.4-5　紫外光子能量

波长/nm	光子能量/eV
10	124.0
100	12.4
115	10.8
200	6.2
300	4.1
400	3.1

　　紫外辐射效应主要是对聚合物的光化学反应和对金属、合金与半导体的光量子作用。根据格鲁西斯-特拉帕(Grotthus-Draper)光化学反应第一定律,只有被物质吸收的光才能诱发光化学反应。紫外辐射,特别是真空紫外辐射,虽然只占太阳辐射总能量的 0.004%,但是波长小于 200nm 的远紫外谱段,其单个光子能量可达 10^{-30}eV 或更高[64,65]。

　　辐射是一种自然现象。辐照是对辐射现象的应用。紫外辐照使热控涂层性能退化,吸收率显著提高,影响卫星的温度控制。紫外线使光学玻璃改变颜色,影响透过率;使金属表面带电(光电效应产生自由电子),干扰卫星电系统。受紫外线影响最大的是聚乙烯(PE)、聚酯纤维(涤纶)等高分子聚合物薄膜。紫外线和臭氧影响橡胶、环氧树脂黏合剂和甲基丙烯气动密封剂性能的稳定性[66]。紫外辐照的影响与卫星在轨运行时间成正比。

　　卫星材料吸附的气体在空间高真空环境下迅速释放出来,环绕卫星表面形成一个污染层。在太阳紫外辐射作用下,污染物的分子键断裂形成新的聚合物,沉积在光学系统膜层的表面,改变光学膜层的光学特性。紫外辐射使污染的光学器件受到更大影响,光学表面污染气体沉积比无紫外线辐射明显增加。光学器件表面污染物被紫外线激活,紫外线比红外线能吸收更多的分子污染。另外,分子污染也可引起光学镜面表面热发射率增加或镜面的散射。这些影响可能升高附加噪声和降低传感器的信噪比。另外,污染物的沉积速度与材料表面粗糙度也相关,在粗糙表面的沉积速度远大于光滑表面。

　　图 2.4-6 为不同紫外辐照量对镀增透膜光学样片透过率的影响情况。其中试验时真空度优于 1.3×10^{-2} Pa;辐照光谱 200～400nm;总辐照量 40kcal/cm^2,相当于 3959kJ/cm^2 等量紫外线日照时间(Equivalent Ultraviolet Solar Hour, EUVSH)。从试验结果也可以看出影响趋势,随着辐照量的不断增加,透过率逐渐降低,尤其是可见光短波部分。本次试验不足之处是因设备条件限制,紫外光源的光谱未覆盖 10～200nm。

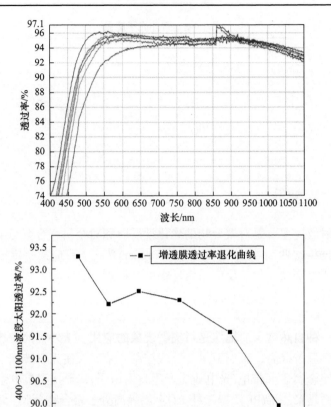

图 2.4-6　紫外辐照对光学透过率的影响

在距地面 400km 高度的太阳极紫外(EUV)辐射变化引起的高层大气密度变化可达到一个数量级以上。由于大气密度的增加，航天器所受阻力增加，这也是航天器姿态控制设计中需要考虑的问题之一。

太阳紫外和极紫外辐射是热层大气中氧原子产生的主要能源，随着太阳活动的变化，热层大气氧原子密度将变化一个数量级以上，原子态氧(原子氧)对航天器表面的剥蚀作用加剧，将破坏太阳电池保护层、危害航天器能源系统。

【应用案例】紫外辐照试验条件

只有被太阳直射的部位，才需要考虑紫外辐射防护，而未被太阳长期照射的部位，无需考虑。例如，在空间对于具有长遮光罩的星敏感器镜头玻璃不需进行紫外辐照试验。一则镜头前有较长的遮光罩，太阳光难以长时间照射到光学玻璃镜片上；二则星敏感器在正常工作状态下，镜头不应长期被太阳照射。

【应用案例】紫外铝反射膜的防护

铝(Al)反射膜在紫外区、可见区和红外区均有较高的反射率,并且镀制时铝粉易于蒸发,与玻璃基片的附着性能较好。铝膜在空气中会形成三氧化二铝(Al_2O_3)薄膜,起到保护膜层的功效。但自然形成的三氧化二铝膜比较薄,只有50Å(5nm)左右,很容易被擦破,故必须再增加一层保护膜。常用的保护膜料有一氧化硅(SiO)、二氧化硅(SiO_2)、三氧化二铝(Al_2O_3)、氟化镁(MgF_2)、氟化锂(LiF)、氟化铝(AlF_3)和氟化镧(LaF_3)等。

由于 SiO_2 和 LaF_3 在 150nm 以下波段具有很高的吸收,**受 100nm 及以下波段真空紫外线的电离辐射效应影响,SiO_2 会产生电离辐射缺陷,从而出现色心变黑,透过率会下降**,故不宜作真空紫外波段 Al 反射膜的单层介质保护膜;而 LiF 和 AlF_3 膜层则易吸收水分致使 Al 膜表面生成气泡,影响 Al 膜在整个波段的光谱性能和使用寿命。

综上所述,**制备真空紫外波段高性能的 Al 膜,用于保护 Al 膜的单层介质材料首选 MgF_2**[67]。

注意:用于紫外区的铝反射镜,不能用一氧化硅(SiO)作保护膜,主要是其在紫外区有较大的吸收[68]。

SiO_2 薄膜不能作为紫外铝反射镜保护膜的另一个原因在于,在不同条件下镀制 SiO_2 薄膜,其表面的致密性不同。如采用磁控溅射方式,在低温状况制备的 SiO_2 薄膜致密性低,为多孔膜。但在较高温度制备的薄膜是一种较高致密性的结构[69]。而且 SiO_2 薄膜在紫外辐照过程中会产生孔洞,为原子氧侵蚀提供路径[70]。所以 **SiO_2 保护膜受强烈的紫外辐照后不宜用于原子氧存在的低轨载荷中**。

光学系统第一镜面的保护膜,必须要求膜层表面致密,另一方面要避免污染。空间带电粒子辐照及其诱发污染是导致光学薄膜性能退化的原因,尤其是紫外波段。

【应用案例】紫外辐射对不同膜层及光学窗口的影响[71]

就 Al_2O_3、MgF_2、SiO_2 和 Al 等膜层比较而言,各膜层材料在不同光谱区有不同的表现,**在 300～400nm 波段,MgF_2 膜层材料具有较小的紫外辐照影响**,可能是由于 MgF_2 分子具有较小极性。

常用的窗口玻璃材料有 CaF_2,MgF_2,LiF,Al_2O_3 和 SiO_2 等。太阳紫外辐射**对 CaF_2、LiF 的影响较大,而对 MgF_2 的影响较小**。

就波长而言,对短波透过率的影响远大于长波。虽然在红外波段太阳紫外辐射影响较小,但 **CaF_2、MgF_2、LiF、Al_2O_3 在 3.4μm 有明显的吸收峰**,在中波红外波段透过率会下降。SiO_2 材料没有该吸收峰,故而 **SiO_2 可作为中波红外的窗口玻璃及薄膜材料使用**。

【拓展知识】紫外屏蔽膜层分类及特点

紫外屏蔽膜层依据屏蔽原理的不同可分为：基于对紫外光波吸收作用的紫外吸收防护膜层；基于对紫外光波反射作用的紫外反射防护膜层。

紫外吸收膜层主要材料是对紫外光波有强吸收作用的二氧化钛(TiO_2)、氧化锌(ZnO)、二氧化铈(CeO_2)等无机氧化物。

TiO_2薄膜除了具有较好的原子氧防护能力，纳米TiO_2还具有较强的散射和吸收紫外线的能力，粒径越小，紫外线散射越强从而透过率越低，抗紫外能力越强。如采用液相沉积法(LPD)制备的TiO_2薄膜能较好地抵制空间环境因素对Kapton®聚酰亚胺(PI)膜的作用[70]。

采用溶胶-凝胶法制备的TiO_2-CeO_2-SiO_2涂层，由于TiO_2和CeO_2的紫外吸收特性，该膜层不仅可以保持90%的可见光高透过率(550nm处)，还对整个紫外区均有较强的吸收。但是无机材料存在质脆、与聚合物基底力学匹配性差等问题，在使用过程中易发生开裂、剥落等失效行为，降低了膜层的可靠性。

紫外反射膜层能够有效避免紫外吸收对膜层和基材产生的二次负效应，避免了紫外吸收产生的光催化效应，是实现紫外防护的另一条途径。以SiO_2、TiO_2及Ta_2O_5为原材料，结合离子束辅助沉积技术，镀制的无机多层反射膜在350～400nm的紫外波段具有高达88%的平均反射率，在可见光波段具有95%以上的透过率[72]。

【拓展知识】紫外辐照试验基本条件[73]

(1) 试验压力：$\leqslant 1.3 \times 10^{-2}$ Pa；

(2) 辐照光谱：10～400nm(要求至少覆盖115～400nm谱段)；

(3) 近紫外(Near Ultraviolet, NUV)辐射地面模拟试验加速因子≤5，辐照度为118～590W/m²；

(4) 远紫外(FUV)辐射加速因子≤100，辐照度为0.1～10W/m²。

对绝大多数高分子材料而言，115～400nm谱段可满足紫外辐照试验的要求；对半导体材料来说，可选用200～400nm的近紫外光来研究紫外对其光学性能和电学性能的影响。

【拓展知识】紫外辐照模拟源[74]

近紫外(NUV)波段范围为200～400nm，其辐照模拟一般采用超高压汞灯、超高压汞氙灯和超高压氙灯等。

10～200nm波长的远紫外(FUV)辐照模拟源一般采用氢灯、氘灯、氦灯、充满氪(λ=123.6nm)和氙(λ=147nm)的谐振式气体灯，或者气体喷射源和同步辐射源。

远紫外和近紫外辐照过程中导致材料温度上升不能超过30K。

【拓展知识】极紫外光源

极紫外(EUV)或软 X 射线辐射范围涵盖 5～30nm 的波长。EUV 光可以由同步辐射加速器产生，也可以由自由电子激光器产生。在自由电子激光器中，以相对论速度运动的电子放射出超短波长，这种方法避免了 EUV 光被物质吸收的问题，产生的是相干光。

EUV 还可以由氙(Xe)、锡(Sn)和锂(Li)等材料的等离子体中的高能电子态激发产生，电子与高价的正离子结合时放射出高能光子。

用于芯片制造的 EUV 光源就是用采用激光等离子体(Laser Produced Plasma，LPP)光源，由高强度相干激光脉冲的强电场激发锡或氙等靶材，产生极紫外光。锡产生的极紫外光比氙更强，且氙离子只有一种价态能在 13.5nm 波长附近发光，而锡有更多价态的离子放射极紫外光，因此锡是当前极紫外光刻机中光源所采用的靶材。

激光等离子体光源的基本工作原理：纳秒或皮秒激光预脉冲轰击锡液滴后使其铺展成圆盘状的低密度靶，随后纳秒激光主脉冲轰击低密度靶，锡原子通过逆韧致辐射吸收激光能量产生大量电子和高价态锡离子(等离子体)，电子与锡离子复合时辐射出高能量光子，其中 13.5nm 附近的 EUV 光被收集镜会聚到中继焦点，供后续光刻使用。

2.4.3　银河宇宙线

银河宇宙线(Galactic Cosmic Ray，GCR)[45]来源于太阳系以外银河系的通量很低但能量很高的带电粒子。其粒子能量范围一般是 10^2MeV～10^9GeV，大部分粒子能量集中在 10^3～10^7MeV。**银河宇宙线主要成分是质子**，约占总数的 84.3%，其次是 α 粒子(14.4%)和其他重离子核(1.3%)。银河宇宙线通量较低，因此对总剂量的贡献可忽略不计，但单个带电粒子的能量极高，是引发航天器单粒子效应的主要因素之一。

在载人航天中，空间粒子辐射还会对航天员的身体造成损伤，甚至威胁航天员的生命安全。

2.4.4　空间辐射效应

对航天器有重要影响的空间环境因素包括太阳质子事件、地磁暴、原子氧、地球辐射带高能带电粒子、南大西洋异常区和等离子体等。这些因素可造成总剂量效应、单粒子效应、原子氧剥蚀效应和航天器表面充放电(Surface Charging and Discharging，SCD)与内带电效应等多种具有显著威胁的空间环境效应[75]。

高能带电粒子通过与物质发生电离辐射、原子移位(非电离辐射)、韧致辐射、核反应等作用，导致航天器的器件、材料等发生异常、故障或失效，这一现象称为辐射效应[25]。常见的辐射效应有总剂量效应、单粒子效应和充放电效应，如图 2.4-7 所示。

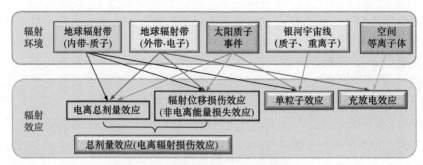

图 2.4-7　辐射环境及对应的辐射效应

空间辐射效应主要包括：总剂量效应、单粒子效应和相对论电子效应以及充放电效应等。其中包括：

高能质子和电子诱发的总剂量效应之一的电离辐射总剂量效应(Total Ionizing Dose，TID)；

高能质子和电子诱发的总剂量效应之一的非电离能量损失效应(Non Ionizing Energy Loss，NIEL)，即辐射**位移损伤效应**(Displacement Damage Dose，DDD)；

高能质子和重离子诱发单粒子效应(SEE)；

较低能量的空间等离子体电子诱发表面充放电(SCD)；

外辐射带增强电子诱发深层(或内部)充放电(Deep Charging and Discharging，DCD)。

表面充放电(SCD)与内部充放电(DCD)统称**航天器充放电效应**(Spacecraft-charging Induced Electrostatic Discharging，SESD)。

表 2.4-6 为不同轨道的空间环境因素对航天器的影响程度，其中，数字越大表示环境效应的影响越大。中性气体中含量最高、影响最大的是原子氧。

表 2.4-6　不同轨道的空间环境因素对航天器的影响程度[25]

环境因素	低地球轨道(LEO)	中地球轨道(MEO)	地球同步轨道(GEO)
太阳电磁辐射	4	4	4
重力场	3	3	0
地球中性大气	9~7	3~0	0
地球磁场	3	3	0
电离层	3	1	0
碎片和微流星体	7	3~0	3
热等离子体	0~3	0	5
地球辐射带	0~5	8~5	1
太阳风	0~4	3	5
银河宇宙线	0~4	3	5

空间辐射环境中的高能带电粒子或高能光子作用于航天器,可引起航天器材料或器件的暂时性损伤或永久性故障。**从损伤机制上,可以分为电离损伤和位移损伤;从是否累积效应,可分为瞬态效应和长期效应**。图 2.4-8 所示为空间辐射环境诱导损伤效应关系图。各种空间辐射效应及对应的诱因如表 2.4-7 所示。

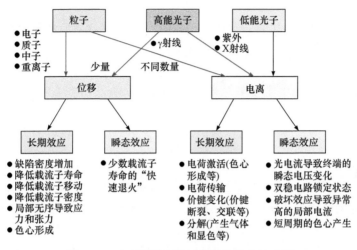

图 2.4-8　空间辐射环境诱导损伤效应关系[76]

表 2.4-7　不同空间辐射效应及诱因

空间辐射效应	典型带电粒子			典型射线或中性粒子	
电离总剂量效应	质子	电子	重离子	X 射线	γ 射线
位移损伤效应	质子	电子	重离子	中子	
单粒子效应	质子		重离子	中子	
充放电效应	等离子体	电子	光照光子		

注:**等离子体**是由中性粒子、正离子(失去一个或者多个电子的原子或分子)和电子组成的离子化气体状物质,它广泛存在于宇宙中。

2.4.4.1　总剂量效应

总剂量是指航天器在轨工作寿命内吸收到各种粒子剂量的总和[63]。**总剂量效应(TDE)**也称**电离辐射损伤效应**,指高能带电粒子对航天器材料、电子元器件、宇航员及生物样品的原子发生电离位移。当达到一定的剂量时会使材料性能退化,元器件参数变化甚至功能失效,严重时会导致航天器的功能部分甚至全部丧失。对于光电载荷甚至会使光学玻璃变暗变黑,接收的能量减少。电子元器件的电流、电压门限值、转换时间等特性发生重大变化，电荷耦合器件(Charge Coupled Device，CCD)焦平面损伤等。总剂量效应引起的是永久性失效。

总剂量效应分为电离总剂量效应(TID)和辐射位移损伤效应(DDD)，这两种效应都属于累积效应。带电粒子辐射是空间环境基本要素之一，身处其中的航天器的电子元器件与材料均会吸收一定的辐射剂量。具体辐照剂量大小必须按照轨道和任务进行分析。

电离总剂量效应(TID)是大量的辐射粒子进入半导体器件材料内部，与材料的原子核外电子发生电离作用产生额外的电荷，这些电荷在器件内的氧化层堆积，或者在 Si/SiO_2 交界面诱发界面态，导致器件性能逐步退化乃至最终丧失的现象。引起电离总剂量效应的主要来源是地球辐射带的电子和质子以及太阳宇宙线的质子。

电离总剂量效应参数包括：总剂量、剂量率、器件或材料的力学/光学/电学性能参数。

【应用案例】加大屏蔽厚度抑制电离总剂量的局限性

对于抑制电离总剂量(TID)，一般采用屏蔽材料通过等效铝厚度来预估。由于空间带电粒子为宽能谱，经过屏蔽材料后的辐射剂量虽然不断下降，但当屏蔽材料厚度达到一定程度时，辐射剂量主要由电子的轫致辐射所引起，剂量的下降趋势变缓甚至变平。当元器件或材料抗 TID 能力太低，接近剂量下降变平的水平时，即使加大屏蔽厚度，也很难实现降低辐射剂量的目的。

措施：选择与抗 TID 能力相匹配的电子器件与材料，避免面临极大的总剂量损伤风险。

例 2-3 对于金属-氧化物-半导体(MOS)器件，高能粒子与器件中的氧化物发生作用，产生大量电子空穴对，使得 MOS 管的阈值电压等参数退化。由于电场强度越大，电子迁移率越高，因此**在辐照条件下，加电工作将加速器件的电离总剂量损伤。**

辐射位移损伤效应是高能辐射导致半导体材料的原子离开原晶格位置，转移到别的位置上的一种辐射效应，亦称**位移损伤效应(Displacement Damage，DD)**。位移损伤效应(DD)也称为**非电离能量损失效应(NIEL)**，是大量的辐射粒子进入半导体器件材料内部，与材料的原子核发生库仑弹性碰撞作用，导致材料晶格原子出现移位及空位，使器件材料内部产生缺陷(空位和间隙)[77]，影响少数载流子寿命，从而导致器件相关性能(晶体管放大倍数、太阳电池和 CCD 转换效率等)逐步下降乃至最终丧失的现象。如图 2.4-9 所示。**引起位移损伤效应的主要来源是地球辐射带的质子、电子以及太阳宇宙线的质子。**

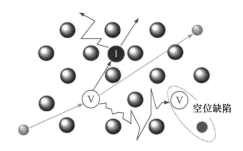

图 2.4-9　位移损伤示意图[78]

位移损伤敏感对象主要有光电耦合器(Optical Coupler, OC)、太阳电池和 **CCD** 等光电器件以及其他靠少数载流子工作的器件，采用了太阳电池片如硅光电池为探测器的太阳敏感器也需要考虑位移损伤问题。除此之外的其他器件不用考虑。

其中，光电耦合器亦称光电隔离器，简称光耦，由光的发射(发光器发光二极管(Light Emitting Diode，LED))、光的接收(受光器(光敏器件)光电二极管(Photodiode，PD)、光敏三极管、光敏电阻、光电晶闸管等)以及信号放大电路三部分组成。光电耦合器以光为媒介传输电信号，它对输入、输出电信号有良好的隔离作用。

位移损伤效应参数包括：等效损伤系数、通量、注量、位移损伤剂量、等效 10MeV 质子/1MeV 电子注量。

【应用案例】位移损伤效应防护措施

(1) 在满足指标要求的前提下，优先选用抗位移损伤能力强的器件。尽量不选用位移损伤效应敏感的光电器件等。

(2) 进行屏蔽设计。通过屏蔽来减少位移损伤；通过温度控制来减少位移损伤。

(3) 增大余量设计。确保在位移损伤量较大的情况下仍能正常工作。

【应用案例】CCD 位移损伤机理及其防护措施[79,80]

CCD 的位移辐射损伤主要由高能粒子如质子、中子、电子等入射粒子与 CCD 相互作用引起。高能粒子与 CCD 作用诱发体缺陷产生。体缺陷产生使 CCD 转移沟道中出现俘获信号电荷的陷阱，从而导致电荷转移效率(Charge Transfer Efficiency，CTE)降低。体缺陷增加了电子热运动跃迁概率，从而导致 CCD 体暗电流增大。暗电流随时间在几个台阶波动，使像元呈现出暗电流在两个或多个离散点之间波动的随机电码信号 RTS(Request to Send，请求发送)。单个粒子非弹性核反作用导致大量的位移能量沉积在一个像元，从而出现暗电流尖峰。

CTE 是 CCD 最重要的参数，位移损伤对 **CTE 的影响将由器件的读取方法或时钟频率确定**。例如，线性 CCD 的时钟频率高达 1MHz 或更高，并且信号传输时没有被位移损伤诱发的缺陷俘获，则 CCD 不会轻易受到位移损伤的影响。

　　互补金属氧化物半导体(Complementary Metal Oxide Semiconductor，CMOS) **与 CCD 位移损伤的区别**：CMOS 与 CCD 同样经历大多数辐射效应，但 **CMOS 不会发生跨许多像素的电荷传输**，因此 CMOS 的电荷传输效率(CTE)损失不是一个重要的问题。

【应用案例】抑制 CTE 退化的措施

　　一般通过**冷却设备**以减少对载体的俘获来稍微降低 CTE 的劣化。当需要采取其他措施时，宜使用**更厚的屏蔽层**。然而，由于质子和屏蔽材料之间的碰撞，由二次粒子引起的位移损伤(韧致辐射)的影响变得更大。

　　当每个像素中出现平均暗电流和极大的暗电流(尖峰)时，可通过**使用大面积像素来改善信噪比**。这也是探测器像元尺寸不能选择太小的原因之一。

【应用案例】CCD 位移损伤的防护措施

　　(1) 设备的屏蔽；

　　(2) 冷却 CCD 及退火处理措施；

　　(3) 选择高度抗位移损伤的设备；

　　(4) 选择不易受位移损伤和信号处理影响的工作条件；

　　(5) 使用大面积像素的 CCD。

　　其中：**退火**是因辐照造成的性能退化或产生的缺陷，在温度环境或特定作用下产生的一定程度的增加或者减少的现象。

【应用案例】OC 的位移损伤防护措施

　　(1) 合理选择 OC，提高电荷传输效率裕度；

　　(2) 在电路设计时，适当提高 LED 的驱动电流，提高 LED 的光辐射效率；

　　(3) 使光电耦合器的收集电流饱和，以得到更加稳定的输出电流。

【应用案例】太阳电池的位移损伤防护措施

　　(1) 选择抗位移损伤能力强的太阳电池片；

　　(2) 减少单体太阳电池的厚度，提高电池本身的抗辐射能力；

　　(3) 合理选择太阳电池盖片的厚度，增加屏蔽厚度，降低太阳电池的位移损伤效应影响；

　　(4) 对太阳电池的电性能衰减进行准确预估，可通过增大太阳电池面积等方式保证一定余量以满足卫星寿命末期的功率需求。

　　总剂量效应会引起星上电子器件的物理效应和电气效应，如产生电子空穴对，影响载流子的流动，对双极型器件会降低其增益，对 CMOS 器件会使其阈值电压漂移、降低转换速率等，严重时会完全失效或损坏。表 2.4-8 为不同轨道的辐射剂量率。轨道倾角越大，年照射太阳的时间就越长。在极轨上几乎全天都能受到太阳辐照。

表 2.4-8　不同轨道的辐射剂量率[81]

轨道	倾角	剂量率/($\times 10^{-2}$Gy/a)
低地球轨道(200~1000km)	< 28°	0.1~1000
	> 28°	1000~10000
中地球轨道(1000~4000km)	任意	100000(地球辐射带)
高地球轨道(≈36000km)	任意	> 10000
星际航行	/	5000~10000

注：Gy(戈瑞)为国际通用的吸收剂量单位。曾用的单位还有 rad(Si)(拉德)、R(伦琴)。rad(Si)(拉德)即用存积在 1g 硅中的能量来度量剂量。**1Gy =1J/kg = 100rad(Si)**，即 1kg 被辐照物质吸收 1J 的能量为 1Gy。**1rad(Si)≈1.19R。**

【应用案例】不同轨道高度年总剂量及评估

总剂量是随航天器在轨运行时间累积的必然效应，图 2.4-10 为近地不同高度航天器遭受的年总剂量。以典型的 3mm 铝屏蔽下的剂量为基础，乘以航天器设计寿命，并考虑 2~3 倍的抗辐射设计余量(RDM)，就是型号任务通常的抗总剂量要求[82]。

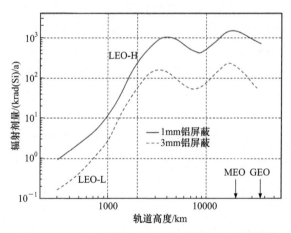

图 2.4-10　近地不同高度航天器遭受的年总剂量[83]

研究发现对于分别采用高剂量率和低剂量率试验评估的双极型器件抗总剂量结果，前者的设计余量是后者的 3~4 倍时，就可较真实地反映后者的低剂量率辐射损伤增强效应(Enhanced Low Dose Rate Sensitivity，ELDRS)影响。该做法回避了低剂量率试验的高耗时困难，通过拔高高剂量率试验的总剂量水平避免了空间低剂量率应用的提前失效，较好地化解了空间低剂量率试验评估的尴尬。

(1) 对于常见的 1000km 以下的低高度 LEO(LEO-L)航天器，其寿命期内遭受的总剂量最小，年总剂量一般不超过 10krad(Si)(3mm 铝屏蔽)。

(2) 对于常见的 GEO 航天器，其遭受的年总剂量较高，且其设计寿命一般较 LEO-L 长，其寿命期抗总剂量要求较 LEO-L 航天器高一个量级，年总剂量为数百 krad(Si)。

(3) 对于处于中地球轨道(Medium Earth Orbit，MEO)的导航卫星，其年总剂量最高，比 GEO 年总剂量高半个量级，且其设计寿命与 GEO 航天器相当，因此其寿命期抗总剂量要求最高，年总剂量为数 Mrad(Si)。

对于普通光学器件，主要影响因素是总剂量效应。普通玻璃受高能射线辐射后产生自由电子，与玻璃内部的缺位结合形成色心；同时辐射也可使原子核移位，破坏了正常的结构，导致玻璃网格结构断键形成辐照缺陷，这种缺陷会捕获带电粒子，形成新的电子构型中心从而吸收入射光，**形成吸收带即色心结构**。光谱上表现为对特定波长的光有较大的吸收，导致透射式光学材料变暗变黑，透过率下降。**对于金属反射膜会产生晶格畸变等，从而影响膜层光谱特性**[32]。

其次为表面剥蚀，即带电粒子高速撞击引起材料表面原子的溅射，导致材料表面溅射剥蚀，引起光学材料表面粗糙度的增加。

材料微观结构中的各种缺陷会引起吸收，缺陷越少，耐辐照能力越强。**蓝宝石(Al_2O_3)材料受辐照影响最小，其次为高纯的熔融石英(JGS1)**。

图 2.4-11 为 2mm 厚未镀增透膜的 JGS1 在不同辐照剂量下的透过率，可看出在可见光谱段透过率几乎未变化。图 2.4-12 为未镀膜的 2mm 厚 ZF4 普通玻璃在不同辐照剂量下的透过率测试值。其中 N1 表示未镀膜的样品 1；1E4～7E7 分别表示 1×10^4～7×10^7 rad(Si) 等不同的辐照剂量。

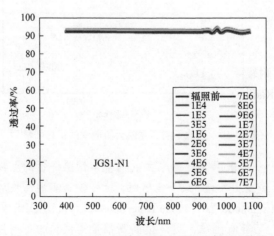

图 2.4-11　JGS1 在不同辐照剂量下透过率测试曲线

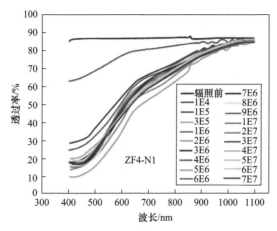

图 2.4-12　ZF4 在不同辐照剂量下透过率测试曲线

图 2.4-13 为全部采用普通玻璃组装的光学镜头在不同辐照剂量下的透光效果。从图中直观观察到光学镜头随着辐照剂量逐渐增加而变暗，甚至发黑不透光。

图 2.4-13　普通玻璃材料镜头在不同辐照剂量后透过率变化情况

【拓展知识】耐辐照光学玻璃[84]

耐辐照玻璃(Radiation Resistant Glass，RRG)指在 γ 射线作用下不易着色，在可见光范围透过率变化较少的光学玻璃。

耐辐照玻璃牌号的命名仍根据光学玻璃牌号，注明能耐辐照的伦琴(R)数，例如 K509 耐辐照光学玻璃的光学常数同 K9，且能耐 10^5R 剂量的 γ 射线。1rad(Si) ≈ 1.19R。

在普通光学玻璃中选择性采用变价离子掺杂，如引入一定剂量的二氧化铈(CeO_2)，形成耐辐照光学玻璃，在高能 γ 射线辐射后，变价离子首先俘获电子，避免玻璃材料内部产生着色中心，提高光学玻璃对高能辐射的辐照稳定性。

能够改善玻璃辐照稳定性的有 Ce^{4+}、Cr^{3+}、Mn^{4+}、As^{5+}、Sb^{5+}、Fe^{3+} 以及某些其他的变价离子。但 Cr^{3+}、Mn^{4+}、Fe^{3+} 等离子在紫外或可见光波段存在吸收，其本身着色影响可见光光谱短波透过性，在耐辐照光学玻璃中很少采用。

较为常用的离子为 Ce^{4+}，含有 CeO_2 的耐辐照光学玻璃在受到高能辐射作用后，高速运动的电子首先与 Ce^{4+} 作用形成 Ce^{3+}，即 $Ce^{4+}+e \longrightarrow Ce^{3+}$。由于含 Ce^{4+} 及 Ce^{3+} 玻璃的光谱吸收带均在紫外波段，Ce^{4+}、Ce^{3+} 在可见光区域都没有吸收峰，因而玻璃不易着色。**玻璃中引入的 CeO_2 含量越高，其耐辐照性能就越好，但当 CeO_2 含量过高时，在紫外、红外的吸收带延伸到可见光区，使可见光的短波区域吸收增加，短波透过率会略有下降，导致玻璃呈黄色。**同时，也会因玻璃中其他成分的影响而加深颜色，所以 CeO_2 的含量不能太高。

图 2.4-14 为厚度均为 2mm 的普通光学玻璃 LaK3 与耐辐照玻璃 LaK503 在不同辐照剂量下的透过率实测值。LaK503 在不同辐照剂量下透过率变化不大，但 LaK3 变化比较大，尤其是在短波范围。其中：LaK503 是与 LaK3 折射率、阿贝数等光学参数相同或接近，但辐照剂量可耐受 10^5 rad(Si) 的耐辐照玻璃，5E3～7E7 分别表示 5×10^3～7×10^7 rad(Si) 等不同的辐照剂量。

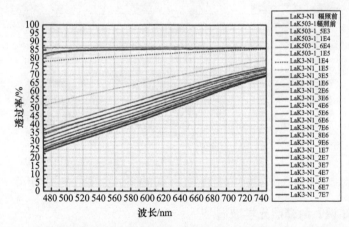

图 2.4-14　普通玻璃与耐辐照玻璃在不同辐照剂量下的透过率实测曲线

能量相对较低的带电粒子在材料中入射深度浅，导致材料表面的吸收剂量很大，可引起缺陷的产生，故而对于**光学薄膜类最关注低能量(＜1MeV)带电粒子，如质子和电子的辐射，以及紫外(FUV、NUV)的低能辐射。**

薄的光学膜层可以吸收低能量粒子辐射，**能量＜240keV(0.24MeV)的质子能引起特别严重的性能降低**[21]，而较高的能量(＞1MeV)辐射仅部分被吸收。

带电粒子辐照对薄膜的作用也分为电离效应和位移效应。电离效应能使某些薄膜内部产生色心缺陷，在紫外至可见光波段形成较强的吸收，在较短波长光学性能有更大的衰变。粒子辐射引起的衰变效应一般类似于紫外线造成的衰变，对红外波段影响较小。

带电粒子和膜层原子碰撞时，若膜层原子获得了碰撞能量足以产生空位而不能迅速回到平衡位置则产生位移效应。只要有局部的损伤，晶格之间耦合得更松散，原子更容易离位，而更多的损伤也更容易形成。空位损伤破坏了膜层内原子结构，使得膜层原子化学计量比失衡，膜层光学常数发生变化，从而导致辐照后膜系透过率轻微下降。高温烘烤时膜层内原子振动加剧，那些因带电粒子辐照脱离平衡位置的原子可获得能量重新回到平衡位置。还可能使得镀膜过程中产生的缺陷减少，因此退火后光学薄膜性能不仅恢复，而且比辐照前有所提升[85]。

图 2.4-15 为低能电子对膜层的辐照试验测试曲线。试验时采用 100keV 低能电子，对基底为 K509 的耐辐照玻璃上单面镀制的增透膜进行带电粒子辐照。图中的测试点 1、2、3、4、5 分别指试验前和电子辐照注量达到 $2 \times 10^{13} e / cm^2$、$3.9 \times 10^{13} e / cm^2$、$3 \times 10^{14} e / cm^2$ 及 $1 \times 10^{15} e / cm^2$。其中真空度优于 1.3×10^{-3} Pa。从测试结果可以看出，随着电子注量逐渐增加，透过率也不断降低，尤其是在短波长范围。

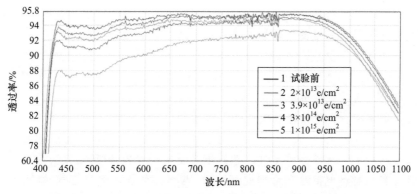

图 2.4-15　不同电子辐照注量下 100keV 电子能量对膜层的影响

对于空间光学系统中广泛使用的石英玻璃基银膜反射镜，在基底上依次镀有 Al_2O_3、Ag、Al_2O_3 和 SiO_2 四层光学膜，计算与试验结果表明，**低能质子辐照对反射镜的膜系损伤起主要作用，在进行空间质子辐照模拟试验时，能量选取应低于 200keV**[86]。

除了光学玻璃和有机材料外，航天器外表面暴露的如热控薄膜、热控漆等功能材料在长周期高辐照剂量下，有可能会出现性能退化，如某些电缆外皮可能会开裂、粉碎、脱落或者耐受击穿电压下降；航天器外的接插件发生介质开裂、脱落等情况。故而必须要考虑抗电离总剂量设计。

【应用案例】防总剂量辐射损伤措施

电子器件：选用承受辐射总剂量能力满足设计要求的电子器件；电子系统通常采用大于 3mm 厚度的铝合金机箱作为屏蔽层，降低辐射剂量常用的屏蔽材料还有铝(Al)、钽(Ta)等，一般**不选择铜(Cu)、铅(Pb)等在空间带电粒子辐照下易引起次级辐射(即轫致辐射)**而带来更多附加剂量的金属；采用主备机或部件冗余备份技术。

舱外热控材料：选用抗辐射能力满足设计要求的热控材料；整星的热控设计留有设计余量，能够适应强太阳风暴产生的短期影响。

透射式可见光光学系统：选用耐辐照光学玻璃；采用结构屏蔽层。

【应用案例】电子元器件电离辐照试验注意事项

电子元器件电离辐照试验，是以吸收辐射剂量后器件响应与其在空间实际使用时的响应相等效为基础。因此，元器件辐照试验不能简单用辐射源对器件进行照射后观测器件是否仍工作正常为判据。要保证试验的有效性，必须在辐射源选择、辐射剂量率、低能散射控制、剂量测量、器件偏置、退火等环节上进行控制。如关于辐射源电子元器件电离辐照试验通常选用 Co-60 放射源(γ 射线和 X 射线)，有时需采用电子或者质子源。

必须按照器件类型和工艺，依据相关规范选择合适的辐射剂量率，**不能为了缩短试验时间而采用过高的辐射剂量率**。因为卫星在轨实际为极低剂量率，地面试验若采用过高剂量率，可能会高估某些类型器件(如双极型器件)的抗电离总剂量效应(TID)能力。有时会依据相关分析及验证情况，采取如低剂量率的 3～4 倍作为等效高剂量率试验的依据。

器件加电与否，对其辐射损伤有很大差别。应依据相关规范选择最劣偏置(特定情况下可选择应用偏置，但需在应用该数据时明确说明)进行辐照试验。

辐照试验后，需根据元器件工艺采取合适的退火方法(高温或室温退火)。

进行有机材料电离总剂量辐照试验时，应考虑地面环境中空气(如氧气)影响，确保试验有效性。地面环境中氧气的存在，可能会加速有机材料在辐照环境中的损伤，从而造成低估其抗 TID 能力。如聚四氟乙烯(PTFE)材料，在空气中辐射，可能在 10krad(Si)左右即成粉状，远低于其实际抗 TID 能力。

PTFE 在高能射线的作用下，碳碳(C—C)键和碳氟(C—F)键同时断裂，导致分子量下降，PTFE 性能下降。**PTFE 在真空中的辐射稳定性优于在空气中**。例如，在 10^3 krad(Si)(10kGy)剂量的 Co-60 辐照下，若在空气中进行辐照试验，则 PTFE 薄膜的抗拉强度降低 54%，断裂伸长率降低 87%。而在真空中时，抗拉强度仅下降 17%，断裂伸长率仅下降 44%。这是因为高能射线除了对 PTFE 发生降解反应外，同时在真空隔绝气体的情况下促使 PTFE 分子之间发生辐射交联反应，从而使 PTFE 的物理性能、化学性能获得改善。

通常在试验中，将 PTFE 试验样品进行隔绝空气(氧气)处理。

抗辐射加固器件标识为 RH，仅指抗电离总剂量能力较强，与抗单粒子锁定(SEL)无关。

2.4.4.2　单粒子效应

单粒子效应(SEE)是指单个高能带电粒子(包括质子、重离子、α 粒子和中子等)穿过微电子器件的灵敏区时，造成器件逻辑状态的非正常改变的一种辐射效应。如空间高能带电粒子轰击到大规模、超大规模逻辑器件和逻辑电路时，造成微电子器件的逻辑状态发生改变；当高能粒子入射到器件(如随机内存、微处理器、电压变换器等)中时，经常会在器件内部敏感区形成电子空穴对。电子空穴对会形成能打开联结的信号，包括器件内不太活跃的区域和通常不连接到任何电路的部分"虚拟"转换。这些故障称为单粒子现象(Single Event Phenomena，SEP)[87]。

引起单粒子效应的主要来源是地球辐射带的质子、银河宇宙线的重离子和质子以及太阳宇宙线的质子和重离子。如图 2.4-7 所示。引发单粒子效应的高能粒子环境中，太阳宇宙线、银河宇宙线几乎能到达太阳系内的所有空间区域，因此所有卫星都会遭遇，只要选用了具有单粒子效应敏感的器件，就必须开展单粒子效应防护设计。

由 2.4.1 节地球辐射带可知，地球辐射带的内带下边界高度约为 600km(极端情况：南大西洋异常区下边界高度 200km)，因此 600km 以上轨道高度，高能粒子强度明显增强，必须进行单粒子效应防护。单粒子效应包括非破坏性和灾难性单粒子效应。

非破坏性单粒子效应(软件错误)：

-- **单粒子翻转**(Single Event Upset，SEU)

-- **单粒子瞬变**(Single Event Transient，SET)

灾难性单粒子效应(硬件错误)：

-- **单粒子锁定**(Single Event Latchup，SEL)

-- **单粒子烧毁**(Single Event Burnout，SEB)

-- **单粒子栅击穿**(Single Event Gate Rupture，SEGR)

单粒子翻转(SEU)主要发生在数据存储或指令相关器件中，是单个高能粒子(质子、中子或重离子)入射电子器件，通过电离作用引发器件的逻辑状态发生异常变化，如存储单元"1"变成"0"，"0"变为"1"，导致指令错误，程序跑飞，使得逻辑混乱，出现单粒子翻转[88]。逻辑(数字)器件、双稳态电路等容易出现该现象。

单粒子翻转造成的器件错误属"软错误"，即通过系统复位、重新加电或重新写入能够恢复到正常状态，故这种改变是可逆的，不是永久性的。抗单粒子效应设计的主要途径是采用检错纠错码技术，即通过软件或硬件设计，发现单粒子翻转错误并纠正它，使之不会对航天器系统造成进一步更严重的错误。

单粒子瞬变(SET)主要发生在线性电路(满足齐次性和叠加性)中，如组合逻辑电路、输入输出(I/O)类器件及空间应用的光纤系统等。在高能粒子的作用下会输出足以影响下级电路的瞬时脉冲。发生单粒子瞬变的器件有高速、低电压逻辑器件，如电压比较器及光电耦合器等。这些器件的瞬时变化导致其在不该有输出信号时却有了输出。

单粒子锁定(SEL)也叫单粒子闩锁，是单粒子入射体硅 CMOS 器件后，通过电离作用产生瞬态电流导致 CMOS 器件寄生可控硅导通，引起电子器件工作状态改变并且需要断电后才能重建以前的或正确的状态。

单粒子锁定主要发生于体硅 CMOS 器件中。在航天工程中，防范单粒子锁定的措施主要有限流电阻、限流电路或系统重新断电、重启等[89]。

【应用案例】闩锁案例

高能粒子可能触发体硅 CMOS 电路的寄生可控硅结构而导通造成闩锁。一旦发生闩锁，器件就会从电源到地形成一个低阻通路，处于过流的状态；如不及时解除闩锁，器件可能发生烧毁，造成设备的硬错误。

单粒子烧毁(SEB)一般发生在功率晶体管中，单粒子入射功率金属-氧化物-半导体场效应晶体管(Metal-Oxide-Semiconductor Field-Effect Transistor，MOSFET)等电子器件，通过电离作用导致器件 PN 结雪崩击穿并烧毁，使器件发生不可逆的故障而失效，属于破坏性效应。

单粒子烧毁主要影响互补金属氧化物半导体(CMOS)、功率双极结型晶体管(power Bipolar Junction Transistor，power BJT)、金属-氧化物-半导体场效应晶体管(MOSFET)等。

单粒子栅击穿(SEGR)是指在 MOSFET 器件中，单粒子导致在栅绝缘层击穿并使器件永久性失效的效应。采用 100V 高压一次母线的航天器，需关注 MOSFET 的单粒子栅击穿问题。

现场可编程门阵列(Field Programmable Gate Array，FPGA)和数字信号处理器(Digital Signal Processor，DSP)等普通逻辑器件，从物理机理上不存在发生 SEB 和 SEGR 的可能。

表 2.4-9 对单粒子效应进行了小结。

表 2.4-9　单粒子效应小结

空间辐射效应	产生的效应
单粒子翻转(SEU)	数字电路改变逻辑状态
单粒子瞬变(SET)	电路中的暂态电流
单粒子锁定(SEL)	器件转换到破坏性的、高电流状态
单粒子烧毁(SEB)	功率晶体管破坏性失效模式
单粒子栅击穿(SEGR)	功率晶体管的另一种破坏性失效模式

【应用案例】单粒子效应预防措施

1. 选用翻转敏感度低的电子器件

采取高性能的抗辐照加固芯片是抵抗单粒子翻转的有效防护措施。电子器件翻转敏感度的高低用线性能量传输(Linear Energy Transfer，LET)评价，LET 也称为传能线密度。LET 是带电粒子淀积在吸收材料每单位质量在单位长度距离内吸收的平均能量，单位为 $MeV \cdot cm^2/mg$。

LET 阈值定义为在给定的注量下，使器件发生单粒子事件的最小 LET 值。但由于试验设备及试验资源的原因，实际试验过程中，通过辐照试验得到器件发生单粒子事件的最小的 LET 值往往比较困难，因此，标准中又将 LET 阈值定义为 1%饱和截面所对应的 LET 值。

对器件抗单粒子锁定(SEL)有如下类似规定：

(1) LET 阈值大于 $105\,MeV \cdot cm^2/mg$，器件对单粒子"免疫"。

(2) 针对 SEL、SEB、SEGR 等毁坏型单粒子效应，若 LET 阈值>75 $MeV \cdot cm^2/mg$，可直接使用；若 $37MeV \cdot cm^2/mg \leqslant$ LET 阈值 $\leqslant 75MeV \cdot cm^2/mg$，在充分评估风险，采取有效防护措施后可以使用；若 LET 阈值<$37MeV \cdot cm^2/mg$，原则上不建议使用，若必须使用，应采取严格的防护设计，充分验证设计效果和评估可能的风险，确保不对任务造成影响。

(3)对于单粒子翻转(SEU)、单粒子瞬变(SET)等单粒子软错误，LET 阈值应>$15MeV \cdot cm^2/mg$；LET 阈值 $\leqslant 15MeV \cdot cm^2/mg$ 不建议使用。

2. 采用纠错检错技术

错误检测与纠正是通过约定的算法，将因辐照造成的错误的地方找出来并进行纠正。该方法的优点是对错误发生点能够进行修复，缺点是如果错误发生点太多，算法也就失去作用。

3. 采用主备机或部件冗余备份技术

三模冗余，顾名思义，就是鸡蛋不放在一个篮子里，同样的运行模块要备三份，将三份模块运行结果进行比对，是"少数服从多数"在航天领域的典型应用。三模冗余建立前提是高能粒子在同一时刻最多只能造成一份模块运行异常，这种措施能够有效降低单粒子翻转，缺点是不能对出错模块进行修复，而且资源开销较大。

例2-4　静态随机存取存储器(Static Random-Access Memory，SRAM)型 FPGA 必须考虑抗单粒子效应措施(如三模冗余、定时刷新等)，且单独的三模冗余或定时刷新措施抗单粒子翻转(SEU)的防护效果均有限，二者同时使用可获得更好的防护效果。SRAM 型 FPGA 的三模冗余设计，应具体分析是全冗余还是部分冗余，并对其防护效果进行评估。此外，还应分析不能采用三模冗余的部位所带来的残余风险。

4. 防单粒子锁定的减额限流措施

当场效应管用于 50%的额定电压值时，发生单粒子烧毁事件的可能性会小得多。光耦合器产生的瞬变脉冲宽度反比于器件的最大频率，降低使用频率并增加带通滤波器，可以将瞬变脉冲滤除。

5. 系统及关键部分保护措施

如果系统的主 CPU(中央处理器)加入处理突发事件的内容，如常用措施采用"看门狗"防护单粒子翻转，其作用是在单机设备程序因单粒子翻转而跑飞、无法定时为看门狗"喂狗"清零时，利用看门狗计数器溢出信号对设备进行重新启动，从而使设备恢复正常工作；增加在电流骤增时自主或地面遥控指令断电后再加电重新启动功能；在南大西洋异常区(SAA)采用停机措施等。

【拓展知识】单粒子效应地面辐照源

地面模拟单粒子效应的主要辐照试验装置有重离子加速器、锎(Cf-252)源和脉冲激光源。**单粒子效应试验源推荐使用重离子加速器**。重离子在 Si 材料中的射程不得小于 30μm。现代微电子器件，可能芯片表面采用多层金属布线(如可达 10 层，厚度达数微米)或者采用倒装芯片方式，采用重离子进行单粒子效应试验时，重离子需穿透金属布线层或芯片背面衬底，对粒子能量存在更多的衰减，因此可能还需增加重离子射程。

锎(Cf-252)源为自发裂变同位素源，平均 LET 值约为 $43\,\mathrm{MeV\cdot cm^2/mg}$，但射程仅为 15μm 左右，离子射程有限，不足以穿透多层金属布线到达有源区。因此不可用于定量的单粒子试验测定，否则将带来极大的单粒子敏感性数据偏差。

脉冲激光源也可引发与单粒子效应类似的翻转与锁定效应，但由于脉冲激光入射后产生的能量沉积与重离子引起的能量沉积，目前国际上尚未有明确的定量等效关系，难以测量截面且无法穿透金属等原因，脉冲激光源也不可用于定量的单粒子试验测定。

【拓展知识】离子

离子是指原子或原子基团失去或得到一个或几个电子而形成的带电荷的粒子。这一过程称为电离。离子和中性粒子构成能量很低的准中性等离子体区域。

2.4.4.3　充放电效应

相对论电子是运动速度可以与光速相比拟的电子，一般认为 v/c 达到 0.3 是相对论性的。 若高通量高能电子以近似光速入射卫星，就会造成卫星内部绝缘介质或元器件电荷堆积，产生相对论电子效应，引起介质深层充电，导致卫星故障[90]。

充放电效应(SESD)：卫星外表面受到空间等离子体环境(电离层、磁层、行星际太阳风以及目标天体的电离层等)和太阳辐射(主要是紫外线和更短波长的辐射)高能电子等环境作用，带电粒子(等离子体、光照光子、二次激发电子)的入射和沉积使得航天器或者相关部件表面被充电至一定的电势，从而引起航天器表面不等量带电。这种不等量电势差超过表面介质材料的击穿阈值时将产生电弧放电，即表面放电。当能量高于 100keV 的电子入射并沉积到介质材料(一般是绝缘体)内部时和当电场强度大于介质绝缘强度时将发生体内放电。

充放电效应分为表面充放电效应和内带电效应。

引起表面充放电效应的主要来源：磁层亚暴和极区沉降的低能电子、等离子体。

内带电效应的主要来源：高能电子。

磁层是天体周围被空间等离子体包围并受天体磁场控制的区域。**磁层亚暴** (magnetospheric substorm)是磁层的高纬度地区夜半侧和磁尾的强烈扰动，是存储在地球磁尾的太阳风能量瞬时释放引起的。扰动区域包括整个磁尾、等离子体片及极光带附近的电离层，持续时间约 1~2h，比地磁暴的持续时间短得多，故又称极区扰动磁场亚暴，也称**地磁亚暴**。当磁层发生亚暴时，航天器与热等离子体相互作用，可产生能量高达几千甚至几万电子伏的电子，电荷积累可使航天器表面的负电势达到几千伏，甚至上万伏。造成航天器的充电放电效应[91]。

几乎每天都会发生磁层亚暴，其发生频率为每天 3~4 次。磁层亚暴会引起地球空间环境(磁层、电离层和上中层大气)的剧烈干扰，包括电离层暴和电离层骚扰及热层结构变化等。磁层中各种类型的粒子事件，例如亚暴粒子注入事件、电离层上行离子事件、辐射带粒子变化和环电流粒子变化等。这些干扰对空间活动、地面通信及人类生存环境具有严重影响[92]。

磁层亚暴与地磁暴的区别与联系

磁层亚暴和地磁暴都有剧烈的强磁扰动变化，几乎所有的地磁暴中都包含磁层亚暴，但是磁层亚暴可以在没有地磁暴的情况下发生。磁层亚暴持续时间短，一般只有几小时，而地磁暴则可以持续几天。地磁暴有明显的驱动源(共旋相互作用区(Corotating Interaction Regions，CIRs)，日冕物质抛射(Coronal Mass Ejections，CMEs))而磁层亚暴则没有。地磁暴是全球性的磁层扰动活动，而磁层亚暴只发生在高纬度的极光椭圆区。

【应用案例】地磁暴及磁层亚暴对航天器的影响

在地磁暴和磁层亚暴期间，在空间等离子体作用下，航天器表面材料形成不等量带电。当相邻表面间的电势差超过了材料的介电强度时便发生放电，包括电晕、电弧、辉光，并发射电磁脉冲，经星上隙缝或线缆传入航天器内部电子设备中，造成工作异常或故障。

地磁暴发生 1～2 天后，地球辐射带外带(在赤道平面距地面高度约 3～4 倍地球半径)可能引发高能电子暴，轨道上的高能电子通量会大幅增加并持续数天，可能对运行于该范围内的卫星产生内带电效应。因此运行于该范围内的中高轨卫星必须考虑内带电效应防护设计。

注意：卫星上使用的高绝缘材料，是产生内带电效应的根源和对象，因此中高轨卫星上只要使用了高绝缘材料，就必须考虑内带电效应防护设计问题。

从 300km 低地球轨道(LEO)到 36000km 的地球同步轨道(GEO)的高度范围内，由于不同轨道高度空间带电环境不同，卫星充放电效应也有不同的形式，如图 2.4-16 所示。

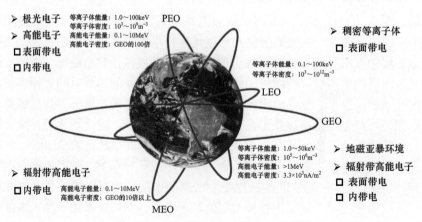

图 2.4-16　典型轨道环境及带电类型[75]

在 GEO 和极轨(PEO)主要是卫星运行到当地黎明期间遭遇的磁层亚暴等离子体充电环境(通常只考虑能量≤100keV 的等离子体)和高能电子产生的表面带电效应和内带电效应；

在中地球轨道(MEO)，卫星处于地球外辐射带的内侧，空间高能电子通量密度达到 GEO 的 10 倍以上，更容易产生内带电效应；

在 LEO 等离子体中，若卫星使用了高压能源系统，会产生表面带电效应。

表面充放电(SCD)主要由较低能量的空间等离子体电子诱发。**等离子体**是由中性粒子、正离子(失去一个或者多个电子的原子或分子)和电子组成的离子化气体状物质，它广泛存在于宇宙中，主要分布于电离层以上(70~3000km)[25]。

空间高温等离子体(带电粒子能量在几万电子伏以上)使卫星充电，与等离子体的电势差可达 10kV，这使卫星各部件之间产生放电现象。放电中发出的电磁辐射将干扰卫星正常工作，还可将卫星的部件击穿，造成永久性损坏。

等离子体环境对轨道上运行的卫星会引起卫星附加电阻力，使探测仪器产生假信号，高压太阳阵电源系统漏电、大型天线增益下降和指向精度减小等[93]。

空间等离子体引起卫星表面介质材料的充电电势足够高时产生放电现象。磁层高温等离子体，主要集中在 GEO，LEO 次之。轨道越高，受太阳电磁辐射越明显，充放电效应(SESD)也越多。

由图 2.4-17 可知[94,95]：

(1) GEO 的等离子体环境受地磁活动水平影响。在地磁平静时期，电子温度低，不会发生高电势充电。磁层亚暴时期高通量、高温度的电子(几十至几百千电子伏)由外向内注入 GEO，卫星表面相对周围等离子体的负电势最高可达几千甚至上万伏。故 GEO 内外及临近赤道的区域，在磁层亚暴注入等离子体后，SCD 电势可高达数万伏，风险最高。

(2) 20000km 左右的 MEO 的赤道及附近区域，依然是磁层亚暴注入等离子体活跃的空间等离子体片势力范围，表面充放电(SCD)电势可高达数万伏，风险最高。

(3) 6000~10000km 的若干新型应用轨道的中低纬区域，临近空间等离子体片，表面充放电(SCD)电势接近 1000V，风险中等。其中**临近空间**指 20km 以上飞行器利用大气浮力飞行的空间范围，一般指距地球表面 20~100km 的空间范围[96]。

(4) 3000km 以下的低轨道以及更高轨道与空间等离子体鞘(plasma sheath)相关，表面充放电(SCD)电势最高可达 500V，有一定风险。

(5) 倾斜角较低的 LEO 卫星处于低纬度的电离层环境中，充电效应很小，一般不会影响卫星安全。但倾角较高的 PEO 卫星在经过南北两极时，会在磁纬度 60°~80°之间遭遇到高能量的沉降电子，在卫星表面热控涂层上积累，引起卫星表面充电。当超过击穿阈值时卫星表面将发生放电。平时在南北极看到的极光正是这种沉降电子引起的。2000km 以下的 LEO 卫星在中高纬环形极光卵区域(极光卵是极光粒子以磁极为中心，在地球南北极地区呈现出的卵一样的椭圆带状区域)，表面充放电(SCD)电势可达 600V，风险中等。

(6) 上述区域之外，表面充放电(SCD)电势接近为 0V，风险低。

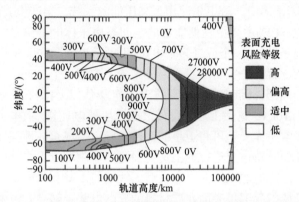

图 2.4-17 不同高度及纬度航天器表面充放电电势风险等级[97]

由图 2.4-18 可知，不同轨道高度的航天器内部充电情况[95,96]：

(1) MEO 区域，处于地球外辐射带核心区域，深层充电风险最高。

(2) GEO，处于地球外辐射带上边缘接近核心区域，深层充电风险中等。

(3) 3000km 左右中低纬度的地球内辐射带区域，高能电子密集，深层充电风险最高；3000km 左右的高纬度区域，接近地球内辐射带高能电子密集区域，深层充电风险中等。

(4) 1000km 以下的低轨道位于地球内辐射带下边缘外围，以及 60000km 以上的更高轨道位于地球外辐射带上边缘外围，深层充电风险低。

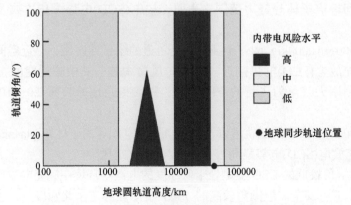

图 2.4-18 不同轨道高度的航天器内部充电量级[98]

注意：内部充电高风险在内辐射带和外辐射带中心区。

地球电离层是地球大气的一个重要层区，是低地球轨道航天环境的一个重要组成部分。它是由太阳高能电磁辐射、宇宙线和沉降粒子作用于高层大气，使之电离而生成的自由电子。处在 50km 至几千千米高度间，温度 180～3000K，其带电粒子(电子和离子)运动受地磁场制约，因此在电波传播领域又称电离层为磁离子介质。

静电放电(ESD)是由静电引起的两个具有不同电势的物体之间的电流流动。静电放电会引起半导体器件的损伤[99]。若没有考虑统一的接地，且电子线路板与电荷堆积面过近，就有可能引起单粒子锁定等单粒子效应。

表面充电与内部充电的区别：表面充电发生在航天器外表面，主要由等离子体引起；内部充电是由高能带电粒子(电子、质子或者其他离子)引起，且会穿透航天器舱体并沉积。

【应用案例】静电防护措施

航天器表面带电防护主要体现在两个方面：采取被动防护或电势主动控制措施；采取措施减小放电后造成的损失。从风险点识别、屏蔽、接地、滤波、环境及场强分析、材料选择及印制电路板(PCB)设计等进行静电放电(ESD)全流程防护。

被动防护主要通过结构设计、材料选择、接地设计、屏蔽等方法，对航天器带电电势进行控制。电势主动控制方法是采用粒子发射装置，通过指令控制喷射带电粒子降低整星结构和表面电势，将航天器静电电势保持在安全水平。如人工等离子体的应用尝试等。

【应用案例】带电防护设计的主要具体措施[100]

(1) 在接地方面，航天器上主要结构部件的导电部分必须连接接地，任意两接地点间的直流电阻小于 0.1Ω；孤立导体必须接地，且与航天器结构之间的接地电阻小于 $10^6\Omega/\square$[94]，其中，"$\square$" 表示方块电阻或面电阻。

所有暴露于空间等离子体环境的导电表面必须与航天器结构地可靠电气接地，使表面与结构地间的直流电阻小于 10Ω，导电表面上任意点必须距接地点在 1m 之内。必须暴露于空间的绝缘表面或非接地表面，设计上应使其面积小于 $3\,cm^2$（对于电路板，应小于 $0.3\,cm^2$）。PCB 布线完成后，对空白区进行金属化网格填充并接地。

(2) 降低表面的电势差。一般可以采取对卫星表面材料进行导电处理并接地的措施来降低表面电势差。如对暴露于等离子体环境的绝缘表面采用氧化铟锡(Indium Tin Oxide，ITO，化学式为 $In_2O_3:Sn$)透明导电膜[101]、导电漆、导电胶、金属化介质、金属栅格或栅网等进行防护。导电表面电阻率应不超过 $10^9\Omega\cdot cm$，或者方块电阻在 $10^6\sim10^8\Omega/\square$，即可满足空间静电放电(ESD)干扰防护的要求[102]。

防静电导电漆、导电胶等具有较低的电阻率，在中高轨的热等离子体环境中，可以避免产生电荷积累形成高电势。导电漆类热控涂层，在满足热控性能的同时，选用具有导电性能的颜料如 ZnO 等来实现防静电目的。常用的还有 S781 热控白漆、ACR-1 热控白漆等。除了要满足表面电阻率要求外，导电漆的涂覆厚度应小于 0.15mm。

(3) 在屏蔽方面，航天器结构应设计成具有最小开口的法拉第筒。此时的航天器整体成为一个由导电金属构成的电磁屏蔽盒，对所有线缆、电子线路和部件都提供电磁干扰屏蔽，将放电引起的辐射场至少衰减 40dB。对于 GEO 卫星，根据以往经验，建议屏蔽水平要达到 2.8mm 等效铝厚度[94]。屏蔽可由航天器结构、电子仪器机壳和分立电缆的屏蔽提供。

航天器内部的电子通量小于 $0.1\,pA/cm^2$ (即 10h 内的注量小于 $2\times10^{10}\,e/cm^2$)，电路就不需要额外屏蔽[94]。

(4) 所有电路在经过电磁干扰屏蔽后还要通过电磁滤波防护，滤波器应能经得起 100V 峰值瞬态电压及 200A 峰值瞬态电流的冲击考验。选择滤波器的准则为可以有效消除放电脉冲诱导的电路翻转而不影响正常工作。

【拓展知识】薄膜材料表面电阻率的表征

对于薄膜材料，表面电阻率一般用方块电阻(面电阻或者膜层电阻)，符号"□"来表征，方块电阻的大小与样品尺寸无关，即任意大小的正方形边到边的电阻都是一样的，不管边长是多少，它们的方块电阻都是一样，其仅与导电膜的厚度等因素有关。一般用直线四点探针法测量。

【应用案例】多层隔热材料外表面及太阳能电池玻璃盖板的导电处理

对热控多层隔热材料(Multilayer Insulation，MLI)外表面进行导电处理是表面充电防护的重要措施之一。通过镀制二氧化锡(Tin Oxide，TO，化学式为 SnO_2)、ITO 等透明导电膜以及镀锗等导电层，可使原本高绝缘的聚酰亚胺(PI)、玻璃等表面具有导电能力，便于在轨充电时通过接地措施形成电荷泄漏通路，降低其表面充电电势。

TO 膜虽然导电性较 ITO 差，但其化学稳定性优良，故而作为非晶硅太阳电池用的透明导电基板和多层隔热材料的导电膜。如航天器外表面的低温多层隔热材料，其最外层若采用单面镀铝聚酰亚胺薄膜(黄膜)，其外表面(非镀铝面)应镀 TO 膜，TO 膜层的表面电阻率应不大于 $10^6\Omega\cdot cm$；若采用渗碳(镀碳)聚酰亚胺薄膜，表面电阻率应不大于 $1\times10^8\Omega/\square$。

ITO 及 TO 等透明导电膜，其电阻率仅为接近半导体，而非真正导体，故而在热控材料接地中，一定要通过接地导电铜箔直接连接卫星结构地(如星体铝表面)。

假如卫星表面的 F46(聚全氟乙丙烯(FEP))膜的接地导电铜箔未直接连接结构

地,而是通过黏接在表面镀有 ITO、TO 导电膜的黄膜等热控多层隔热材料上间接连接结构地,就不会实现真正意义的接地。虽然黄膜镀有 ITO 或 TO 导电膜,但因其电阻率仅为接近半导体,因此,F46 通过黄膜间接接地,不能起到接地的电荷泄放作用。

镀锗膜通常用于星载天线的天线罩上,天线罩作为天线单元与外空间之间的隔离媒介,需要同时具有高的透波率、低的太阳光吸收率,且能够具有良好的隔热效果。目前功率较小的天线一般采用单面镀锗的聚酰亚胺膜进行热控处理,镀锗膜透波性能较好,太阳吸收比为 0.5(含透射),半球发射率为 0.67,而且具有良好的抗原子氧防护作用。镀锗膜能够改善天线辐射的效率,减少信号的损耗和反射。

对于太阳能电池采用掺铈的玻璃盖板作为紫外吸收滤光层和可见光透过耐辐照保护板,其体电导率要求在 $1\times10^{-17}\sim1\times10^{-16}$ S/m(西门子每米)范围内。盖片胶使用耐紫外辐照的硅橡胶。

表 2.4-10、表 2.4-11 为以上空间辐射效应类型及影响因素汇总。

表 2.4-10　空间辐射效应类型及其影响因素[103]

空间辐射效应	引发效应的主要带电粒子	产生效应的主要对象
电离总剂量效应(TID)	捕获电子/质子、耀斑质子	几乎所有电子器件及材料
位移损伤效应(DDD)	捕获耀斑/宇宙线质子	太阳电池、光电器件(CCD、光耦)
单粒子翻转(SEU)	高能质子/重离子	逻辑器件(CPU、DSP、FPGA、1553B、SRAM 等)、单/双稳态器件
单粒子锁定(SEL)	高能质子/重离子	CMOS 器件
单粒子烧毁(SEB)	高能质子/重离子	功率 MOSFET
单粒子栅击穿(SEGR)	高能质子/重离子	功率 MOSFET
单粒子瞬变(SET)	高能质子/重离子	逻辑器件(DSP、FPGA、电压比较器、光耦、光纤等)
卫星表面充放电	低能等离子体	卫星表面包覆材料、涂层
内带电	高能电子	卫星内部介质材料、器件

表 2.4-11　部分元器件的辐射效应[103]

器件	可能发生的辐射效应
逻辑器件(CPU、DSP、FPGA、1553B、SRAM 等)	电离总剂量效应(TID);单粒子翻转(SEU);单粒子瞬变(SET);单粒子锁定(SEL)
MOSFET 驱动器	电离总剂量效应(TID);单粒子瞬变(SET);单粒子烧毁(SEB);单粒子栅击穿(SEGR)
双极型运算放大器	电离总剂量效应(TID);单粒子瞬变(SET)
视频处理专用器件	电离总剂量效应(TID);单粒子瞬变(SET);单粒子翻转(SEU);单粒子锁定(SEL)
CCD 探测器	电离总剂量效应(TID);辐射位移损伤(DDD)

【应用案例】孤立导体有可能积累电荷

　　孤立导体的识别：既包括明显的孤立导体，如器件局部屏蔽钽壳、电容金属壳、器件金属管壳、PCB 孤立覆铜、接插件上无用引脚等；也包括隐形孤立导体，如调试用电缆以及在轨操作(如分离、脱插、火工品爆炸、开关切换等)导致的孤立导体。

　　对于面积超过 3 cm^2 或者长度大于 25cm 的孤立导体，原则上均应接结构地。若孤立导体处的高能电子注入电流小于 0.1pA/cm^2，就不会存在引发内带电效应的高能电子环境，可以不接地。如果要求只要是孤立导体就必须接地，可能导致实现上的一些困难，也否定了如辐射屏蔽等其他的内带电防护措施有效性。因此，不能片面要求所有孤立导体必须接地。

【拓展知识】空间辐照试验辐射源

　　带电粒子辐照试验所采用的辐射源可以为电子加速器、质子加速器、重离子加速器、同位素源或者 Co-60(γ 射线)源等。

　　使用低能粒子源模拟近表面层材料(例如光学薄膜)中的低能空间辐射的吸收，使用高能粒子源模拟厚材料对空间辐射的吸收[74]。

- 低能质子加速器：能量范围为 10keV～1MeV
- 低能电子加速器：能量范围为 10keV～0.5MeV
- 高能质子加速器：能量范围为 1～200MeV
- 高能电子加速器：能量大于 0.5MeV

表 2.4-12 为辐照试验样品、类型及相对应的辐射源。

表 2.4-12　辐照试验样品、类型及辐射源

试验样品	试验类型	辐射源
一般电子元器件及材料	总剂量试验	Co-60 放射源(γ 射线和 X 射线)
表面材料	总剂量试验	1MeV 或 300keV 电子
太阳电池	辐射位移损伤试验	1MeV 电子
电子元器件	单粒子效应	质子、重离子加速器或者 Cf-252 同位素源

【拓展知识】空间辐射环境及其效应参数

　　空间辐射环境参数包括：能量、通量、注量、全向通量、方向通量、积分通量、微分通量、磁壳参数、磁场强度、能谱。

　　电离总剂量效应参数包括：总剂量、剂量率、器件或材料的力学/光学/电学性能参数。

　　位移损伤效应参数包括：等效损伤系数、通量、注量、位移损伤剂量、等效

10MeV 质子/1MeV 电子注量。

单粒子效应参数包括：事件率、LET 谱、截面-LET 曲线、截面-质子能量曲线。

表面/内部充放电效应参数包括：充电电势、放电阈值。

单粒子效应(SEE)与航天器充放电效应(SESD)的区别[104]

高能重离子与质子以及低能等离子体电子与外辐射带增强高能电子等带电粒子，通过单粒子效应(SEE)和充放电效应(SESD)诱发的航天器异常占比极高。

单粒子效应(SEE)与充放电效应(SESD)虽然起因完全不同，对航天器的影响途径各异，但在很多情形下二者诱发故障的宏观表象相像，都表现为星用电子设备出现数据或逻辑状态跳变，工作模式非受控地切换，逻辑运行或执行操作异常等理论上"可恢复的"现象，其底层原因均为所使用的电子器件产生了"软错误"。

单粒子效应(SEE)直接在电子芯片内部注入瞬态电荷脉冲产生各种扰动。充放电效应(SESD)在航天器各种可能的结构与部件材料上(通常不是最终受害器件上)产生充放电，SESD 脉冲通过传播、传导、耦合等方式传递到敏感的受害器件管脚，间接导致其最终产生各种扰动。

中国科学院国家空间科学中心开展的初步地面模拟实验研究表明：单粒子效应和充放电效应均可触发运算放大器输出异常的瞬态脉冲信号，二者均可触发SRAM 器件存储单元位发生翻转，器件产生的瞬态脉冲和单元位翻转次数整体上与二者的作用强度正相关。但是充放电效应导致的翻转对器件原始信息状态依赖性更大，并且全部导致多位翻转。对于 SRAM 器件，单粒子效应通过电离电荷脉冲导致位单元关键节点电势变化而引起翻转，充放电效应作用于器件内部供电网络导致"路轨塌陷"使得存储信息被重置而发生可能的改变。

2.4.5　原子氧

低地球轨道(LEO，轨道高度大约 $100\sim2000km$)太阳紫外光($\lambda<190nm$)辐照，使得氧分子电离分解而成为原子态氧。由于两个游离态的原子氧(Atom Oxygen, AO)再复合形成一个氧分子，需要有第三种粒子的参与以带走复合时释放的能量，而在 LEO 环境中，高真空状态总压很低，原子氧与第三种粒子发生碰撞的概率很小，原子氧复合的概率就很小，因此 LEO 环境中原子氧的浓度比较高，大约 80%，为中性气体。

表 2.4-13 为不同轨道高度的原子氧密度大致情况。原子氧主要存在于距离地面高度为 $100\sim900km$ 范围内[105]。虽然在该区域内原子氧密度仅为 $10^9\sim10^4$ 个/cm^3，温度也只能达到 $1000\sim1500K$，但是航天器的高速飞行增大了原子氧对航天器表面材料的撞击能量(约 5.3eV)及通量密度。

表 2.4-13　不同轨道高度的原子氧密度[106]

轨道高度/km	原子氧密度/(个/cm³)	轨道高度/km	原子氧密度/(个/cm³)
60	10^3	500	10^7
100	10^9	600	10^6
175	10^{12}	700	10^5
200	7.5×10^9	900	10^4
300	5×10^8	1000	10^3

在 300km 轨道高度，原子氧的年累积通量可达到约 10^{22} 个/cm²。即使在 400km 的轨道高度，航天器迎风面的原子氧年累积通量也达到了 10^{21} 个/cm² 以上。另外，在轨期间，航天器可能会多次遭遇太阳耀斑爆发、日冕物质抛射(CMEs)等太阳剧烈活动，会大大增加轨道大气密度，使航天器表面材料经受的原子氧通量达到 8.0×10^{22} 个/cm²[106]。

轨道高度大于 500km 以上时，原子氧通量以数量级迅速衰减，对航天器的剥蚀作用也迅速减弱。

原子氧一方面具有强氧化性，另一方面是其高速撞击动能。关于强的氧化性，譬如溅射二硫化钼(MoS_2)是很好的固体润滑剂，但是在原子氧的作用下，很快变成了三氧化钼(MoO_3)，三氧化钼颗粒随着升温而膨胀，起到了增摩作用，成了摩擦材料。若用陶瓷轴承，不需要润滑，也就不存在润滑材料被强氧化的问题了。

大部分聚合物材料(如聚酰亚胺)对原子氧环境敏感。原子氧对有机物、碳基材料会产生明显的剥蚀，引起质量损失效应。

有机物多含有 C、H、O、N、S 等元素，与原子氧相互作用后，其分子键断裂，生成 CO、CO_2、水蒸气等气相挥发物，造成有机物材料质量损失，物理和化学性质发生变化[107]。

碳纤维增强环氧树脂(Carbon Fiber Reinforced Epoxy Resin，CF/EP)复合材料广泛应用于航天器。然而原子氧的作用会使 CF/EP 复合材料受到严重的侵蚀。

无保护膜的银与原子氧作用，表面会迅速生成不导电的灰黑色粉状疏松氧化物 AgO，不能形成致密的保护膜阻止原子氧的进一步侵蚀，以剥落形式引起 Ag 膜层质量大量损失。其氧化速率与银的微观结构有关。单质材料中只有碳、银和锇(Os)与原子氧反应速率足够快，会引起宏观变化。

锇膜是非常好的真空紫外反射膜[108]，锇与原子氧反应形成高蒸气压的氧化物 OsO_4，有类似氯的气味，有剧毒。

原子氧另一方面是其高速撞击动能。在 LEO 空间，原子氧静态密度并不高，随高度在 $5\times10^6\sim5\times10^9$ atom/cm^3 之间变动。但在 LEO，航天器以 7.9km/s 的速度飞行，原子氧撞击的束流密度可达 $10^{13}\sim10^{15}$ atom/$(s\cdot cm^2)$，在如此高的撞击速度下，原子氧的平均撞击动能约为 5.3eV，其作用相当于 4.8×10^4 K 的高温[109]。原子氧撞击材料表面时会发生多种物理化学过程。其中，atom/$(s\cdot cm^2)$ 表示每秒每平方厘米所含的原子个数。

另外，**原子氧只能影响到表面很薄的一层**，故而光学镜面的**抗氧化防护膜必须表面致密**，一定要避免存在针孔以及与基体的结合力等缺陷。

【拓展知识】原子氧环境参数及侵蚀效应参数

原子氧环境参数：原子氧通量、原子氧积分通量、原子氧浓度、高度、经度、纬度、太阳高度角等。

原子氧侵蚀效应参数：总质量损伤、剥蚀率、材料的力学/光学/电学性能参数。

材料与原子氧作用后，表面成分可用 X 射线光电子能谱(XPS)分析，表面形貌可用扫描电镜(SEM)分析。

原子氧效应防护途径：

(1) 抗原子氧材料。

含氟聚合物、硅氧烷与原子氧的反应速率比其他有机聚合物低。聚合物经过氟化处理、添加 Si 成分可以提高抗原子氧侵蚀的能力，例如纯氟化聚苯乙烯、环状氟化聚苯乙烯、链状氟化聚苯乙烯、过氟化聚苯乙烯等氟化聚合物、聚硅氧烷-聚酰亚胺等。

氟化材料比碳氢聚合物材料抗原子氧侵蚀的能力强，且其抗腐蚀性能随氟化程度的加强而增强。全氟化聚合物材料聚四氟乙烯(PTFE)和 F46(聚全氟乙丙烯(FEP))具有最高的抗蚀性[110]。

虽然聚四氟乙烯(PTFE)的抗原子氧侵蚀的能力比较强，但其耐总剂量辐照能力要比聚酰亚胺(PI)弱。

无机物如高纯度的 SiO$_2$(未镀膜的 JGS1 窗口)、金属、金属氧化物等具有良好的抗原子氧能力。

【拓展知识】聚四氟乙烯用作星上定标漫反射板[111]

聚四氟乙烯(PTFE)材料在 0.35~2μm 是一种几乎无吸收的多孔结构，大部分的光到达板面后，透入板面内然后又以二次和多次散射的方式反射到板面的半球空间，多次散射能量的随机分布形成了漫反射板良好的朗伯性。同时，光辐射透入板面的深度与波长有关，波长越长，透入深度越大。在厚度较小时，反射率会随着波长的升高而降低。而在一定厚度时，在较宽的光谱区，入射光辐射透入板面后又几乎全部随机散射回去。这种传输机理决定了一定密度和厚度的聚四氟乙烯板具有高反射率、光谱平坦性、朗伯性和空间均匀性，这是聚四氟乙烯板具有优良光学特性而作为漫反射板的物理依据。

聚四氟乙烯漫反射板经热真空处理，太阳反射波段的反射率在 0.95 以上，可见及近红外波段可达 0.99。在空间环境下不受紫外辐照的影响，漫反射板光学特性受氧原子剥蚀、质子轰击影响甚微。

注意：在制作、储存、运输过程中必须避免有机物污染，否则在紫外辐照条件下有机污染物会发生光化学反应，导致漫反射板反射率的紫外衰变。

另外，国内外常用的空间漫反射板有铝制漫反射板、聚四氟乙烯基的 Spectralon® 漫反射板和石英体积漫反射板(Quasi Volume Diffuser，QVD)。

铝制漫反射板在空间载荷的应用历史最为悠久，其漫反射特性略差，但具备一定的真空紫外辐照衰减抗性；Spectralon® 漫反射板具有良好的朗伯光学特性，但由于其随存放时间增加可能造成的紫外波段衰减，一般不建议用于波长低于 400nm 的星载仪器；QVD 具有小光谱特征与良好的漫反射特性。

近年来，针对空间遥感应用的新型光学材料漫反射板研究主要集中在各类熔融石英制成的米氏散射板，如紫外波段漫反射板——高纯度不透明熔融石英材料漫反射板(HOD 漫反射板)[112]，利用材料上均匀的微米级空腔作为散射源。

(2) 原子氧防护膜层。

大部分致密的金属氧化物膜层都具有一定的原子氧防护能力，以三氧化二铝（Al_2O_3）、二氧化硅(SiO_2)性能最好。

【应用案例】二氧化硅保护膜的特点

对于 SiO_2 尽量采用高温镀制，使薄膜致密性更好，避免出现针孔。另外，SiO_2 保护膜在紫外辐照条件下也有可能产生孔洞，从而也能形成侵蚀反射膜的通道。

SiO_2 薄膜在低能(<1MeV)带电粒子辐照时引起的电离辐射会产生色心缺陷；带电粒子与膜层原子碰撞也有可能产生位移效应，会使膜层光学常数发生变化，电离和位移效应都会引起薄膜性能衰变。

低轨道环境下光学表面不宜仅用单一的 MgF_2 作最外层增透膜或者保护膜，因为原子氧的强氧化作用会导致 MgF_2 向 MgO 转化[106]，使 MgF_2 增透膜变成反射膜 MgO，严重影响光的透过率，导致观察或照相效果下降，太阳电池的效率大大降低。具体反应如下：

$$MgF_2 + O \longrightarrow MgO + F_2$$
$$MgF_2 + O \longrightarrow MgO + 2F$$

$$MgF_2 + 3O \longrightarrow MgO + 2OF$$

$$MgF_2 + O \longrightarrow MgOF + F$$

$$2MgF_2 + 2O \longrightarrow 2MgOF + F_2$$

复合防护膜不仅可防原子氧侵蚀，还能改善光学镜面的反射或者透射能力。

在可见光区内可用于金属反射和介质增透膜的保护性膜有：三氧化二铝 (Al_2O_3)+二氧化钛(TiO_2)、二氧化硅(SiO_2)+二氧化钛(TiO_2)、二氧化硅(SiO_2)+二氧化铪(HfO_2)。

在增透膜方面，空间一般用二氧化硅-二氧化钛(SiO_2 - TiO_2)、五氧化二钽 (Ta_2O_5)+二氧化硅(SiO_2)复合膜系，达到既增透又耐原子氧作用的目的。

在反射膜方面，**氟化镁(MgF_2)+二氧化铈(CeO_2)可用于金属反射膜保护膜； $SiO_2 + HfO_2$ 保护膜可在紫外区内提高镜面的反射能力；三氧化二钇(Y_2O_3)+二氧化铪(HfO_2)可在 8～14μm 区内提高镜面的反射能力**[113]。

对于非光学反射用的银膜的原子氧防护，可在银膜上镀金保护膜或者在银膜上镀铅锡合金保护膜进行防护。

各种绝缘材料也常用作光学仪器的保护膜，如薄的玻璃陶瓷材料被用在银、铝镜面上作为保护层。

对于碳纤维增强环氧树脂(CF/EP)复合材料，可以采取防原子氧的涂层(有机硅黏合剂、聚四氟乙烯(PTFE)等)，或加金属层进行保护，如在其表面缠绕 2～5μm 厚的铝箔，并严格防止铝箔中出现小针孔。对于**聚酰亚胺薄膜采用涂胶防护，隔离原子氧剥蚀。**

【应用案例】光学系统避免积累电荷及抵抗原子氧的方法

对于中高轨航天器，除了保持良好的接地外，还要避免绝缘介质积累电荷。如电阻率较高的光学玻璃构成的光学镜头，在高通量的高能电子辐照下，有可能使镜头内部积累电荷，当电势升高到放电阈值时将引起放电。放电会在玻璃内形成电树枝状晶体，会影响光学系统的性能。

常用的方法是在暴露在最外面的光学镜面上镀制 ITO 透明导电膜，通过导电膜及导出通道将镜面累积的静电及时导出至结构地[101]，使得设备整体电势一致。

但是由于 ITO 是无机氧化物膜层，存在较大的脆性，容易形成微裂纹，为原子氧"潜蚀"基底材料提供了通道。**结合抗原子氧及光学高的透过率/反射率的要求，镀制复合防护膜，如 ITO/MgF_2。**少量 MgF_2 的加入，可以极大地提高 ITO 的耐原子氧性能，因此 ITO- MgF_2 膜层是理想的导电型防原子氧膜层。另外，可在有机薄膜材料表面制备复合原子氧防护膜层，即**先在有机材料表面制备一层防原子氧性能好的 SiO_x(x=1 或 2)膜层，再在 SiO_x 膜层上沉积一层 ITO 导电层**[106]。

【应用案例】原子氧对固体润滑薄膜的影响

空间常用的溅射 MoS_2、黏结 MoS_2 和软金属三种固体薄膜均会产生明显的原子氧效应。对摩擦学性能的影响机理如下：

溅射 MoS_2 薄膜：原子氧会导致薄膜中的 MoS_2 发生氧化而生成 MoO_3，减弱了薄膜的附着力，在工作时温度升高会膨胀，导致磨损增大，使得薄膜的耐磨寿命减少。

黏结 MoS_2 薄膜：原子氧主要导致薄膜中的黏结剂——聚酰亚胺(PI)发生氧化降解并挥发，减弱薄膜的附着力，导致黏结 MoS_2 薄膜的耐磨寿命减少。

软金属薄膜：原子氧导致薄膜中的 Ag、Cu 发生氧化反应，使薄膜的附着力减小，生成的氧化物产生了磨粒磨损，导致软金属薄膜的耐磨寿命减少。

在低轨原子氧环境中应用时主要采用迷宫密封结构型式，一方面收集磨屑，另一方面避免薄膜暴露在外受到原子氧侵蚀。

2.5　不同轨道高度的环境影响因素

轨道高度指卫星绕地球运行的轨道距地球表面的高度。对于视场一定的光学遥感器，轨道越高，对地成像幅宽越大。同一台空间相机在不同轨道分辨率不一样，轨道越低，分辨率越高。

2.5.1　不同轨道高度及其环境效应

低地球轨道(LEO)一般指 100～2000km 高度的轨道[114]，是高分辨率光学遥感卫星和空间站通常运行的轨道，因为离地面近，观测卫星看得更清楚，通信卫星的延迟也更短。而且离地面越近，发射成本越低。低地球轨道环境条件十分苛刻，所涉及的主要环境效应包括高层大气、原子氧剥蚀、空间碎片撞击以及南大西洋异常区(SAA)等。

中地球轨道(MEO)一般指卫星轨道距离地球表面 2000～20000km 高度的轨道[114]，主要用于全球个人移动通信及卫星导航系统，MEO 兼具地球同步轨道和低地球轨道的优点，可实现真正的全球覆盖和更有效的频率复用。

地球同步轨道(GEO)为距地面 35786km 高的圆轨道，由于卫星的运行周期和地球的自转周期(23h56min4s)相同，故称地球同步轨道[115]。由于其轨道高度高，与低轨、中轨相比同一视场角覆盖地球的区域广，一颗卫星可观测地球中低纬度地区约 1/3 的范围，具有很强的机动灵活性，能够对特定区域进行分钟级高重复观测。

如果地球同步轨道的倾角为零，则卫星正好在地球赤道上空，以与地球自转相同的角速度绕地球同步运转，与地面各点相对静止不动，这种卫星轨道叫地球静止轨道，它是地球同步轨道的特例。地球静止轨道只有一条，其广泛用于气象卫星、通信卫星和广播卫星等。

高椭圆轨道(Highly Elliptical Orbit，HEO)为距离地球表面的最近点为 1000～21000km，最远点为 39500～50600km 的椭圆形轨道，其轨道近地点跟低轨道卫星一样低，但远地点离地球很远。这种极度拉长的轨道的特点是卫星到达和离开远地点的过程很长，而经过近地点的过程极短。如果要把一颗卫星发射到地球静止轨道上，首先要将它送进一条高椭圆的转移轨道——地球同步转移轨道(Geostationary Transfer Orbit，GTO)，之后再在远地点做一次适当的变轨就可以使卫星运行在同步轨道上了。大偏心率轨道主要用来作为中转轨道。具有大倾斜角度的高椭圆轨道卫星可以覆盖地球的极地地区，为地球两极附近的地区提供通信服务，这是运行于地球同步轨道的卫星所无法做到的。高椭圆轨道另一个应用是科学应用。譬如为了探测地球磁层(magnetosphere)，研究日地关系，地心距需达 15～20 倍地球半径。故而在测量地球磁场、电场卫星中常采用高椭圆轨道。

高度 20000km 以下，属于冷等离子体($E < 10eV$)；高度 20000km 以上，尤其是 GEO，在地磁暴时，有大量热等离子体(磁层高温等离子体，$E > 10eV$)注入 GEO，会引起航天器表面充电。

2.5.2　空间环境对航天器运行轨道的影响[116]

(1) 地球引力场分布的不均匀，对航天器运行轨道产生引力摄动；

(2) 高层大气密度是影响低地球轨道航天器工作寿命的主要因素；

(3) 日月摄动；

(4) 太阳辐射压力，重力梯度会对航天器产生扰动力矩。

2.5.3　空间环境对航天器姿态的影响

(1) 地球磁场影响；

(2) 高层大气影响；

(3) 地球引力场影响；

(4) 太阳辐射压力影响。

不同轨道高度的空间环境影响因素如表 2.5-1、表 2.5-2 所示。

表 2.5-1　空间辐射效应类型及其影响因素

辐射源		低地球轨道 (LEO)	太阳同步轨道 (SSO)	中地球轨道 (MEO)	高椭圆轨道 (HEO)	地球同步轨道 (GEO)
地球辐射带	辐射带电子	✓	✓	✓	✓	✓
	辐射带质子	✓	✓	✓	✓	
	SAA 质子	✓	✓		✓	
	SAA 电子	✓	✓			
	极区高能质子		✓			
	极区电子		✓			
太阳耀斑质子		✓	✓		✓	✓
太阳耀斑重离子		✓	✓	✓	✓	✓
银河宇宙线(GCR)质子		✓	✓	✓	✓	✓
银河宇宙线(GCR)重离子		✓	✓	✓	✓	✓
等离子体子					✓	✓
可能产生的辐射效应		总剂量效应 单粒子效应 表面充放电 位移效应	总剂量效应 单粒子效应 表面充放电 位移效应	总剂量效应 单粒子效应 表面充放电 内带电效应	总剂量效应 单粒子效应 表面充放电 位移效应 太阳电池的等离子体充电	总剂量效应 单粒子效应 表面充放电 内带电效应 太阳电池的等离子体充电

表 2.5-2　不同轨道的空间环境影响因素

环境因素	低地球轨道(LEO)	中地球轨道(MEO)	地球同步轨道(GEO)
太阳电磁辐射	对表面材料性能有影响	对表面材料性能有影响	对表面材料性能有影响
地球中性大气	大气阻力对轨道影响严重；原子氧对表面腐蚀严重	没有影响	没有影响
等离子体(地球电离层)	影响通信，太阳翼电源泄漏	影响微弱	航天器表面充电问题严重
地球磁场	磁力矩对航天器姿态影响严重，磁场可作姿态测量参考系	磁力矩对航天器姿态有影响	影响微弱
高能带电粒子	辐射带南大西洋异常区(SAA)和高纬度地区宇宙线诱发单粒子事件	辐射带和宇宙线的总剂量效应与单粒子效应严重	宇宙线的总剂量效应和单粒子效应严重
碎片和微流星体	有低碰撞概率	有低碰撞概率	有低碰撞概率
地球大气辐射	对航天器辐射有影响	影响微弱	没有影响

　　中性大气是指地球大气非电离的气体(主要为原子氧)，高度在 100~1000km 范围，处于大气的热层和外层大气之中。中性大气是 LEO 特有的空间环境。中性大气对光学遥感器的影响主要是原子氧。对航天器辐射收支的影响为热量及背景噪声。

　　进入 21 世纪后，美国国家航空航天局(NASA)新千年计划提出了空间辐射环境指标要求，如图 2.5-1 所示。

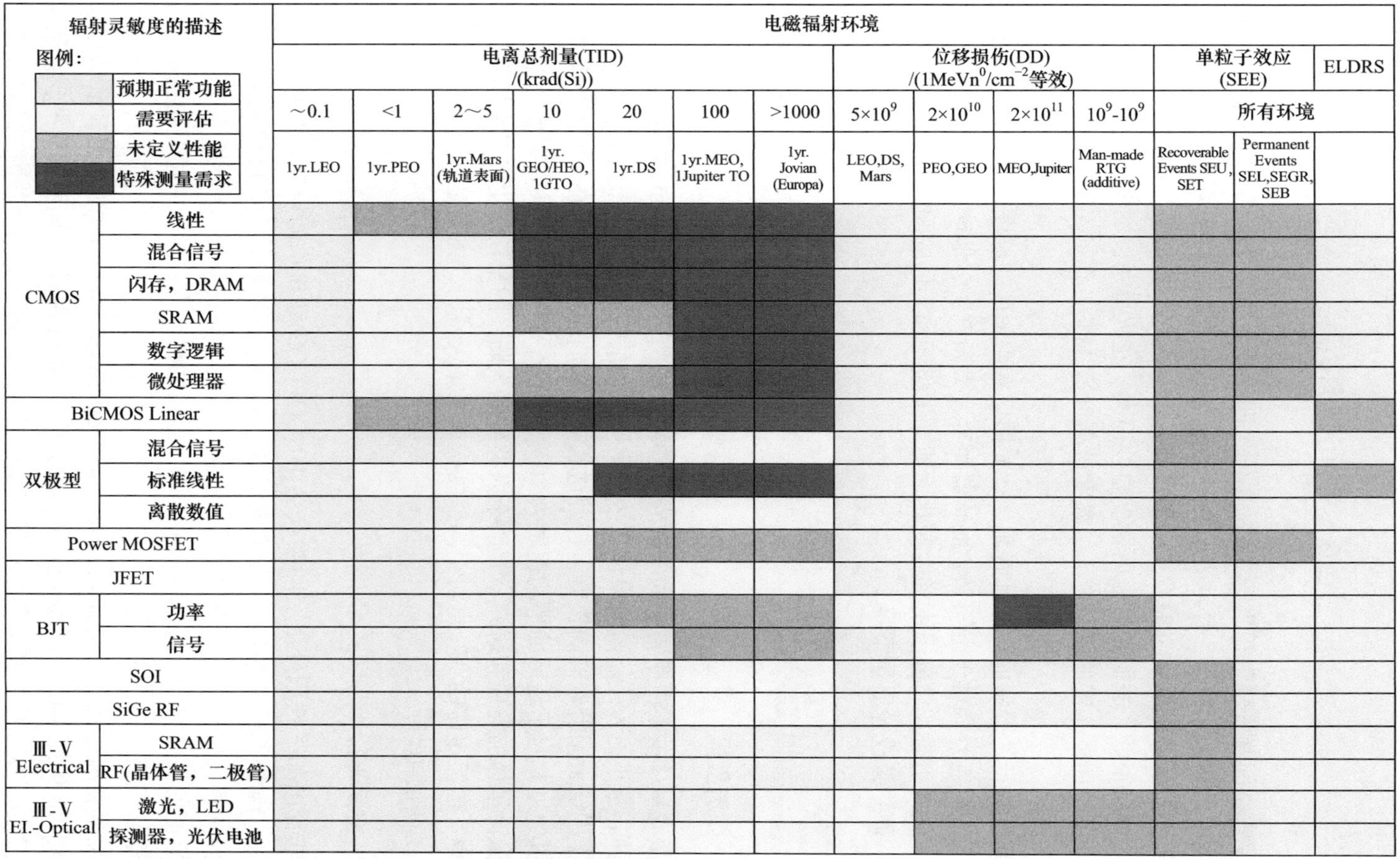

辐射灵敏度的描述

图例：
- 预期正常功能
- 需要评估
- 未定义性能
- 特殊测量需求

电磁辐射环境

	电离总剂量(TID) /(krad(Si))							位移损伤(DD) /(1MeVn⁰/cm⁻²等效)				单粒子效应 (SEE) 所有环境		ELDRS
	~0.1	<1	2~5	10	20	100	>1000	5×10^9	2×10^{10}	2×10^{11}	10^9-10^9	Recoverable Events SEU, SET	Permanent Events SEL,SEGR, SEB	
	1yr.LEO	1yr.PEO	1yr.Mars (轨道/表面)	1yr. GEO/HEO, 1GTO	1yr.DS	1yr.MEO, 1Jupiter TO	1yr. Jovian (Europa)	LEO,DS, Mars	PEO,GEO	MEO,Jupiter	Man-made RTG (additive)			

行标签（辐射灵敏度）：

- CMOS：线性、混合信号、闪存，DRAM、SRAM、数字逻辑、微处理器
- BiCMOS Linear：混合信号、标准线性、离散数值
- Power MOSFET
- JFET
- 双极型 BJT：功率、信号
- SOI
- SiGe RF
- III-V Electrical：SRAM、RF(晶体管，二极管)
- III-V EI-Optical：激光，LED、探测器，光伏电池

ELDRS, Enhanced Low Dose Rate Sensitivity——低剂量率辐射损伤增强效应

图2.5-1　NASA航天器的空间辐射环境指标要求[117]

2.6 空间热环境

宇宙空间背景辐射相当于 3K 的黑体，即温度为–270.15℃。在太阳系中，太阳是主要的热源。白天，月球表面在阳光垂直照射的地方温度高达 127℃。夜晚，月球表面温度可降低到–183℃。由于月球上没有大气，再加上月面物质的热容量和热导率又很低，故而月球表面昼夜温差很大。在火星两极的冬季极夜，温度低至–143℃，而在赤道的夏季白天，温度最高可达 35℃，到了晚上，火星的温度会降至–73℃。

在轨运行的卫星向阳面和背阳面、光照区和阴影区的温度也不一样，温度变化会产生热应力。对于空间光学遥感器而言，太阳直射、地球反照和地球红外辐射的外热流引起其内部温度梯度变化，使光学组元和元件的间隔、面形等发生变化，从而导致成像质量下降。

2.7 微流星体和空间碎片

2.7.1 微流星体

微流星体主要由宇宙空间中的岩石颗粒组成，直径小于 1mm，质量小于 1mg，是一种非常小的天体。微流星体来源于太阳系内的彗星和小行星。其在太阳引力作用下围绕太阳沿着椭圆轨道运行，这意味着它们的速度可以在短时间内显著变化，其速度相对于地球的平均速度为 10～30km/s，最大速度可达 72km/s。

微流星体的发现和研究，有助于人类理解太阳系的早期历史以及太阳系的形成过程。微流星体的存在也对空间探测构成了重大威胁，尤其是对那些在近地轨道运行的空间设施。

2.7.2 空间碎片

联合国和平利用外层空间委员会(UNCOPUOS)和机构间空间碎片协调委员会(IADC)对空间碎片的定义是：地球轨道上在轨运行或再入大气层的无功能的人造物体及其残块和组件。也就是说，空间碎片为人类在空间活动的产物，包括残留在空间的失效的火箭箭体和卫星本体、火箭的喷射物、运行中抛弃的残骸和碎片、爆炸和撞击产生的碎片等。

根据美国空间监视网(Space Surveillance Network，SSN)观测数据显示[118]：截至 2023 年 9 月 4 日，在地球轨道上尺寸大于 10cm 编目空间目标(卫星、空间碎片等)总数 27355 个，其中各类用途卫星已达 11322 颗，空间碎片为 16033 个。直径在 1～10cm 之间的碎片数量约为几十万个。空间碎片以每年大约 3%的速度急速增长，图 2.7-1 为空间目标数量及各轨道空间目标分布趋势。

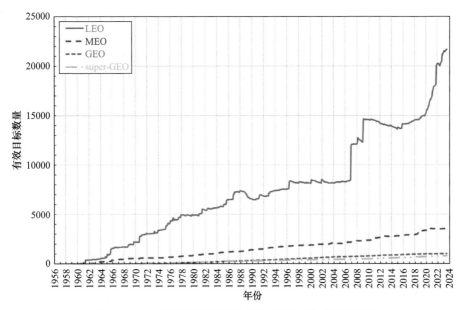

图 2.7-1　空间目标数量及各轨道空间目标分布趋势[118]

2.8　空间环境模拟

主要的空间环境模拟有热真空环境模拟器、空间动力学模拟器、空间组合环境模拟器等。

热真空环境模拟器：用以模拟空间的真空环境、外热流环境以及冷黑环境，用于进行航天器的热真空试验和热平衡试验。

空间动力学模拟器：一种大型低真空模拟系统，模拟器中配备有精密转台，激振系统，以及测试、观察、记录装置等辅助设施。其中，激振系统用以产生激励力，可使被激物件获得一定形式和大小的振动量，从而对物体进行振动和强度试验。

空间组合环境模拟器：一般为多种环境组合的试验设备。模拟的环境包括太阳辐射、紫外线、电子、质子、太阳风、极高真空、冷热交变、等离子体等，用于对航天器零部件和材料的研究与检验试验。

【应用案例】典型空间环境模拟

■　**真空模拟**：$10^{-3} \sim 10^{-4}$ Pa

此时辐射传热是空间传热的主要形式，对流与气体热传导可以忽略，可较为真实地模拟航天器所处真空环境的热交换效应。

■ **空间外热流环境模拟**

航天器主要承受三部分辐射能量：来自太阳可见光和红外辐射的能量、地球反射太阳辐射的能量和地球大气的热辐射能量。航天器吸收的这些能量会影响其温度及分布，吸收能量的大小取决于其结构外形、表面材料特性和飞行轨道。波长小于 300nm 的紫外线，辐射能量虽然只占太阳总辐射能量的极小部分，但会使材料表面的光学性能发生很大的变化。紫外辐射效应主要表现为光化学效应和光量子作用。

外热流模拟的是太阳辐射环境对航天器等产生太阳光谱热效应，其中一类是采用太阳模拟器，另一类是采用红外模拟器。太阳模拟器适合外形和表面材料形状复杂的试件，红外模拟器则适合表面材料形状单一的试件。如果需要模拟紫外辐照环境的光化学效应，则需要利用紫外辐照模拟器进行[119]。

■ **冷黑空间模拟**

宇宙空间是一个温度为 3K，吸收系数为 1 的冷黑空间。此环境下，运行中的航天器发出的热量不再返回，即理想的黑体(理想化的物体，能够吸收外来的全部电磁辐射，并且不会有任何的反射与透射，也即黑体对于任何波长的电磁波的吸收系数为 1，透射系数为 0)，这种环境就称为冷黑环境，也被称为热沉环境。

由液氮(温度 77K)代替空间 3K 冷黑环境(热沉环境)，结合空间环境模拟器(space environment simulator)的冷壁(也称为**热沉**，即对光、热、气体分子有强吸收能力的能够模拟空间冷黑环境的结构，其表面还需涂吸收系数大于 0.90 的黑漆)模拟。

空间环境模拟器与试验航天器的特征尺寸(比如长度和直径等)比值，即热沉与试验航天器的尺寸比值一般为：当采用太阳模拟器时，比值一般不小于 3；采用红外加热器和表面接触式电加热器时，比值一般不小于 2。空间环境模拟器国内用其简称"空模"的汉语拼音首字母 KM 表示。其后的数字一般情况下指热沉的有效内径，如 KM3 表示该空间环境模拟器热沉有效口径为 3m。

■ **单粒子效应模拟**

采用当量 $\geqslant 20$ MeV / cm^2 的重离子测试总通量。地面模拟单粒子效应最常用的手段是利用加速器产生的重离子辐照微电子器件，以诱发单粒子事件并进行相关的测试和研究。通过用一系列具有不同线性能量传输密度，即传能线密度(LET)的离子来辐照器件，可以获得器件的 σ-LET 曲线(σ 为翻转截面)、翻转阈值、饱和截面等与单粒子效应有关的重要参数。

■ **原子氧模拟**

采用二氧化碳激光器加热分解产生原子氧束。加拿大 SimulTek 公司的原子氧地面模拟试验装置,可同时满足能量为 5eV 和 $(3\sim5)\times10^{15}$ atom/cm³ 的严苛条件,其试验结果与 LEO 飞行暴露试验结果符合程度高。

■ **冷焊模拟**

无油超高真空(10^{-7} Pa)。

■ **低气压放电模拟**

低气压($10^3\sim10^{-1}$ Pa)。

■ **总电离剂量辐射模拟**

通常采用 Co-60 放射源(γ 射线和 X 射线),必须尽量靠近放射源以获得高剂量率。有时需采用电子或者质子源。

注意:Co-60 产生 1.17MeV 和 1.33MeV 的高能 γ 射线。该试验不能用于单粒子效应(SEE)试验、位移损伤效应(DDD)试验。由于 Co-60 穿透能力强,其大部分能量将穿过薄层材料而不能累积下来,故而 Co-60 也不能用于薄层材料的电离总剂量效应(TID)试验[79]。

2.9 小 结

空间粒子辐射环境导致总剂量效应、单粒子效应、位移损伤效应和辐射生物效应等。

空间等离子体环境诱发航天器材料表面充放电效应、太阳电池电流泄漏效应和弧光放电效应等。

空间高能电子导致航天器介质材料深层充放电效应或航天器内部充放电效应。

低轨道原子氧导致材料腐蚀;紫外线和低能带电粒子导致材料辐解退化;空间碎片导致材料撞击损伤;空间污染物污染航天器敏感部件和分系统。其中,空间环境对光学遥感器的主要影响如下。

1) 对结构和材料的影响

(1) 辐射损伤(紫外辐射、带电粒子辐射)[74]。

紫外辐射:使表面材料发生光化学反应影响材料性能,如柔性结构底材的弹性模量的延伸率、温控材料的热学性能和光学材料的光学性能。

地球轨道的远紫外(FUV)的辐照度大约是 0.1W/m² 或太阳总辐照度的0.004%,近紫外(NUV)的辐照度约为 118W/m² 或太阳总辐照度的 8.7%。

带电粒子辐射:影响光学玻璃等透明材料的透过率;使高分子材料发生交联和断链过程,影响高分子规整性和结晶度,使其机械、光、电等性能发生明显变化。其中：

(a) 电子辐射：对于低地球轨道(LEO)和标准极轨道(Standard Polar Orbit, POL)，电子的能量范围为 40keV～5MeV。对于 GEO 和高椭圆轨道(HEO)，电子的能量范围为 1keV～5MeV。

(b) 质子辐射：对于 LEO 和 POL，质子的能量范围为 100keV～200MeV。对于 GEO 和 HEO，质子的能量范围为 1keV～100MeV。

航天器**近表面层**的吸收剂量主要由**低能辐射**(最高能量为 1.0MeV 的质子，最高能量为 500keV 的电子、紫外(FUV、NUV))决定。

(2) 材料放气：使材料表面吸附的气体解析；促使固体材料升华。

(3) 污染：可凝聚挥发物、紫外辐照分解物及宇宙尘埃，残留的地面灰尘等多余物。

(4) 材料表面原子氧侵蚀。

(5) 撞击损伤：空间碎片、微流星体。

(6) 接触表面黏着和冷焊：10^{-7} Pa 及以上超高真空环境。

(7) 热真空环境：冷热交变对材料性能产生不良影响，如导致复合材料脱层等。

2) 对电子器件的影响

(1) 热环境：引起热噪声及暗电流等。

(2) 辐射损伤。

(3) 单粒子事件。

3) 对航天器及光学遥感器的充电和放电影响

(1) 真空放电。

(2) 表面静电充放电：在等离子体环境中，卫星及光学遥感器表面会有不等量充电。

(3) 体内放电：空间高能电子导致。

(4) 低压放电：在 10^3～10^{-1} Pa 低真空范围加电易造成元器件击穿。

复习思考题

1. 空间环境的主要特点有哪些？对航天器有哪些影响？

2. 什么是冷焊效应？主要危害是什么？抑制方法有哪些？

3. 什么是真空出气效应？主要危害是什么？

4. 光学遥感器对真空质量损失与可凝聚挥发物性能要求有哪些？

5. 粒子辐射的主要来源是什么？简述不同粒子辐射源的产生机理。

6. 辐照在生活中都有哪些应用？

7. 简述原子氧的产生机理、主要危害及抑制措施。

8. 空间轨道的划分依据是什么？不同轨道高度的空间环境影响因素有哪些？

9. 什么是空间碎片？主要危害有哪些？目前的解决方案有哪些？

参 考 文 献

[1] 王皎倩. 真空热循环条件下 T700/3234 复合材料的损伤效应[D]. 沈阳: 沈阳航空航天大学, 2011.

[2] Silk E. Introduction To Spacecraft Thermal Design[M]. Cambridge: Cambridge University Press, 2020.

[3] James B F, Norton O W, Alexander M B. The natural space environment: effects on spacecraft[R]. Huntsville, Alabama: NAeronautics SA Marshall Space Flight Center, 1994.

[4] 原青云, 孙永卫, 张希军. 航天器带电理论及防护[M]. 北京: 国防工业出版社, 2016.

[5] 凌幸华. 基于 TSC695F 的高可靠星载嵌入式系统设计与实现[D]. 上海: 复旦大学, 2009.

[6] 张春华, 李松, 刘洪伟, 等. 美国 GOES 系列卫星的发展[J]. 装备环境工程, 2022, 19(4): 124-131.

[7] 百度百科. 地球静止环境业务卫星[EB/OL]. https://baike.baidu.com/item/地球静止环境业务卫星/4261375[2023-12-13].

[8] 范含林. 空间环境对航天器热设计影响分析[J]. 航天器环境工程, 2008(3): 220-223, 197.

[9] 张颖, 牛燕雄, 吕建明, 等. 星载光电成像系统建模与性能评估[J]. 激光与光电子学进展, 2015, 52: 148-154.

[10] 张彦兵. 航天器用 2A12 合金疲劳行为研究[D]. 哈尔滨: 哈尔滨工业大学, 2012.

[11] 国家质量监督检验检疫总局, 中国国家标准化管理委员会. 真空技术 术语:GB/T 3163—2007[S]. 北京: 中国标准出版社, 2008.

[12] Space Biology. Table 1 Parameters of interplanetary space and in low Earth orbit (LEO) [EB/OL]. https://link.springer.com/referenceworkentry/10.1007/978-3-662-44185-5_1469/tables/1[2023-10-30].

[13] 饶瑞中. 现代大气光学[M]. 北京: 科学出版社, 2012: 113-123.

[14] 乔治·约瑟夫. 对地观测遥感相机研制[M]. 王小勇, 何红艳, 鲍云飞, 等译. 北京: 国防工业出版社, 2019.

[15] 苍悦天, 张凯锋, 周晖, 等. 空间冷焊效应的研究进展[J]. 表面技术, 2022, 51(4): 92-103.

[16] Johnson M R. The Galileo high gain antenna deployment anomaly[R]. Washington: NASA, 1994.

[17] 百度百科. 二硫化钼[EB/OL]. https://baike.baidu.com/item/二硫化钼/516463?fr=ge_ala [2023-12-13].

[18] 国家质量监督检验检疫总局, 中国国家标准化管理委员会. 空间科学实验转动部件规范 第 2 部分: 润滑设计要求:GB/T28878.2—2016[S]. 北京: 中国标准出版社, 2016.

[19] 宁艳, 王文梅. 太空自然环境影响航天活动[J]. 太空探索, 2020(8): 55-56.

[20] 曾德贤, 李睿. 空间光学系统安全防护技术[J]. 军民两用技术与产品, 2010(4): 3-5.

[21] 李鸿勋. 空间环境和污染对光学器件的影响[J]. 真空与低温, 2014, 20(6): 364-368.

[22] 张敏. 改性羰基铁粉—氯磺化聚乙烯涂层环境效应研究[D]. 秦皇岛: 燕山大学, 2009.

[23] 王子强. 空间机电设备环境适应性要求及验证技术[J]. 机电一体化, 2005(3): 18-21.

[24] 达道安. 空间真空技术[M]. 北京: 宇航出版, 2006: 339-341.

[25] 皮塞卡. 空间环境及其对航天器的影响[M]. 张育林, 译. 北京: 中国宇航出版社, 2019.

[26] 国家质量监督检验检疫总局, 中国国家标准化管理委员会. 航天器用非金属材料真空出气评价方法:GB/T 34517—2017[S]. 北京: 中国标准出版社, 2017.

[27] 国家质量监督检验检疫总局, 中国国家标准化管理委员会. 卫星防污染技术要求:GB/T 29085—2012[S]. 北京: 中国标准出版社, 2013.

[28] 孙天宇. 空间相机空间环境专项试验设计[J]. 光机电信息, 2011, 28(12): 19-25.

[29] 盛磊, 陈萍. 碳纤维复合材料在光学遥感器中的应用探讨[J]. 航天返回与遥感, 2008, 29(3): 33-37.

[30] 高亮, 陈文华, 刘娟, 等. 航天电连接器的空间环境效应和失效模式分析[J]. 中国机械工程, 2010, 21(13): 1598-1604.

[31] 黄丹敏. 空间铰接式伸展臂可靠性分析及仿真研究[D]. 杭州: 浙江理工大学, 2014.

[32] 王多书, 熊玉卿, 陈泰, 等. 空间光学薄膜技术[J]. 真空科学与技术学报, 2012, 32: 710-716.

[33] 马瑞. 航天蒸气压缩热泵系统微重力适应性研究[D]. 北京: 北京工业大学, 2018.

[34] 秦涛. 空间轻量化反射镜设计及支撑技术研究[D]. 北京: 中国科学院大学(中国科学院光电技术研究所), 2023: 1.

[35] 李慎华, 关英俊, 辛宏伟, 等. 大口径空间反射镜轻量化设计及其柔性支撑[J]. 激光与红外, 2017, 47(11): 1422-1427.

[36] (美)小保罗·约翰, (美)丹尼尔·乌克布拉托维奇.光机系统设计(原书第 4 版). 卷 Ⅱ, 大型反射镜和结构的设计与分析[M]. 周海宪, 程云芳, 等译. 北京: 机械工业出版社, 2020: 5-7.

[37] 程彭超, 闵锐. 近地空间辐射环境与防护方法概述[J]. 辐射防护通讯, 2017, 37(1): 14-21.

[38] 搜狗科学百科. 电离辐射[EB/OL].https://wuli.wiki/assets/sogou/1149.电离辐射%20-%20 搜狗科学百科.html[2023-12-12].

[39] 国家市场监督管理总局, 国家标准化管理委员会. 空间环境 空间太阳总辐照度:GB/T 41459—2022[S]. 北京: 中国标准出版社, 2022.

[40] Space systems-Space environment-Simulation guidelines for radiation exposure of non-metallic materials: ISO 15856-2010[S].

[41] 陶宏任, 林瑞淋, 师立勤, 等. 质子辐射带辐射中心区域模型[J]. 空间科学学报, 2015, 35: 293-305.

[42] 王会斌, 呼延奇, 郑悦, 等. 航天器空间辐射效应分析技术现状与思考[J]. 航天器环境工程, 2022, 39(4): 427-435.

[43] Nwankwo V U, Jibiri N N, Kio M T. The impact of space radiation environment on satellites operation in near-earth space//De-myanov V, Becedas J. Satellites Missions and Technologies for Geosciences[M]. Rijeka: IntechOpen, 2020: 73-90.

[44] Singh A, Singh R, Siingh D. State studies of Earth's plasmasphere: A review[J]. Planetary and Space Science, 2011, 59(9): 810-834.

[45] 强鹏. 航天器介质材料深层充放电效应模拟分析研究[D]. 南京: 南京航空航天大学, 2015.

[46] 高见头. 静态随机存取存储器单粒子试验系统的设计与实现[D]. 北京: 中国科学院大学, 2015.

[47] 王卫平, 王启, 吴成平, 等. 航空磁测地面磁日变曲线干扰识别与处理[J]. 物探与化探,

2017, 41: 560-563.

[48] Wrbanek J D, Wrbanek S Y. Space radiation and impact on instrumentation technologies[R]. Cleveland, Ohio: NASA Glenn Research Center, 2020.

[49] Pollock C J, C: Son-Brandt P, Burch J L, et al. The role and contributions of energetic neutral atom (ENA) imaging in magnetospheric substorm research[M]//Burch J L. Magnetospheric Imaging—The Image Prime Mission. Dordrecht: Springer Netherlands, 2003: 155-182.

[50] 百度百科. 地磁暴 [EB/OL]. https://baike.baidu.com/item/ 地磁暴 ./10968380?fr=ge_ala [2023-12-12].

[51] Omatola K M, Okeme I C. Impacts of solar storms on energy and communications technologies[J]. Archives of Applied Science Research, 2012, 4(4): 1825-1832.

[52] Blanch E, Altadill D, Boška J, et al. November 2003 event: Effects on the Earth's ionosphere observed from ground-based ionosonde and GPS data[C]. Annales Geophysicae, 2005, 23(9): 3027-3034.

[53] 迟雨田. 行星际大尺度结构及其地磁效应[D]. 合肥: 中国科学技术大学, 2018.

[54] 佟亚男. 行星际扰动对地磁暴发展的影响研究[D]. 北京: 中国科学院, 2009.

[55] Howard T. Coronal Mass Ejections: An Introduction[M]. New York: Springer Science & Business Media, 2011.

[56] Webb D F, Howard T A. Coronal mass ejections: Observations[J]. Living Reviews in Solar Physics, 2012, 9(1): 3.

[57] Priest E R, Forbes T G. The magnetic nature of solar flares[J]. The Astronomy and Astrophysics Review, 2002, 10(4): 313-377.

[58] 中国科学院国家空间科学中心. 你不知道的空间环境预报中心[EB/OL]. (2018-4-25) http://www.sepc.ac.cn/blog/?p=8193[2023-12-12].

[59] 国家质量监督检验检疫总局, 中国国家标准化管理委员会. 太阳能热利用术语:GB/T 12936—2007[S]. 北京: 国标准出版社, 2007.

[60] 王炳忠, 申彦波. 太阳常数的研究沿革和进展(上)[J]. 太阳能, 2016(3): 15-16, 71.

[61] 王炳忠, 申彦波. 太阳常数的研究沿革和进展(下)[J]. 太阳能, 2016(4): 8-10, 7.

[62] 明杉炽. 星敏感器杂光抑制能力测试技术研究[D]. 长春: 长春理工大学, 2022.

[63] 柯受全. 卫星环境工程和模拟试验(上)[M]. 北京: 宇航出版社, 1993.

[64] 孙威, 杨哲, 左岁寒, 等. 国外空间站外部污染控制体系简介[J]. 航天器环境工程, 2014, 31: 107-113.

[65] 沈志刚, 赵小虎, 王鑫. 原子氧效应及其地面模拟试验[M]. 北京: 国防工业出版社, 2006.

[66] 周传仓. 铕镝掺杂铝酸锶长余辉材料的制备技术及性能研究[D]. 绵阳: 西南科技大学, 2005.

[67] 林大伟, 郭春, 张云洞, 等. 真空紫外波段铝反射膜制备[J]. 光学学报, 2012, 32(2): 327-331.

[68] 陈俊霞. 轻质反射镜制造技术的研究[D]. 长春: 长春理工大学, 2006.

[69] 王永珍, 龚国权, 崔敬忠. 二氧化硅薄膜的制备及应用[J]. 真空与低温, 2003, 9(4): 228-233.

[70] 王丹, 魏强, 刘海, 等. 空间环境防护型薄膜评述[J]. 材料导报, 2011, 25(9): 28-32.

[71] 王英鉴, 王咏梅. 太阳紫外辐射对星上光学膜层的影响[J]. 空间科学学报, 2009, 29(2):

222-228.

[72] 席圣杰. PC 透明件表面 Silicone/TiO₂ 一维光子晶体膜层的制备及辐照防护研究[D]. 郑州: 郑州大学, 2022: 6-7.

[73] 沈自才, 李衍存, 丁义刚. 航天材料紫外辐射效应地面模拟试验方法[J]. 航天器环境工程, 2015, 32(1): 43-48.

[74] 国家市场监督管理总局, 国家标准化管理委员会. 空间环境 非金属材料空间辐射效应地面模拟方法:GB/T 42846—2023[S]. 北京: 中国标准出版社, 2023.

[75] 刘尚合, 胡小锋, 原青云, 等. 航天器充放电效应与防护研究进展[J]. 高电压技术, 2019, 45: 2108-2118.

[76] 沈自才, 夏彦, 杨艳斌, 等. 航天器空间辐射防护材料与防护结构[J]. 宇航材料工艺, 2020, 50(2): 1-7.

[77] Maurer R H, Fraeman M E, Martin M N, et al. Harsh environments: Space radiation environment, effects, and mitigation[J]. Johns Hopkins APL Technical Digest, 2008, 28(1): 17-29.

[78] 刘珉强, 杜川华, 许蔚, 等. 微机电系统加速度计辐射效应[J]. 太赫兹科学与电子信息学报, 2021, 19(1): 162-165, 169.

[79] 国家市场监督管理总局, 国家标准化管理委员会. 空间环境 用于低轨道卫星的商业现货(COTS)器件的辐射效应评估:GB/T 42242—2022 [S]. 北京: 中国标准出版社, 2022.

[80] 王祖军, 黄绍艳, 刘敏波, 等. CCD 位移辐射效应损伤机理分析[J]. 半导体光电, 2010, 31(2): 175-179.

[81] 周建涛, 蔡伟, 武延鹏, 等. 星敏感器空间辐射效应研究[J]. 宇航学报, 2010, 31: 24-30.

[82] Chin G, Brylow S, Foote M, et al. Lunar reconnaissance orbiter overview: The instrument suite and mission[J]. Space Science Reviews, 2007, 129: 391-419.

[83] 韩建伟. 空间抗辐射家族势力分布图[EB/OL].(2018-11-08)https://mp.weixin.qq.com/s?__biz=MzU5NTQ1NjgxMg==&mid=2247484509&idx=1&sn=16420bb347bbcfe3ae9d2bc6095b26dc&chksm=fe70e21ec9076b08e318604edd1cd5450f02411c514771adb7a8181792662d3a956f0ec7f794&scene=21#wechat_redirect[2023-12-14].

[84] 苏海琴. 氟磷酸盐耐辐照光学玻璃的制备与性能研究[D]. 西安: 陕西师范大学, 2022.

[85] 魏强, 刘海, 何世禹, 等. 低能粒子辐照对铝膜反射镜光学性能的影响[J]. 光电工程, 2006, 33(5): 141-144.

[86] 刘海, 张海生, 杨德庄, 等. 入射质子能量对银膜反射镜光学性能的影响[J]. 材料科学与工艺, 2009, 17(4): 524-526.

[87] 范存孝. 辐照和热循环条件下 M55J/氰酸酯层压板力学行为[D]. 哈尔滨: 哈尔滨工业大学, 2020.

[88] 柳腾. 面向复杂环境的软件容错加固关键技术研究[D]. 南京: 南京航空航天大学, 2020.

[89] 曲丽丽. 质子辐照和原子氧环境下薄膜二次表面镜的损伤效应[D]. 哈尔滨: 哈尔滨工业大学, 2008.

[90] 杨浩, 方美华, 魏志勇. 空间高能质子对航天器材料损伤的仿真分析[J]. 航天器环境工程, 2008(3): 255-258, 198-199.

[91] 孙福玉. 空间磁层与磁层亚暴研究综述[J]. 科技视界, 2020(3): 231-232.

[92] 李世友, 谢蓉, 肖扬. 地球磁层亚暴统计分析[J]. 空间科学学报, 2020, 40(6): 1000-1006.

[93] 李书胜, 吴清文, 杨献伟. 月基望远镜热设计及热分析[J]. 光学技术, 2011, 37(1): 80-84.

[94] Garrett H B, Whittlesey A C. 航天器充电效应防护设计手册[M]. 信太林, 张振龙, 周飞, 译. 北京: 中国宇航出版社, 2016: 46-51.

[95] Garrett H B. Space Weather Impacts on Spacecrafts and Mitigation Strategies[M]. Pasadena: Jet Propulsion Laboratory, California Institute of Technology, 2012.

[96] 国家质量监督检验检疫总局, 中国国家标准化管理委员会. 航天器空间环境术语: GB/T 32452—2015[S]. 北京: 中国标准出版社, 2016.

[97] Garrett H B, Whittlesey A C. Guide to Mitigating Spacecraft Charging Effects[M]. Hoboken: John Wiley & Sons, 2012.

[98] Whittlesey A, Garrett H. Avoiding problems Caused by Spacecraft On-Orbit Internal Charging Effects[M]. Washington, D C: NASA Technical Handbook, 1999.

[99] 周旸. 星载电子设备抗辐照分析及器件选用[J]. 现代雷达, 2008, 30(9): 25-28.

[100] 张沛, 原青云, 许斌. 航天器表面充放电原理研究[J]. 装备环境工程, 2013, 10(5): 116-118.

[101] 王虎, 刘杰, 林上民, 等. 一种光学系统防尘装置: 中国, ZL201310489136.9[P]. 2015-12-30.

[102] 冯伟泉, 王志浩, 万成安, 等. GEO卫星表面充放电引起卫星地电位瞬变及对二次电源干扰试验研究[J]. 航天器环境工程, 2013, 30(1): 54-57.

[103] 玛丽娅. InGaAs低维量子结构光电材料辐射效应研究[D]. 北京: 中国科学院大学, 2016.

[104] 韩建伟, 陈睿, 李宏伟, 等. 单粒子效应及充放电效应诱发航天器故障的甄别与机理探讨[J]. 航天器环境工程, 2021, 38: 344-350.

[105] 国家质量监督检验检疫总局, 中国国家标准化管理委员会. 航天器空间环境术语:GB/T 32452—2015[S]. 北京: 中国标准出版社, 2016.

[106] 李中华, 赵琳, 黄一凡, 等. 航天器表面材料原子氧防护方法[J]. 真空与低温, 2015, 21(6): 360-364, 368.

[107] 童靖宇, 刘向鹏, 张超, 等. 空间原子氧环境对航天器表面侵蚀效应及防护技术[J]. 航天器环境工程, 2009, 26: 1-5.

[108] 谭必恩. 空间级加成型硅橡胶在空间环境下的行为及其在热控涂层的应用[D]. 广州: 华南理工大学, 1999.

[109] 翟睿琼, 姜海富, 田东波, 等. 空间站原子氧环境仿真研究[J]. 装备环境工程, 2014, 11: 35-39.

[110] 多树旺, 李美栓, 张亚明. 空间材料的原子氧侵蚀理论和预测模型[J]. 材料研究学报, 2003, 17(2): 113-121.

[111] 杨本永, 张黎明, 沈政国, 等. 光学传感器星上定标漫射板的特性测量[J]. 光学精密工程, 2009, 17(8): 1851-1858.

[112] 曾杰雄. 新型光学材料漫反板在空间遥感器中的应用[D]. 北京: 中国科学院大学(中国科学院长春光学精密机械与物理研究所), 2023: 1-2.

[113] Reddy M R. Effect of low earth orbit atomic oxygen on spacecraft materials[J]. Journal of Materials Science, 1995, 30: 281-307.

[114] 国家市场监督管理总局, 国家标准化管理委员会. 地球卫星轨道空间环境探测要素通用规范:GB/T 41542—2022[S]. 北京: 中国标准出版社, 2022.

[115] 武明志. 空间等离子体诱发太阳能电池表面充放电效应的仿真分析[D]. 南京: 南京航空航天大学, 2018.

[116] 郭文彬. 电源下位机在轨单粒子锁定的检测及自主恢复[D]. 西安: 西安电子科技大学, 2011.

[117] 曾超, 许献国, 钟乐. 抗辐射电子学研究综述[J]. 太赫兹科学与电子信息学报, 2023, 21(4): 452-471.

[118] The NASA Orbital Debris Program Office. Orbital Debris Quarterly News [DB/OL]. (2023-10-04)https://www.orbitaldebris.jsc.nasa.gov/quarterly-news/pdfs/ODQNv27i4.pdf [2023-10-30].

[119] 马爱军, 黄晓慧. 载人航天环境模拟技术的发展[J]. 航天医学与医学工程, 2008, 21(3): 224-232.

第3章 力学环境及其对空间光学遥感的影响

航天器除了工作状态下的轨道环境(真空环境、微重力环境、冷空间环境、太阳辐照环境、粒子辐照环境)外，还有地面环境(制造环境、贮存环境、运输环境)、发射环境(振动环境、冲击环境、噪声环境)、返回环境(气动加压环境、着陆冲击环境)[1-3]。

航天器不仅要能适应恶劣的轨道环境,还要能承受发射和返回过程中的振动、冲击等力学环境[4]。图 3.0-1 为卫星发射前的主要准备工作。

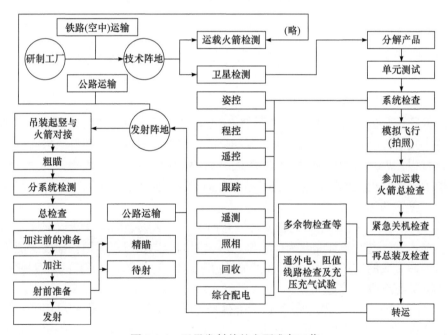

图 3.0-1 卫星发射前的主要准备工作

美国 57 颗卫星统计结果表明卫星发射上天后第一天所出现的故障,有 30%~60%是由于动力学环境所引起的[5]。了解力学环境且针对力学环境进行适应性的设计就尤为重要。

3.1　力　学　环　境

卫星在发射和返回过程中经历了过载和失重等力学加载过程。卫星发射速度从 0 加速到第一宇宙速度 7.9km/s，惯性加速度高达 5g～6g。返回式卫星和飞船返回舱在返回过程中，减速降落伞打开前下降的加速度最大，产生失重。

3.1.1　振动

振动为物体沿某一中心点做往返运动，是机械系统中运动量(位移、速度和加速度)的振荡现象，分为确定性振动和非确定性振动。通常称非确定性振动为随机振动。

确定性振动分为周期和非周期两类，周期振动又可分为正弦周期振动和复合周期振动。非周期振动又可以分为准周期振动和瞬态振动。

3.1.1.1　正弦振动

正弦振动是可以用正弦函数表达式表达物体运动规律的周期运动。正弦振动主要是由于飞行器的旋转、脉动、振荡等力所引起的，主要是产品在运输、贮存、使用过程中可能经受到的正弦振动。

低频正弦振动(<100Hz)对整机结构影响较大，其响应加速度的动态放大倍率可达十几倍甚至几十倍。低频正弦振动来源于运载火箭助推器和各级火箭点火及熄火过程；火箭发动机振动、火箭级间分离和整流罩分离等过程中。以上过程引起航天器低频正弦振动，造成空间光学遥感器以更大幅值振动。

正弦振动的影响包括：

(1) 对结构的影响主要是指变形、弯曲、产生裂纹、断裂和造成部件之间的相互撞击等。这种破坏又分为由于振动所引起的应力超过产品结构强度所能承受的极限而造成的破坏，以及长时间的振动(例如 10^7 次以上应力循环的振动)使产品发生疲劳而造成的破坏[6]。

(2) 对工作性能的影响。使运动部件动作不正常、接触部件接触不良、继电器产生误动作、电子器件噪声增大等；也会导致工作不正常，甚至失灵不能工作等。这种影响的严重程度往往取决于振动量值的大小[7]。

(3) 对工艺性能的影响。主要是指螺钉松动、连接件或焊点脱开等。破坏通常在一个不太长的振动时间内就会出现。

正弦振动的等级由振动频率范围、振动量、持续时间(次数)共同确定[8]。

振动频率范围表示振动试验由某一个频率点到另一个频率点进行往复扫频。例如，试验频率范围 5～50Hz，表示由 5Hz 到 50Hz 进行往复扫频。

振动量通常通过加速度、速度和位移来表示。加速度表示速度对时间倒数的矢量，单位为 g 或 m/s^2；速度在数值上等于单位时间内通过的路程；位移表示物体相对于某参考系位置变化的矢量。

振动持续时间表示整个试验所需时间，次数表示整个试验所需扫频循环次数。正弦振动满足公式(3-1)、(3-2)：

$$a \approx (f^2 / 250) \cdot x \tag{3-1}$$

$$F = ma \tag{3-2}$$

式中，a —— 加速度，g，$1g \approx 9.8\,m/s^2 = 9.8N/kg$；

　　f —— 振动频率，Hz；

　　x —— 振动位移(半峰值)，m；

　　F —— 所受到的力，N；

　　m —— 振动的质量，kg。

【拓展知识】正弦振动试验

工程实践中，正弦振动试验包括定额振动试验和扫描正弦振动试验。扫描振动试验要求振动频率按一定规律变化，如线性变化或指数规律变化，即线性扫频和对数扫频。定频试验和扫频试验(线性扫频和对数扫频)是最常见的两种正弦振动试验方法。

定频试验一般适合于需要进行预定频率试验的产品，所受到的主要振动频率是已知的或者可以测量出来的。为了研究产品在某些频率点上可能出现的疲劳影响，或研究样品经受振动的总能力，需要对产品进行长时间的试验。

扫频试验是一种变频振动，振动频率在一定的频率范围内，以固定的扫频速率，不断改变频率。扫频振动具有比较宽的频率范围，主要适用于各种运输工具上使用的产品，危险频率点不十分明显，或者装有减振器的样品。扫频振动试验包含线性扫频和对数扫频：

(1) 线性扫频：频率扫描是线性的，即单位时间扫过多少赫兹。单位：Hz/s 或 Hz/min，用于细找共振频率。

(2) 对数扫频：频率变化按对数变化，即相同的时间扫过的频率倍频程数是相同的，亦即频率 1min 内的变化量。单位：oct/min，读作倍频程每分钟。oct 为倍频程(octave)，也就是 2 倍的意思，即 1min 内相对起始频率有几个 2 倍。

3.1.1.2　随机振动

随机振动指那些无法用确定性函数来描述，但又有一定统计规律的振动。随机振动一般指的不是单个现象,而是大量现象的集合。这些现象似乎是杂乱的,但从总体上看仍有一定的统计规律。因此,随机振动虽然不能用确定性函数描述,但却能用统计特性如概率论的方法来描述[9]。

通常在运输环境中,产品对于运送中的交通工具的颠簸继而产生的振动就是随机振动。随机振动没有确定的周期,振动量与时间也无一定的关系。随机振动下的不同频率有不同的振动量[9]。在火箭发射过程中,气流扰动、火箭发动机排气噪声、液态燃料在贮箱中的晃动、太阳翼的展开等会引起卫星随机振动,造成航天器以更大的加速度功率谱密度振动,易造成光学、电子元件松动,接插件接触不良,以及运动构件连接副之间相互碰撞,破坏精度甚至卡死。

按频带宽窄可分为:宽带随机振动,窄带随机振动。其中频率分量分布在宽频带内的宽带随机振动影响程度更大。

宽带随机振动试验:在规定的频率范围内,按规定的谱形状和总均方根值(GRMS)作宽带随机振动,并达到规定要求的时间[10]。

宽带随机振动来源于发射过程中气流扰动、火箭发动机排气噪声、液态燃料在贮箱中的晃动、太阳翼的展开等,引起航天器宽带随机振动,造成空间光学遥感器以更大的加速度功率谱密度振动。

窄带随机扫描试验:在规定的频率范围内,用某一中心频率上某一带宽的窄带随机信号作由低频到高频,再由高频到低频的扫描,并达到规定要求的时间[10]。

随机振动与正弦振动最大的区别:即使在同一时间内,随机振动每个不同的频率下均有不同的振动量。

3.1.2 冲击

在火箭发射过程中,火工品点火和附件解锁、返回式卫星和飞船返回舱着陆时卫星和飞船承受瞬时冲击。例如火工品点火,冲击加速度可达 $10000g$ 量级,频率高达 10kHz 以上[5]。

航天器受太阳辐射和不受太阳辐射时环境温度差别较大,热环境变化剧烈产生热应力,瞬变的高低温变化形成热冲击。热环境的剧烈变化还会相应地引起结构的低频振动[11]。

3.1.3 失重

重力是物体所受地球引力的一个分力(大小约等于引力)。引力的大小与质量成正比,与距离的平方成反比。所谓失重,是物体在引力场中自由运动时有质量而不表现重量或重量较小的一种状态,又称微重力。微重力环境是指航天器在引力场做自由运动时,重力梯度和其他扰动产生的微小加速度小于 $1 \times 10^{-3}g$ 时的重力环境[12]。

地球引力对在轨卫星影响很微小,在地面上已经达到力系平衡的光机结构,发射入轨后由于失重重新进行力系平衡,导致光学组件之间间隔和光学组件的面形发生改变、构件之间产生新的应力。

力学环境中的振动、冲击、失重、高低温等诸多事件并非同时发生,这些事件的共同特点是使空间光学遥感器承受很大的加速度。由式(3-2)牛顿第二定律公式可知,加速度 a 与质量 m 的乘积就是空间光学遥感器承受的力载荷 F。

3.2　从地基到天基的力学变化

从地基发射一直到入轨运行,航天器经历了以下的变化:从重力环境到微重力环境的变化;由约束状态到自由状态的变化;热环境的变化等。

航天器在空间运行时,各个子系统都要进行工作,一些航天器的子系统如太阳翼帆板的随动、姿态控制系统等的工作会形成空间动力干扰源。由于航天器在空间处于自由状态,故而其对干扰源的影响非常敏感,一个非常微小的激励就能引起航天器的响应[11]。

力学环境的变化会引起机械载荷、热载荷等的变化。

3.2.1　机械载荷

机械载荷一方面来自在地面装调过程中残留的内应力以及运输、搬运途中受到的冲击与振动的作用;另一方面来自发射运载过程中由火箭发动机、箭星(船)穿越大气层摩擦以及箭星(船)分离所产生的机械扰动[13,14]。机械载荷作用形式分为静态载荷和动态载荷。

静态载荷是指大小、作用位置与作用方向不随时间变化或缓慢变化的载荷。如地面装配残余应力、自重释放等。由于温度瞬变引起的热弹性应力也为一种准静态载荷。静态载荷会引起空间光学遥感器的光学元件相对位置、镜面面形、结构尺寸等极有可能发生变化,导致视轴(Line of Sight,LOS)偏移、焦面变化及光学波前畸变等。

动态载荷是指大小、作用位置和方向随着时间变化的载荷。如稳态加速度、振动(正弦、随机)及冲击等。航天器结构在动态激励载荷作用下产生的谐振可使振幅动态放大,甚至产生共振,使得局部应力过大,产生不可恢复的变形甚至造成结构破坏。

【应用案例】"狮吼功"震碎玻璃杯——共振的应用

演员手捏一个高脚玻璃杯,通过发声而震碎玻璃杯,其中的奥秘就是应用了共振的原理。从理论上讲，每个物体都有一个固有振动频率，玻璃也不例外。人通过发出不同频率的声音，使得某一频率的声音刚好跟玻璃的固有振动频率一致时，人所发出的声波就会带动周围的空气一起振动，玻璃也会跟着振动起来，两者达到共振状态时，振幅最大。当持续一段时间后，玻璃杯有可能碎裂。

1995 年我国"长征二号 E"运载火箭在发射美国研制的"亚太 2 号"卫星时未成功。分析认为可能是由于卫星的共振频率与火箭整流罩的共振频率相同，发射后在高空切变风的作用下引起星箭共振，造成整流罩破裂，引起火箭爆炸。

杨利伟在他的《天地九重》一书里谈到"神舟五号"载人飞船发射过程中，在火箭上升到三四十公里的高度时出现急剧抖动，产生了持续 26s 的共振。经分析认为飞船的共振主要来自火箭的振动。后续进行了相关改进，在"神舟六号"飞行时，情况有了很大改善。在以后的航天飞行中再没有出现过共振现象。

【拓展知识】消除共振的方法

改变系统的固有频率：通过调整系统的质量、改变材料的弹性模量或结构的刚度来改变其固有频率。使系统的固有频率与外界激励频率不匹配，共振就会减弱或消失。

改变物体的形状或结构：通过改变物体的形状或结构可以改变其自然频率，从而消除共振。例如，在桥梁设计中，使用不同的桥墩形状可以减少共振效应。

调整外部激励：可以通过减少或消除外部激励来消除共振。例如，在音响系统中，调整音量和音质可以减少共振的影响。

增加系统的阻尼：通过增加共振部分的阻尼可以减小系统共振的幅度，从而减少共振的产生。例如，为了减轻地震和风力对建筑物的影响，摩天大楼采用阻尼器增加阻尼。其工作原理是通过控制楼体的摆动速度和频率，从而减少建筑物的摆动幅度和抗力。阻尼器系统通常由一系列钢制弹性元件、油缸和阀门组成，通过压缩和释放油缸中的油液来减轻地震或风力引起的楼体振动。

使用隔振或者减振装置：使用隔振或者减振装置减少共振影响。如在系统中使用减振器、隔振支架等来减少共振效应；通过减振装置吸收或散射能量，从而降低共振的影响。

地面装调的残余应力、重力释放，同时受压力变化和热应力，光学元件相对位置、镜面面形、结构尺寸极有可能发生变化，导致视轴偏移、焦面变化及光学波前畸变。

表 3.2-1 总结归纳了空间光学遥感器的力学环境效应。

表 3.2-1 空间光学遥感器的力学环境效应

有效载荷	力学环境效应	后果
相机 本体	振动加速度响应放大倍率过大 光学元件位置变化(离轴、倾斜、离焦)、光学元件面形畸变、 光机结构装配间隙变化、胶层等失效、螺钉松动 机上光电器件损坏(如定标系统灯丝断裂等) 扫摆、偏流及调焦等运动机构失灵、精度破坏	光机结构精度变差甚至结构破坏,导致视轴(LOS)漂移、波前误差(Wave Front Error, WFE)变大,使成像与探测质量变差
电控箱	电路板振动过大 电路板组件间相互撞击、内部电缆摩擦、机箱螺钉断裂	光电器件功能丧失、机构运动失效,电子元器件振坏,电连接器接触不良
综合	系统调制传递函数(MTF)下降、光电器件或结构损坏,可靠性下降	内部电缆线路短路或断路,机箱变形、机箱壁振坏

3.2.2 热载荷

热传递通过热传导、热对流和热辐射三种方式来实现。

热载荷包括初始温度、热流率、热对流、热辐射、热流密度和生热率[15]。其中:

热流率表示单位时间内通过某一截面的热量,也称为热流量或热量,用 Φ 表示,单位:W,即这是一种热学载荷。如果大于零,表示热量流入,物体获得热量,反之,热量外流。

热对流又称对流传热,指热量借助流动介质,发生相对位移的热量传递量,单位:W/m²。

热辐射是物体由于具有温度而辐射电磁波的现象。一切温度高于绝对零度的物体都能产生热辐射,温度越高,辐射出的总能量就越大,短波成分也越多。热辐射的光谱是连续谱,波长覆盖范围理论上可从 0 直至∞,一般的热辐射主要靠波长较长的红外线和可见光传播。由于电磁波的传播无需任何介质,所以热辐射是真空中唯一的传热方式。

热流密度也称热通量,一般用 q 表示,定义为单位时间内,通过物体单位横截面积上的热流率(热量),作为面载荷施加在表面相应单元,单位:J/(m² · s) 或者 W/m²。

生热率作为体载荷施加于单元上,可以模拟单元内的热生成,比如化学反应生热或电流生热。生热率表示单位体积的热流率,单位:W/m³。

注意:热流率与热流密度的区别。热流密度 q 表示单位时间内通过单位面积的热量。单位:J/(m² · s) 或者 W/m²。而热流率 Φ 为通过面积为 A 的截面时的热流密度 q 与面积 A 的乘积,即 $\Phi = qA$,单位:W。

随着航天器轨道位置及飞行姿态的不断变化,其所受外热流(到达航天器表面上的各种空间辐射热源)也呈周期性变化，使得航天器承载不同的热载荷。

由于不同的工作模式，航天器内部功耗也在不断变化，使光学遥感器结构呈现出在不同部位或同一部位在不同时刻具有不同温度的热状态。

热载荷使得 CCD 等探测器在不稳定热环境中易产生热噪声及暗电流，使信噪比(SNR)下降。电子元器件及线路因没有空气对流，热量不易散发，可导致非线性失真，甚至造成元器件破坏。精密传动装置如扫摆机构及调焦机构等由温度变化引起的机构热弹变形，使机构精度下降甚至功能失效。结构热变形以及光学参数性能热变化(如透镜、棱镜等折射率梯度变化)，使其在光学传输过程中光程差发生变化。

对于大口径光学望远镜而言，反射镜的热变形量 δ_G 与其口径 D 有如下的经验公式[16]：

$$\delta_G = D^2 \alpha_T \Delta T / h \tag{3-3}$$

式中，α_T —— 热膨胀系数，℃$^{-1}$；

　　　　ΔT —— 温度差值，℃；

　　　　h —— 镜体厚度，mm。

由式(3-3)可知，反射镜由于环境温度变化产生的热变形与口径的平方成正比，即反射镜口径的增大，导致反射镜的重量增加。自重和温度变化引起的镜面变形也随之剧增。

【拓展知识】光学玻璃在不同条件下的折射率温度系数

光学玻璃折射率随温度变化而变化，在真空中的折射率温度系数称为绝对折射率温度系数，在空气等介质中的折射率温度系数称为相对折射率温度系数。

在真空中的光学玻璃折射率温度系数，即绝对折射率温度系数，如式(3-4)所示[17]。

$$\left(\frac{\mathrm{d}n}{\mathrm{d}T}\right)_{\mathrm{abs}} = \frac{n^2(\lambda, T_0) - 1}{2n(\lambda, T_0)} \left(D_0 + 2D_1 \cdot \Delta T + 3D_2 \cdot \Delta T^2 + \frac{E_0 + 2E_1 \cdot \Delta T}{\lambda^2 - \lambda_{TK}^2} \right) \tag{3-4}$$

式中，$\left(\dfrac{\mathrm{d}n}{\mathrm{d}T}\right)_{\mathrm{abs}}$ —— 绝对折射率温度系数；

　　　　D_0、D_1、D_2、E_0、E_1、λ_{TK} —— 与玻璃牌号相关的计算常数；

　　　　λ —— 波长，μm；

　　　　T_0 —— 基准温度，20℃；

　　　　T —— 温度，℃；

　　　　ΔT —— 与温度 T_0 之间的温度差，℃；

$n\left(\lambda,T_0\right)$—— 波长为 λ、温度为 T_0 时的折射率。

在空气等介质中的折射率温度系数，即相对折射率温度系数，如式(3-5)所示[18]。

$$\left(\frac{\mathrm{d}n}{\mathrm{d}T}\right)_{\mathrm{rel}}=\left[\left(\frac{\mathrm{d}n}{\mathrm{d}T}\right)_{\mathrm{abs}}-n_{\mathrm{rel}}\left(\frac{\mathrm{d}n_{\mathrm{air}}}{\mathrm{d}T}\right)\right]\Big/n_{\mathrm{air}} \tag{3-5}$$

式中，n_{rel}—— 被测玻璃样品的相对折射率；

$\dfrac{\mathrm{d}n_{\mathrm{air}}}{\mathrm{d}T}$—— 空气折射率温度系数，见表 3.2-2。

表 3.2-2　空气折射率温度系数

温度范围/℃	$(\mathrm{d}n_{\mathrm{air}}/\mathrm{d}T)/(\times10^{-6}℃^{-1})$					
	t	C′	d	e	F′	g
−40~−20	−1.34	−1.35	−1.36	−1.36	−1.37	−1.37
−20~0	−1.15	−1.16	−1.16	−1.16	−1.17	−1.17
0~20	−0.99	−1.00	−1.00	−1.00	−1.01	−1.01
20~40	−0.86	−0.87	−0.87	−087	−0.88	−0.88
40~60	−0.76	−0.77	−0.77	−0.77	−0.77	−0.78
60~80	−0.67	−0.68	−0.68	−0.68	−0.69	−0.69

表 3.2-2 列出了 6 条谱线 t(1013.98nm)、C′(643.85nm)、d(587.56nm)、e(546.07nm)、F′(479.99nm)及 g(435.84nm)的空气折射率温度系数 $\mathrm{d}n_{\mathrm{air}}/\mathrm{d}T$，从而可以计算出相对折射率温度系数 $\left(\mathrm{d}n/\mathrm{d}T\right)_{\mathrm{rel}}$。

3.3　力学环境适应性设计准则

为了适应从发射到入轨甚至返回等工况下的力学环境变化，在设计时遵循以下准则：

➤　空间结构等刚度设计——等应力准则；
➤　无热化设计——热光学设计准则；
➤　热设计——被动热控为主，主动热控为辅；
➤　光学器件、电子器件选用与线路设计准则；
➤　光机材料选用准则。

3.3.1　等应力准则

按照等应力准则,当结构在外载荷作用下各部分内应力相等时,固有频率最高,重量最轻。按照等刚度分布进行设计,可避免在外界载荷作用下产生应力集中。

光学元件支撑平台结构布局应尽量采用对称结构,避免在受到外力或温度载荷作用时相对位置产生角度变化或离轴变化。如采用三角形桁架(由杆件通过焊接、铆接或螺栓连接而成的支撑横梁结构称为桁架)结构可保持结构具有良好的各向等刚度及稳定性。

在结构设计时质心应尽可能靠近安装面，提高整机结构的稳定性；吊装位置选取在尽量通过或靠近质心的基座处，以提高吊装的稳定性。

对于封闭腔体结构要留有通气孔，防止在升入空间减压过程中，由于压差作用造成腔体结构变形以及光学元件曲率、折射率的变化。

对于光学遥感器等公差敏感的设备应采用无应力装配。光学镜体支撑不得有过约束，可采用十字簧板等柔性支撑方式，且要通过过渡板与基础连接，以免直接引入过大约束应力。在与本体连接部位尽量加工消应力槽、孔等消除由于装配应力、自身变形、温度应力等引起的结构微变形带来的应力传递。

在加工工艺上应考虑尽量消除结构件在加工和装配时产生内应力以及复合材料内部残留的气体等缺陷。碳纤维复合材料在大气中存储和使用时有吸湿的特性，在真空使用环境中会产生释气现象从而引起尺寸和质量的变化。

【应用案例】降低树脂基体空间放气率的途径[19]

树脂是高分子化合物。航天上常用的合成树脂有聚四氟乙烯、聚乙烯、聚酰亚胺等。

空间光学遥感器中常用碳纤维增强塑料(CFRP)，采用的黏接剂即为缩水甘油胺环氧树脂。树脂基体材料降低空间放气率的措施有：

(1) 选择分子结构稳定、抗空间环境侵蚀性能强的树脂基体，如氰酸酯改性环氧树脂含有笼状聚倍半硅氧烷(POSS)的树脂等。

(2) 在现有树脂基体中添加纳米氧化物(SiO_2、TiO_2)等材料加固树脂中分子的结构，增大和增强纤维的界面结合力。

(3) 在复合材料结构件的内外表面镀金属膜，如钛膜等，阻滞低分子物的挥发。

【拓展知识】玻璃钢

玻璃钢，即纤维增强塑料(Fiber Reinforced Plastics, FRP)，是以玻璃纤维作增强材料，合成树脂基体作黏结剂的增强塑料。目前增强材料已由玻璃纤维扩大到碳纤维(CF)、硼纤维、芳纶纤维、氧化铝纤维和碳化硅纤维等，故而有玻璃纤维增强塑料(GFRP)、碳纤维增强塑料(CFRP)以及硼纤维增强塑料(BFRP)等。

纤维是脆性材料，易损伤、断裂和受到腐蚀。树脂基体相对于纤维来说，强度、模量都要低很多，但可以经受住大的应变，往往具有黏弹性和弹塑性，是韧性材料。这两种材料复合可以达到既能承受拉应力，又可承受弯曲、压缩和剪切应力的目的。

【拓展知识】环境应力筛选[20]

环境应力筛选(Environment Stress Screening, ESS)是对产品施加规定的环境应力，用于发现和剔除制造过程中的不良零件、元器件和工艺缺陷以及预防早期失效的一种工序和办法。ESS 通过在可控的环境应力条件下进行一系列试验，以激发产品内部存在的潜在缺陷，从而确保产品的可靠性和耐用性。应力水平以能激发出缺陷但不损坏产品为原则，采用的应力环境不能超过产品电子和机械性能的极限。其中电子产品环境应力筛选采用温度循环和随机振动应力。

对于光机电一体化产品环境应力筛选，需要考虑随机振动对精密光机电设备的精度影响和过试验引起的累积损伤。故光机电产品环境应力筛选可进行相关裁剪，裁剪原则如下：

(1) 光机电一体化产品在整体进行随机振动应力筛选时，可考虑降低随机振动筛选的应力水平，如将功率谱密度调整至 $0.02g^2$/Hz。

(2) 当光机电一体化产品内部有对温度敏感的设备时，在进行温度应力筛选时，可调整温度变化率至不致对敏感部位产生损害的水平。

(3) 如果有可能进行拆分，可将光机电产品的电子部分产品按照《电子产品环境应力筛选方法》等相关标准规定的环境条件进行筛选，待电子部分产品筛选完成后再和光学、机械部分产品组装；组装后也可按照(1)和(2)的规定进行低量级的筛选以剔除装配的早期故障。

【拓展知识】消除应力的方法

自然时效法。把零件暴露于室外，通过自然放置，经过几个月至几年的时间，使其尺寸精度达到稳定。

热时效法。这是最传统也是目前最普及的方法，把工件放进热时效炉中进行热处理，慢慢消除应力。其缺点也非常显著，比如卫星制造厂对温度控制要求非常严格的铝合金工件以及长达十米或者更大的巨型工件都无法用这种方法处理，而且该方法还带来了大量的污染和能源消耗。

亚共振频率振动法。其原理是采用从低频到高频扫描时应力开始大量释放的频率，即亚共振频率。亚共振与共振类似，但系统的振动频率略低于激振力的频率。亚共振法虽然解决了热时效的环保问题，但无法解决高刚性、高固有频率等金属材料残余应力的消除问题，应用面较窄。此外，亚共振时效对支撑点、激振点、拾振点及方向有严格要求，需要不断地扫频、调整位置，所以设备必须由专业的人员操作来确定处理参数。而且更令人遗憾的是，这种方法只能消除23%的工件应力，无法达到处理所有工件应力的目的。

振动时效法。国外称之为"Vibrating Stress Relief"(VSR，即振动应力释放)，通过专用的振动时效设备，使被处理的工件产生共振，并通过这种共振方式将一定的振动能量传递到工件的所有部位，使工件内部发生微观的塑性变形——被歪曲的晶格逐渐恢复平衡状态。它可以使工件在短时间内消除应力，覆盖所有需要消除应力的工件。一般来说，振动时效设备能达到的应力消除率在60%左右。

工程经验：一般在振动试验台上，依照验收级试验规范，采用不低于1/3随机振动量级(建议按5～2000Hz，6.06g(RMS))，在三个轴向方向，每方向约5min振动来消应力。

3.3.2　热光学设计准则

重点考虑无热化设计，以降低温度敏感性。

尽量采用对热不敏感的光学系统或光学元件，由式(3-4)可看出，透射光学材料的折射率随温度的变化而变化，从增加热稳定性角度考虑，能用反射镜就尽量不用透镜或棱镜。反射式光学系统中的空间反射镜必须满足空间运行环境对热膨胀特性的要求。

空间反射镜材料除了要考虑材料的比刚度、弹性模量等结构特性外，还要考虑热性能。热性能是指材料的热膨胀系数(CTE)、导热系数和热变形系数等[21]。例如，ULE®康宁7972超低膨胀玻璃是一种掺有二氧化钛的石英玻璃，在20～100℃的热膨胀系数为$3 \times 10^{-8}℃^{-1}$，比一般石英玻璃低一个数量级。ULE在常温下(5～35℃)具有接近零的热膨胀系数。

对于电子元器件，选功耗低，温度、时间稳定性好，耐温范围宽的元器件。

结构材料选用线膨胀系数小的材料。结构设计要考虑使各构件材料的线膨胀系数相匹配，减小由温度梯度引起的光学元件面形或光学元件之间相对尺寸的变化。或者使光学元件支撑平台(如镜筒、镜头框架等)结构尺寸的变化与光学元件曲率半径及折射率等参数变化互补。

3.3.3　热设计准则

热设计准则以被动热控为主，主动热控为辅。

对于光学遥感器,热设计还要关注光电探测器组件装配的热尺寸稳定性设计。

探测器焦面组件采用**殷钢**材料(Invar Steel，镍铁合金(镍36%、铁63.8%、碳0.2%)，牌号：4J36)，主要是其膨胀系数小(在-80～+100℃的CTE为$1.8 \times 10^{-8}℃^{-1}$)，随温度的变形极小，有利于热的稳定性。

通过导热带将多余的热量导出并经散热板向冷黑空间辐射。

装配时对CCD等探测器组件与周边热源(如驱动器电路)采取热隔离措施。

对于红外探测器组件可采用辐射板等被动散热制冷方式,也可采用主动制冷方式。

探测器组件的热稳定性维持：

储能：根据工作模式及热功耗的大小，采用具有较大热容的金属块或相变材料吸收其工作时释放的热量；不工作时，则可将存储于大热容材料中的热量再慢慢释放回来。

散热与加热：可经热管或导热带连到辐射板上直接向空间进行散热，不工作时则可通过辅助电加热的方式维持其温度使之达到热稳定状态。

3.3.4　光机材料选用准则

材料的弹性模量 E 与密度 ρ 之比(E/ρ)及热导率(导热系数)K 与线膨胀系数 α 之比(K/α)是衡量材料尺寸稳定性的重要标志。一般选用**高比刚度(E/ρ)**材料及**高热稳定系数(K/α)**的材料。若同时考虑成型工艺性等因素，高模量碳纤维增强环氧复合材料也是较理想的尺寸稳定性材料[19]。

比刚度即弹性模量 E 与密度 ρ 之比(E/ρ)。比刚度(E/ρ)越高，该材料实现相同机械性能的轻量化能力越好。

热稳定系数是热导率 K 与热膨胀系数 α 之比(K/α)。热稳定系数(K/α)越高，材料的热稳定性就越好，抗热震性能就越佳，可以降低对热控系统的要求。

图 3.3-1 为典型光学遥感器所用材料的热稳定系数与比刚度的关系图。其中 Invar 为殷钢；TA6V 为钛合金；Fused Silica 为熔融石英材料；6061 Al Alloy 为 6061 铝合金；CeSiC(商品牌号)为德国 ECM 公司的碳纤维增强碳化硅复合材料(C/SiC)；RB-SiC 为反应烧结碳化硅，对应的 S-SiC 为常压烧结碳化硅。

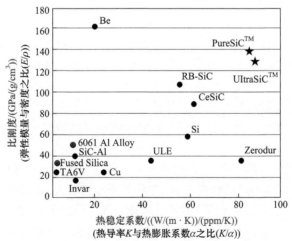

图 3.3-1　典型材料的热稳定系数-比刚度关系图[22]

例如，光学反射镜镜体选用比刚度高的 SiC、Be 等材料以提高结构强度，光学基座可用铝基复合材料、碳纤维等热尺寸稳定性良好的材料。要选用高比刚度 (E/ρ)材料及高热稳定系数(K/α)的材料，则对角线方向的材料能同时兼顾。

目前空间光学相机用的反射镜普遍采用美国康宁公司(Corning)生产的超低膨胀玻璃(ULE)、德国肖特(SCHOTT)生产的微晶玻璃(Zerodur)以及碳化硅(SiC)、金属铍(Be)等[23]，相关性能参数如表 3.3-1 所示。

表 3.3-1　主要反射镜材料的性能参数[16]

材料特性	期望值	熔融石英	Zerodur	ULE	SiC	Al	Be	铝合金
密度 $\rho/(g/cm^3)$	小	2.19	2.53	2.21	2.80	2.68	1.85	2.7
弹性模量 E/GPa	大	72	91	67	310	78	287	68
泊松比 ν	小	0.17	0.24	0.17	0.25	0.33	0.08	0.33
比刚度 E/ρ	大	32.9	35.7	30.3	110.7	29.1	155.1	25.2
热膨胀系数 $\alpha/(10^{-6}K^{-1})$	小	0.50	0.05	0.03	2.50	23.6	11.40	23.6
比热容 $c_p/(J/(kg \cdot K))$	大	726	821	766	821	900	1925	960
热导率 $K/(W/(m \cdot K))$	大	1.40	1.64	1.31	120.0	167.0	216.0	167.0
热稳定性 K/α	大	2.80	32.80	43.67	48.0	7.08	18.95	7.1

其中：**泊松比**是指材料在单向受拉或受压时，横向正应变与轴向正应变的比值，也叫横向变形系数，它是反映材料横向变形的弹性常数。对各向同性材料，弹性模量 E 和泊松比是两个基本材料常数，可确定材料的弹性性质。泊松比的变化范围在 0~0.5 之间，材料越硬，泊松比就越小；材料越软，泊松比就越高，即**泊松比小的材料则相对不易变形**。

微晶玻璃(Zerodur)的弹性模量不高(91GPa)，并且耐剪切力的性能过低，对于大口径而言，发射过程中易产生断裂现象。

ULE 可以制造背部封闭式结构的反射镜，可使其拥有连续的单片式前面板和后背板。而目前的加工工艺不能使微晶具有此类封闭式结构。封闭式结构的刚度大于开放式结构，其轻量化可达 80%以上[21]。

熔融石英的稳态畸变太大，出现温度变化时不易保持尺寸的稳定性。铝的膨胀系数较大，表面粗糙度较大。SiC 属于陶瓷材料，通过化学气相沉积(CVD)和反应烧结方法制备，只能制造背部开放式或半封闭式结构，其缺点是固有的脆性和较差的温度适应性。同时，碳化硅材料的莫氏硬度很高，导致材料加工难度大、成本高。相比熔融石英等玻璃材料，SiC 热膨胀系数比较大，对温度变化较为敏感。

为进一步提高反射镜材料的轻量化程度，解决陶瓷材料脆性大的问题，碳纤维复合材料受到关注。将纤维引入不仅提高了陶瓷材料的韧性，更重要的是使陶瓷材料的断裂行为发生了根本性变化，由原来的脆性断裂变成了非脆性断裂。在提高材料的断裂韧性的同时，降低了碳化硅陶瓷基体对裂纹的敏感性，而且密度也更低。按其基体的不同可以分为 C/SiC 复合材料、C/C 复合材料以及碳纤维增强树脂(Carbon Fiber Reinforced Polymer，CFRP)[24,25]。目前考虑较多的材料是 CFRP，在-90~40℃范围内膨胀系数可达到 $10^{-7}K^{-1}$。碳纤维复合材料有望成为下一代空间光学望远镜镜面材料。

金属铍(Be)也用于反射镜中，铍的密度仅为 $1.85g/cm^3$，是较轻的金属(约为

铝的 2/3，钛的 1/2)，同时具有高导热性(216W/(m·K))、高比刚度(155Gpa/(g/cm³))
等特点。当铍金属用于大尺寸扫描镜时，比 SiC、Al 有明显优势。铍对可见光的
反射率为 50%，对紫外线的反射率为 55%，对红外线(10.6m)的反射率为 98%。对
X 射线穿透率很高(几乎是透明的)，约为铝的 17 倍，是 X 射线窗口不可缺少的材
料。铍的弹性模量很高(287GPa)，大约是铝的 4 倍，钛的 2.5 倍，钢的 1.5 倍。特
别是从室温到 615℃的温度范围内，比刚度大约是钢、铝、钛的 6 倍。

　　金属铍虽然有诸多优点，但它具有室温脆性，在机械加工过程中容易发生碎
裂、破边以及表面加工损伤等问题，采用具有塑性基体的铍铝合金复合材料可改
善铍的室温脆性[26]。

　　铍铝合金相关数据如表 3.3-2 所示，数据来源于西北稀有金属材料研究院。

表 3.3-2　粉末冶金及真空铸造铍铝合金性能

制造方法	样品	抗拉强度/MPa	屈服强度/MPa	延伸率/%	弹性模量/MPa	密度/(g / cm³)
粉末冶金	BeAL-F-2	294.8	205.4	3.1	190800	< 2.1
真空铸造	Be-AL-Ni	198	135	3	> 170	< 2.2
真空铸造	Be-AL-Ag	230	175	2	> 170	< 2.2

【拓展知识】超低膨胀玻璃(ULE)与微晶玻璃(Zerodur)

　　ULE 本质上是石英掺杂钛(Ti)，从材料结构上说是单相材料。而微晶以锂铝
硅系(Li_2O-Al_2O_3-SiO_2)玻璃为主，加入少量二氧化钛(TiO_2)、二氧化锆(ZrO_2)等晶
核剂按照特定的比例范围混熔到一起的玻璃态混合物。

　　两者的另一个明显差别是使用环境温度的适应性。微晶具有负膨胀特性，同
时基质玻璃具有低膨胀系数，这使得微晶玻璃具有近零膨胀特性[21]。**微晶的晶核
是通过热处理工艺在 130℃附近形成一定比例的负膨胀系数微晶晶核。当在后续
的实际使用环境接近该温度范围时，就意味着退火或者逆退火的过程发生，这必
然对材料结构和特性产生影响。而 ULE 的适用温度范围则宽泛得多，高温到 300℃
也保持不变**，ULE 一直应用于原子钟。

　　相对来说，微晶玻璃机械强度也比较高，有着更好的切削加工特性，而 ULE
则相对更脆。但 ULE 有着更好的焊接(熔融)特性。

　　微晶比 ULE 有着更好的密封特性，用于制造高精度的激光陀螺的腔体和反射
镜。ULE 材料的轻量化程度要高于微晶玻璃，镜坯刚度也好于微晶。

　　微晶加工难度低于 ULE，其加工效率比 ULE 高，成本也比较低。

【拓展知识】空间光学遥感器常用结构材料

　　1. 金属材料

　　铝合金：工艺性好，可以焊接、铆接、冲压、铸造等，为目前卫星结构的主
要材料。

镁合金：缺点塑性差。

钛合金：抗腐蚀性好，能在较高温度和低温下使用。缺点是工艺性差，成本高。

铍合金：从减重角度看是最好的。粉末有毒性，只能用经过特殊处理的设备加工。它是优秀的宇航材料，铍比常用的铝和钛都轻，强度是钢的四倍。吸热能力强，机械性能稳定。

2. 非金属材料

非金属材料越来越受到重视。因为比强度大，可根据受力情况加入纤维以提高承载能力。一般地有橡胶、塑料、陶瓷、玻璃、复合材料等。

结构材料：玻璃纤维复合材料；碳纤维、硼纤维、芳纶纤维复合材料。

弹性材料：橡胶，主要用于密封、减振等。

绝缘材料：聚酰亚胺薄膜。

防热材料：泡沫塑料、陶瓷、玻璃钢、尼龙、聚乙烯、石墨(隔热、耐热、烧蚀)。

碳纤维(CF)：比铝还要轻，不到钢的 1/4，比强度是铁的 20 倍，密度约为 $1.4\sim2.0\,\mathrm{g/cm^3}$。表 3.3-3 为材料的力学性能参数。

表 3.3-3　几种结构材料的力学性能参数[27]

材料	密度 /(g / cm³)	抗拉强度 /GPa	弹性模量 /(×10²GPa)	比强度/(×10⁶ N·m/kg)	比模量 /(×10⁸cm)
钢	7.8	1.03	2.10	1.3	3.8
铝	2.8	0.47	0.75	1.7	2.7
钛	4.5	0.96	1.14	2.1	2.6
玻璃纤维/环氧	2.0	1.06	0.40	5.3	2.5
高强碳纤维/环氧	1.45	1.50	1.40	10.3	2.0
高模碳纤维/环氧	1.60	1.07	2.40	6.7	9.7
有机纤维/环氧	1.40	1.40	0.80	10.0	15.0
硼纤维/环氧	2.10	1.38	2.10	6.6	5.7
硼/铝	2.65	1.00	2.00		10.0

【拓展知识】比强度与比刚度

比强度为材料的强度/密度，单位为 $(\mathrm{N/m^2})/(\mathrm{kg/m^3})$ 或 $\mathrm{N \cdot m/kg}$。比刚度为刚度/密度。

强度是在规定的载荷作用下材料发生破坏时的许用应力。根据外力作用方式不同，分为抗拉强度、抗压强度、抗剪强度等。优质的结构材料应具有较高的比强度，才能尽量以较小的截面满足强度要求，同时可以大幅度减小结构体本身的自重。

刚度即材料力学中的弹性模量，表征材料抵抗弹性变形的能力。它的大小不仅与材料本身的性质有关，而且与构件或结构的截面和形状有关。比刚度较高说明相同刚度下材料重量更轻，或相同质量下刚度更大。表 3.3-4 为常用材料的性能参数[28-30]。

表 3.3-4　常用材料的性能参数

特性	密度(ρ)	热膨胀系数(α)@室温	热膨胀系数(α)@低温	热导率(k)@室温	热导率(k)@低温	比热容(c)	杨氏模量(E)	比刚度(E/ρ)	抛光效率
单位	×10³kg/m³	ppm/K	ppm/K	W/(m·K)	W/(m·K)	J/(kg·K)	GPa	GPa/(g/cm³)	
期望	低	低	低	高	高	高	高	高	快
金属/金属化合物									
铝(Al)6061	2.70	25.00		237.00		899.00	126.00	47	
铍(Be)(I-70A)Brush Wellman	1.85	11.40	0.03-0.1	150-218	150.00	1820-1880	300.00	162	慢
硼(B)	2.72	5.13					380.00	140	
铜(Cu)	8.92	16.60		398.00		380.00			
哈氏合金(Cabot)(镍镍钼铬)	8.89	12.00					205.00	23	
镁(Mg)	1.77	25.20		90.00		440.00			
镍(Ni)	8.90	13.00		150.00	5000.00	710.00			快
硅(Si)(单晶)	2.33	2.60	<-0.5	150.00			47.00	20	
钛(Ti)	4.43	9.50					110.00	25	
碳									
金刚石	3.51	0.80	~0	2000.00	10000.00				
石墨	1.75	1.90							
碳纤维	1.75	-0.10					760	434	
热解石墨(CVD法)	2.00	1.00		372.00		378.00			
石墨泡沫(低密度)	0.15	3.00		25.00			0.40	3	
石墨泡沫(高密度)	0.80	3.00		25.00					
热解石墨泡沫(12%)	0.25						0.80	3	
热解石墨泡沫(25%)	0.53						0.70	1	

续表

特性	密度(ρ)	热膨胀系数(α)@室温	热膨胀系数(α)@低温	热导率(k)@室温	热导率(k)@低温	比热容(c)	杨氏模量(E)	比刚度(E/ρ)	抛光效率
单位	×10³kg/m³	ppm/K	ppm/K	W/(m·K)	W/(m·K)	J/(kg·K)	GPa	GPa/(g/cm³)	
期望	低	低	低	高	高	高	高	高	快
陶瓷									
氧化铝(纤维)	1.90	0-3							
氮化硼							380.00		
碳化硅(IABG C/SiC)	2.70	2.00	0.10	125.00		700.00	250.00	93	慢
双孔碳化硅泡沫(ERG)	3.22	4.50					414.00	129	
碳化硅(Alpha)	2.98	4.00		77.50		700.00	476.00	160	慢
碳化硅(CVD SiC)	2.95	2.40	0.04	172-250			364.00	123	慢
反应烧结碳化硅	2.95	2.50	-0.1				364	123	
玻璃									
BK7(肖特)	2.51	8.20		1.50			81.00	32	快
Cer-Vit 微晶陶瓷玻璃 (Owens Illinois)	2.50	0.12					92.30	37	
E6 硼硅酸盐玻璃(Ohara)	2.18	2.80					57.00	26	
Pyrex 耐热玻璃(康宁)	2.23	3.20					60.00	27	
熔融石英玻璃	2.20	0.55	1.32				70.00	32	快
ULE 超低膨胀玻璃(康宁)	2.20	0.03	-0.90	1.30		708.00	73.00	33	快
Zerodur 微晶玻璃(肖特)	2.55	0.05-0.15		1.64-6		820.00	90.60	36	快

续表

特性	密度(ρ)	热膨胀系数(α)@室温	热膨胀系数(α)@低温	热导率@室温(k)	热导率@低温(k)	比热容(c)	杨氏模量(E)	比刚度(E/ρ)	抛光效率
单位	×10³kg/m³	ppm/K	ppm/K	W/(m·K)	W/(m·K)	J/(kg·K)	GPa	GPa/(g/cm³)	
期望	低	低	低	高	高	高	高	高	快
复合材料									
硼纤维/环氧树脂	1.94	4.40					221.00	114	
玻璃纤维/环氧树脂	1.80	9.12					20.00	11	
碳纤维(K1100)/氰酸酯(954-3)	1.53	0-(−1.0)					558	365	
碳纤维环氧树脂(55%Vf)	1.49	0.45					270.00	174	
碳纤维环氧树脂(高模量)	1.55	0.00					174.00	100	
碳纤维环氧树脂(高强度)	1.74								
凯夫拉®芳纶纤维(美国杜邦)/(环氧树脂)	1.40	−6.00					76.00	54	
SXA(40%SiC增强铝基材料)(Arco)	2.96	10.80					141.00	48	
白松	0.50								
聚合物									
亚克力(PMMA, Lucite, Plexiglass)	1.20	50.00					3.00	3	
丙烯腈-丁二烯-苯乙烯聚合物(ABS)	1.05	53.00							
环氧树脂	1.35	45.00					6.50	5	
芳纶(Kevlar 49)	1.44	−6.65					76.00	53	
芳纶(Kevlar 149)	1.44	−6.65					124.00	86	

续表

特性	密度 (ρ)	热膨胀系数 (α) @室温	热膨胀系数 (α) @低温	热导率 (k) @室温	热导率 (k) @低温	比热容 (c)	杨氏模量 (E)	比刚度 (E/ρ)	抛光效率
单位	×10³kg/m³	ppm/K	ppm/K	W/(m·K)	W/(m·K)	J/(kg·K)	GPa	GPa/(g/cm³)	
期望	低	低	低	高	高	高	高	高	快
芳纶(无纺布)	1.44	−5.00					124.00	86	
氰酸酯树脂(954-3)	1.19						3.30	3	
酚醛树脂	1.33								
聚碳酸酯CR39 铸造树脂	1.32	114.00							
聚碳酸酯(Lexan, Merlon)	1.25	66.70					3.00	2	
聚酯纤维	1.27	30.40							
聚乙烯(高密度)	0.95	110.00					1.00	1	
聚乙烯(Spectra 900)							99.00		
聚乙烯(Spectra 1000)							140.00		
聚酰亚胺	1.30	35.00					7.00	5	
聚苯乙烯(Dyne, Styron, Lustrex)	1.05	60.00					4.00	4	
聚苯乙烯-丙烯腈	1.05	36.00							
聚氯乙烯	1.40	50.00					4.00	3	
尼龙	1.13	80.00							
聚四氟乙烯 (PTFE)	2.10	100.00							

聚合物

颜色标签: 红色 黄色 绿色 浅灰色

多个参考资料汇总的数据

3.4　结构动态特性

空间光学遥感器结构设计的目的主要有：支承各类光学元件；构成仪器整体以及功能布局。空间光学遥感器动态特性也反映结构的静态刚度，例如在空间微重力环境条件下，重力释放将导致光学元件相对位置变化及光学元件面形变化。

空间光学遥感器的结构动力学特性决定并直接影响在重力场变化时，光学元件相对位置变化和镜面形状的变化，进而影响光学系统成像的质量。为了提高光学遥感器结构对力学载荷的承受能力，合理的结构设计对提高整机的结构刚度、减轻整机质量是非常必要的。

动态特性表征如式(3-6)所示。

$$f_n = \frac{1}{2\pi}\sqrt{\frac{g}{\delta}} \tag{3-6}$$

式中，f_n —— 整机或光学元件在重力释放方向上的结构基频，Hz；

　　g —— 重力加速度，m/s^2；

　　δ —— 自重变形量，m。

基频 f_n 是结构本身最小的固有频率，亦即第一阶频率。分析固有频率是为了避免在外载荷作用下某频率与其共振造成破坏。在有限元分析(FEA)中，结构基频也关系到设计师某种设置的计算是否能够收敛。

结构固有频率的分布直接影响整机的稳定性，当各阶频率分布含有密频或重根时，系统为近亏损或亏损系统，表现为对外界扰动非常敏感，甚至可能产生共振或颤振。为使遥感器具有足够的刚度，**整机结构一阶固有频率至少应高于星/船平台固有频率的 3 倍，并且各阶频率的分布应尽量拉开距离以避免密频或重根**。

模态分析时结构固有频率越高，表明光学遥感器结构的动态刚度越高，其抵抗外力作用变形的能力就越强，其整机结构的比刚度和轻量化程度越好。一般要求光学遥感器整机或部件组合结构(包括支架)基频≥70Hz。机箱等小质量设备基频 >100Hz。

客观上振动无处不在，振动对精密光学仪器的使用非常有害。对于光学遥感器而言为随机高频振动。

光学元件对高频振动、冲击等一般都十分敏感。当星载减振装置刚度较低时，在发射段载荷变形量较大，可能超出减振装置的安全行程，因此，需要采取防护措施来保护。

一般地，机械振动在 10～200Hz，街道交通振动在 5～100Hz，声学振动大约

20Hz，电动设备和仪器在 10～500Hz，地面和上层建筑振动在 5～50Hz，摇曳的高楼振动在 0.1～5Hz。

提高结构的稳定性一方面通过隔振，另一方面通过增加阻尼。

隔振就是在振源和振动体之间设置隔振系统或隔振装置，以减小或隔离振动的传递。

空间光学遥感器的微振动源及稳像措施频谱分布如图 3.4-1 所示。其中，"CMG" 为控制力矩陀螺(Control Moment Gyro，CMG)。

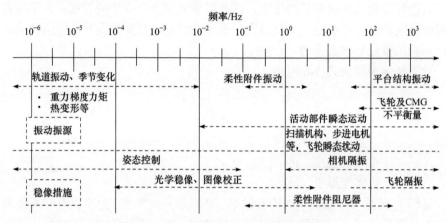

图 3.4-1　微振动源及稳像措施频谱分布[31]

【应用案例】抑制振动的方法[32]

(1) 增加重量，提高构件刚度，可减少振动和振幅。

(2) 抑制共振引起的大振幅的产生。这种方法对只有单一频率或只有一两个振源的场合有明显效果，要么避免工作在共振区，要么使其快速通过共振区。而对于具有较宽频率带的振源，此方法效果不明显，但却能抑制其中引起振幅最大的几个低阶频率，从而可较大幅度地抑制其振幅。

(3) 安装减振或者隔振装置，可以有效地减振。

(4) 采用吸振材料，将振源隔离开。如用吸振材料做成屏蔽罩等。

3.5　光机热一体化仿真技术

光机热一体化仿真技术也称为光机热集成仿真技术，是一种将光学、机械和热学原理结合在一起，用于设计和制造光学系统或设备的综合技术。通过数值模拟进行结构-热-光学性能(Structure-Thermal-Optical Performance，STOP)分析，是优化光学性能、提升机械稳定性和热管理水平，满足特定应用环境要求的最便捷方法。空间光学遥感器涉及光、机、电、热等多方面的技术，是典型的跨学科综合系统。用光机热一体化仿真分析方法对其进行分析设计是最合理的方法，也是目前国际上解决此类问题最广泛、最有效的手段。一体化仿真通常使用计算机辅助设计(CAD)工具和有限元分析(FEA)等来模拟系统的性能。

光机热一体化的技术难点：热致光学元件表面不规则变形问题；光机热一体化中的精度；热致折射率不规则分布问题[33]。理想的镜面是光滑连续的，容易用数学公式表示，而拟合热致透镜变形的面形时面对的是大量的离散点，拟合变形后的面形是一个难题。

光机热分析结果精确度直接影响空间光学系统的成像性能及其功能精度。在空间环境中，由于内外热流的影响，空间光学系统由于热应力的挤压变形，造成光学系统镜面变形，进而导致光学成像质量变化。如何评价成像质量的变化及其精度一直是一个难题。

光机热分析过程包含机械分析部分、算法拟合部分、光学分析部分，每个部分均会引入相应的误差。机械分析部分引入的是建模误差、用户误差、软件误差、截断误差、离散化误差等。算法拟合部分引入的是小数位舍略误差。通过分析计算这些误差，可计算这些误差给系统的调制传输函数(Modulation Transfer Function，MTF)、点列图(spot diagram)、包围圆能量(DEE)等的计算带来的影响。分析光机热的精度，可以使光机热一体化技术精度更高，使其更好地服务于空间光学系统的热设计。

3.5.1　光机热一体化仿真分析实施原理

从热分析得到的温度场结果出发，进行结构的热弹性变形分析。通过上述分析结果，得出支撑结构的热形变造成的刚体位移和光学元件在相关参数作用下产生的应力形变，将得到的数据文件依次经过刚体位移分离、泽尼克(Zernike)拟合，再通过动态数据交换接口导入光学分析专业工具软件(如 Zemax、Code V 等)中，进而求解分析光学系统结构模型在热环境下的各项光学性能参数。根据计算得到的光学性能参数以及结构分析和热分析的结果，可以指导结构设计、热设计要求，参考确定是否需要设计修正[34]。

【拓展知识】Zernike 多项式拟合[34]

光学元件镜面的变形分为刚体位移和表面畸变。刚体位移表现为拟合球面与原镜面之间的位移，包括平移、离轴和倾斜，可以通过调整镜片间距、偏心等方法消除，表面畸变表现为拟合球面与实际曲面之间的误差。

光学镜面变形用 Zernike 多项式进行拟合，Zernike 多项式在一个规范化的圆域上形成一个彼此正交的集合，该正交性条件允许 Zernike 多项式中的每一项可以独立地从不同阶的多项式间加以分离，具有反变换和描述图像信息冗余度最少的特点。

　　某表面的 Zernike 多项式数学描述：

$$\Delta W(\rho,\theta) = A_{00} + \sum_{N=2}^{\infty} A_{N0} R_N^0(\rho) + \sum_{N=1}^{\infty} \sum_{M=1}^{\infty} R_N^M(\rho) \left[A_{NM} \cos(M\theta) + B_{NM} \sin(M\theta) \right] \quad (3-7)$$

　　Zernike 多项式同时描述了波前像差，其中的各阶模式都有很明确的物理含义，与光学设计中的塞德尔(Seidel)像差系数相对应，如第一项常数项表示表面的偏移，第二、第三项表示表面沿两个正交平面的倾斜，第四项表示表面的离焦(表面形状在沿径向方向的抛物线形的改变量)等。

　　实际工作中大多采用 Zernike 多项式拟合法作为集成分析数据转换的工具。

3.5.2　光机热一体化仿真分析流程

　　光机热一体化仿真分析流程如图 3.5-1 所示，首先建立空间相机三维实体模型，在此基础上分别用热、结构及光学专业软件构建热分析模型、结构有限元分析模型和光学分析模型，所有模型采用统一的坐标系和单位制。热分析模型不仅要考虑不同工况下的外部热流，同时要考虑主被动温控措施以及电子元器件热耗的共同作用，通过分析最极端工况，计算出温度场，然后映射于结构有限元模型进行热变形分析。

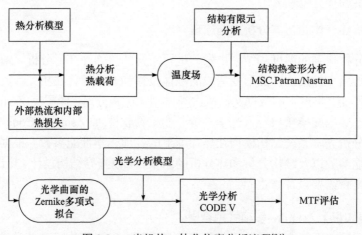

图 3.5-1　光机热一体化仿真分析流程[34]

　　如图 3.5-2 所示分析流程中，对空间相机光学元件、支撑结构等各部分结构建立结构有限元模型后进行有限元分析，提取各镜面节点位置和位移数据，采用 SigFit 软件进行 Zernike 多项式拟合，得到各镜面刚体位移和镜面面形，再代入光学分析模型，得到极端工况下相机系统 MTF 变化情况。

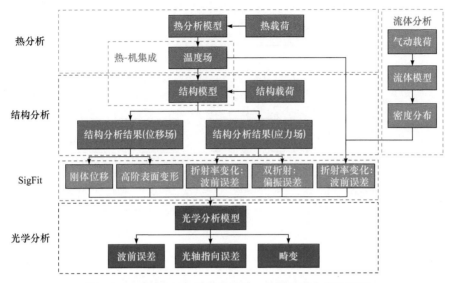

图 3.5-2　利用 SigFit 进行光机热一体化仿真分析流程[35]

SigFit 软件是美国 Sigmadyne 公司的光机热耦合分析工具，可以将有限元分析得到的光学表面变形等结果文件，通过多项式拟合或插值转化为光学分析软件的输入文件，还可实现动态响应分析、光程差分析、设计优化、主动控制/自适应控制光学系统的促动器布局及优化等。

图 3.5-3、图 3.5-4 分别为詹姆斯·韦伯(James Webb)空间望远镜和 LISA 的光机热集成分析流程。

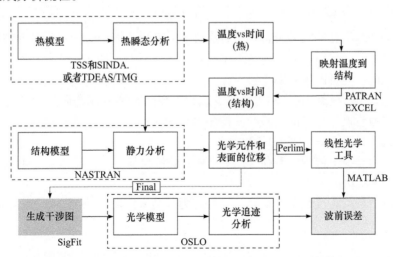

图 3.5-3　James Webb 空间望远镜的光机热集成分析流程[36,37]

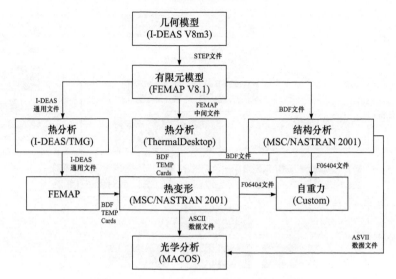

图 3.5-4　LISA 的光机热集成分析流程[37]

　　总的来说，光机热一体化技术是一种多学科综合技术，通过融合光学、机械和热学原理，可以实现高性能、稳定和可靠的光学系统，适用于各种应用领域。这种技术的发展对于推动先进的光学技术和设备的研究与应用具有重要意义。

3.6　力　载　荷

　　结构设计要考虑结构承受的力载荷和热载荷、结构材料的选择、结构形式的确定、精度分配和装校的可行性、可靠性等。其中力载荷分为：设计允许的力载荷；环境试验力载荷，亦即鉴定级试验承受的力载荷；使用力载荷，即发射时承受的力载荷。三者的关系如下：

　　　　　　设计允许的力载荷 ＞ 试验力载荷 ＞ 使用力载荷

　　一般地，设计允许的力载荷 = 使用力载荷 × K_1。其中：脆性材料 $K_1 = 1.4$ 左右，非脆性材料 $K_1 = 1.25 \sim 1.30$。

　　试验力载荷 = 使用力载荷 × K_2。其中：脆性材料 $K_2 = 1.30$ 左右，非脆性材料 $K_2 = 1.15 \sim 1.20$。

　　使用力载荷为准静态力载荷。准静态力载荷 = 静态力载荷 + 动态力载荷。

3.7　小　　　结

　　本章从振动、冲击和失重等空间力学环境的特点，分析了从地基到天基的力学变化情况，特别是由机械载荷、热载荷等的变化引起的力学变化情况，并针对此介绍了力学环境适应性设计准则及结构动态特性。对光机热一体化仿真的原理及分析流程进行了说明。结合工程应用介绍了力载荷等。

复习思考题

1. 航天器在发射和返回过程中力学环境包括哪些？
2. 空间力学环境效应对有效载荷的影响是什么？
3. 什么是静态载荷、动态载荷和热载荷？简述它们对空间光学遥感器的主要影响。
4. 热载荷都有哪些？
5. 力学环境适应性设计准则有哪些？简述各准则的主要内容。
6. 什么是光机热一体化技术？主要分析流程是什么？主要技术难点是什么？

参 考 文 献

[1] Singer J, Norris G, Pelfrey J J. Enabling science and deep space exploration through space launch system secondary payload opportunities[C]. 14th International Conference on Space Operations. 2016: 2585.

[2] Di Domizio D, Gaudenzi P. A model for preliminary design procedures of satellite systems[J]. Concurrent Engineering, 2008, 16(2): 149-159.

[3] Millan R M, von Steiger R, Ariel M, et al. Small satellites for space science: A COSPAR scientific roadmap[J]. Advances in Space Research, 2019, 64(8): 1466-1517.

[4] 王艳梅. 神舟内部报告: 来自中国酒泉卫星发射中心[M]. 北京: 新世界出版社, 2005.

[5] 柯受全. 卫星环境工程和模拟试验(下) [M]. 北京: 宇航出版社, 1996.

[6] 刘庆辉. 基于环境试验方法的环境应力对塑料产品质量的影响研究[J]. 环境技术, 2012, 37(1): 41-45.

[7] 司文利. 光学导航键模组的可靠性测试过程研究[D]. 长春: 吉林大学, 2012.

[8] 朱健军, 翁晓伟. 环境应力对产品的影响及环境试验的应用[J]. 计量与测试技术, 2014, 41(3): 51-52, 54.

[9] 刘光. 基于光机热集成的空间相机主动热光学关键技术研究[D]. 北京: 中国科学院大学(中国科学院长春光学精密机械与物理研究所), 2019.

[10] 张俊团. 随机激励下隔振系统分析及隔振器的研究[D]. 西安: 西安电子科技大学, 2008.

[11] 丁延卫, 刘剑, 卢锷. 空间环境对光学成像遥感器尺寸稳定性的影响[J]. 光学精密工程, 2002, 10(1): 106-109.

[12] 国家质量监督检验检疫总局, 中国国家标准化管理委员会. 航天器空间环境术语:GB/T 32452—2015[S]. 北京: 中国标准出版社, 2016.

[13] 孙天宇. 空间相机空间环境专项试验设计[J]. 光机电信息, 2011, 28(12): 19-25.

[14] 卢锷, 颜昌翔, 吴清文, 等. 空间光学遥感器环境适应性设计与试验研究[J]. 中国光学与应用光学, 2009, 2: 364-376.

[15] 陈仁杰, 华保祥, 刘怀文, 等. 热流道板的热平衡及温度场的有限元分析[J]. 机械设计与制造, 2009(9): 21-23.

[16] 秦涛. 空间轻量化反射镜设计及支撑技术研究[D]. 北京: 中国科学院大学(中国科学院光电技术研究所), 2023.

[17] 高旭东. 空间深紫外照相系统光学设计的研究[D]. 长春: 长春理工大学, 2021.

[18] 罗传伟, 焦明印. 光学系统折射率温度效应的模拟计算[J]. 应用光学, 2008, 29(2): 234-239.

[19] 盛磊, 陈萍. 碳纤维复合材料在光学遥感器中的应用探讨[J]. 航天返回与遥感, 2008, 29(3): 33-37.

[20] 中央军委装备发展部. 电子产品环境应力筛选方法: GJB 1032A—2020[S]. 北京: 国家军用标准出版发行社, 2021.

[21] 刘韬, 周一鸣, 江月松. 国外空间反射镜材料及应用分析[J]. 航天返回与遥感, 2013, 34(5): 90-99.

[22] Williams S, Deny P. Overview of the production of sintered SiC optics and optical sub-assemblies[C]. Optical Materials and Structures Technologies II. SPIE, 2005, 5868: 24-33.

[23] 徐佳坤. 空间光学遥感器 2m 大口径反射镜组件结构优化研究[D]. 北京: 中国科学院大学(中国科学院长春光学精密机械与物理研究所), 2022.

[24] 于雷, 关铭, 韩勣, 等. 空间大口径轻质反射镜材料研究进展[J]. 中国建材科技, 2020, 29(6): 92-95.

[25] 王永杰, 解永杰, 马臻, 等. 空间反射镜新材料研究进展[J]. 材料导报, 2016, 30(7): 143-147, 153.

[26] 刘向东. 铍铝合金设计、粉末冶金制备及力学性能研究[D]. 北京: 中国工程物理研究院, 2019.

[27] 李晓芳. 碳纤维增强聚酰亚胺复合材料的制备及摩擦学性能研究[D]. 镇江: 江苏大学, 2018.

[28] Rans S, Fangueiro R. Advanced Composite Materials for Aerospace Engineering: Processing, Properties and Applications[M]. Duxford ; Cambridge, MA: Woodhead Publishing, 2016.

[29] Clyne T W Hull D. An Introduction to Composite Materials[M]. Cambridge: Cambridge University Press, 2019.

[30] Chawla K K. Composite Materials: Science and Engineering[M]. Cham: Springer Science & Business Media, 2012.

[31] 张庆君, 王光远, 郑钢铁. 光学遥感卫星微振动抑制方法及关键技术[J]. 宇航学报, 2015, 36(2): 125-132.

[32] 吴子英, 刘宏昭, 刘丽兰, 等. 合金材料阻尼特性参数识别研究进展[J]. 铸造技术, 2008: 29(8): 1124-1126.

[33] 宋席发. 光机热一体化研究及成像分析[D]. 北京: 北京理工大学, 2015.

[34] 刘朋朋, 靳利锋, 赵慧, 等. 低轨道遥感相机光机热一体化分析及优化设计[J]. 红外技术, 2022, 44: 614-621.

[35] Michels G, Genberg V, Doyle K. Integrating Ansys mechanical analysis with optical performance analysis using Sigfit[C]. ANSYS Conference & 26th CADFEM Users' Meeting, Darmstadt, Germany, 2008.

[36] Johnston J D, Howard J M, Mosier G E, et al. Integrated Modeling Activities for the James Webb Space Telescope: Structural-Thermal-Optical Analysis[C]. Optical, Infrared, and Millimeter Space Telescopes, 2004.

[37] 袁志鹏. 基于光机热集成分析的空间望远镜热控技术研究[D]. 北京: 中国科学院大学(中国科学院长春光学精密机械与物理研究所), 2023.

第4章 大气光学环境及其对空间光学遥感的影响

不论是从地面观测宇宙星空，还是从卫星上俯视地球，都要经过地球周围稠密的大气层，大气密度、大气折射、散射以及湍流等会对光学成像及探测造成影响，而且大气层并不是在所有的波长下都是透明的。电磁辐射会被大气中的一些气体，比如水蒸气、二氧化碳、氧气等反射和吸收。有一些辐射可以穿过大气直达地面，比如可见光和射电波。而一些高能波长，比如γ射线、X射线就会被大气阻隔。

在一些临近大气层边缘探测工况下，大气层反射和散射的太阳光形成地气光以及高层稀薄大气中的气辉等也会影响空间光学遥感器的信噪比(SNR)。有些时候，我们需要利用大气的一些特性进行诸如极光探测，从而反演出太阳活动与地磁场之间关系以及了解大气层的结构。在一些光学试验及测试过程中，甚至实验室内的微弱气流也会影响到试验结果。

本章从光学遥感的角度介绍大气环境及其特点，对大气环境及其对空间光学遥感的影响进行分析，同时介绍利用大气光学效应进行相关探测的实例。

4.1 光学遥感的意义

相对于地基观测，星载光学遥感有两方面的优势。对于星载对地观测，在光学相机视场一定的条件下，离地球越远，幅宽越宽，即"站得高，看得视野宽"。对于天文观测，需要在不同的波段下进行观测，而大气中的分子以及大气湍流等因素会干扰在地面的观测；地球的大气层并不是在所有的波长下都是透明的，电磁辐射会被大气中的一些气体(比如水蒸气、二氧化碳、氧气等)反射和吸收。有一些辐射可以穿过大气直达地面，比如可见光(因此人眼可以在夜晚看到星星)和射电波(通过射电波段，科学家可以追踪电子是如何被加速的，以及宇宙中氢气的分布等)。而一些高能波长，比如伽马射线(在中子星、超新星爆发等极端环境中会辐射大量的伽马射线)、X射线(来自炽热的物体或落入黑洞的物质)就会被大气阻隔，因此需要在大气层外的空间进行观测，例如费米伽马射线空间望远镜(Fermi Gamma-ray Space Telescope)、钱德拉X射线空间望远镜(Chandra X-ray Observatory, CXO)等。

各种地物(例如某种土壤、岩石、水体和作物)及天体都具有不同的原子和分子结构，它们对不同的光谱波长具有不相同的吸收率、反射率和辐射[1]。例如，地面物体对不同波长入射光有不同的反射率，从而构成了地物反射光谱，如图 4.1-1 所示。这也是人类能够用颜色、色调分辨各种地物的原因。

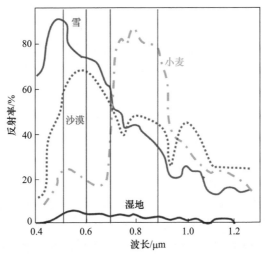

图 4.1-1　雪、沙漠、小麦与湿地反射光谱示意图[2]

自然界的一切物体，只要温度高于绝对温度零度，都会以波或粒子的形式向外传递能量，即自身辐射。高于绝对零度的物体自身要辐射，它的发射率与波长的关系也各不相同。如人体辐射的 5.6～15μm 波长能量占人体辐射总能量的 50%以上。地球本身的红外辐射中心波长约为 9.66μm，林火的红外辐射中心波长约为 4.8μm。

目标表面不同物质对不同波长的反射、吸收及辐射不同。空间光学遥感就是利用可见光、近红外、短波红外及中、长波红外系统远距离探测地面或者空间目标所反射的太阳辐射或目标热辐射而获得目标的图像及特征数据。

以太阳作为照明源的典型对地观测光学成像遥感链路如图 4.1-2 所示。空间对地观测光学成像遥感通过探测被太阳光照射的目标的反射光、散射光或者辐射光等信息，经图像处理获得目标相关信息。

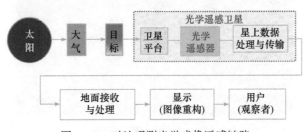

图 4.1-2　对地观测光学成像遥感链路

对于多数的对地观测光学遥感，太阳辐射穿过大气到达地面后，将被反射再次穿过大气层到达观测卫星平台被光学遥感器接收，所以要经两次大气层。而对于对地观测被动热红外遥感，目标本身为照明源，来自目标的辐射仅穿过大气一次。

4.2　天体辐射源

空间对地观测被动照明源主要有太阳和地球，而星载对空间观测被动照明源主要是太阳。

4.2.1　太阳辐射

太阳距地球的平均距离为 $149.597893×10^6$ km(约 1 亿 5000 万 km)，该日地距离被称为一个天文单位(Astronomical Unit，AU)，记为 1AU。太阳的有效温度为5770K，在地球大气层外，其辐亮度与温度为 5900K 的黑体辐射源的辐亮度相当，它的平均辐亮度为 $2.01×10^7$W/(m² · sr)，平均光亮度为 $1.95×10^9$cd/m²。太阳的目视星等 m_V 为–26.74，光谱为 G2V 型。太阳的活动周期为 11.04 年。

【拓展知识】星等

星等(magnitude)是衡量天体光度的量。星等值越小，星星就越亮；星等的数值越大，它的光就越暗。星等每相差 1，亮度大约相差 2.512 倍。1 等星的亮度恰好是 6 等星的 100 倍。星等常用 m 表示。在不明确说明的情况下，星等一般指目视星等，目视星等是人眼测定的星等，用 m_V 表示。

图 4.2-1 详细描述了相对星等关系。天体光度测量直接得到的视星等同天体的距离有关，它反映天体的视亮度。一颗很亮的星由于距离远而显得很暗(星等数

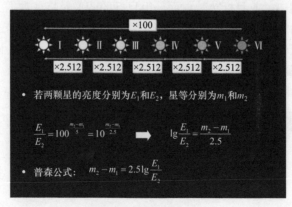

图 4.2-1　相对星等关系

值大）；而一颗实际上很暗的星可能由于距离近而显得很亮(星等数值小)。对于点光源，则代表天体在地球上的照度。目视星等为 1 的星，在地面的照度约等于 8.3×10^{-9} lx。一般把肉眼能够看到的最暗的星设定是 6 等星。织女星为 0 等星，北极星为 2 等星，天狼星的目视星等为–1.6，满月为–12.7 等星，太阳为–26.74 等星。

照相星等 m_p 是用蓝敏照相底片测定的星等。热星等 m_{bol} 是表征天体在整个电磁波段内辐射总量的星等，不能直接由观测来确定，只能由多色测光的星等结合理论计算来求得。

太阳常数：所谓的太阳常数从来就不是一个恒定的数值，目前国际上普遍改称为**太阳总辐照度(TSI)**[3]，其定义是在太阳到地球平均距离以及在地球大气层之外，垂直于入射光的方向上，单位面积接收到来自太阳的总辐照度(即对所有波长的积分)，以 $S.$ 表示。**太阳常数值 $S.=(1367 \pm 7) W/m^2$**[4,5]，太阳常数周期性的变化与太阳黑子的活动周期有关。对于深空轨道，其不同位置的太阳总辐照度与到太阳距离的平方成反比。

太阳的辐射光谱曲线如图 4.2-2 所示。46%的辐射能集中在 0.4～0.7μm 可见光谱段，51.416%的辐射能集中在 0.45～0.95μm 谱段，辐亮度最大值时的波长约为 0.47μm。当太阳光经过大气层时，由于大气的吸收、反射及散射等作用，其能量衰减，投射到地面的太阳光被截止在 0.3μm 短波部分。10～200nm 波段的远紫外亦即真空紫外光、0.001nm(1pm)～10nm 波段的 X 射线(主要由太阳耀斑产生)和波长小于 0.001nm 的 γ 射线(一部分来源于太阳系内的高能宇宙辐射，更多的是宇宙中其他恒星和天体的高能辐射，比如星际尘埃、活动星系核、类星体等)就更难到达地面[6,7]。在红外波段上，波长越长，吸收越强。

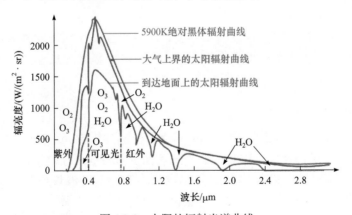

图 4.2-2　太阳的辐射光谱曲线

在大气窗口可见光 0.3～0.7μm 和近红外几个波段的太阳光还要受到大气的折射和湍流的影响，致使光学仪器的空间分辨率大大下降。

太阳辐射到达地表后，一部分反射，一部分吸收，一部分透射，即到达地面的太阳辐射能量 = 反射能量 + 吸收能量 + 透射能量。

绝大多数物体对可见光都不具备透射能力，而有些物体，如水，对一定波长的电磁波透射能力较强，特别是 0.45～0.56μm 的蓝绿光波段。一般水体的透射深度可达 10～20m，洁净水体的透射深度可达 100m 左右。

地表吸收太阳辐射后具有约 300K 的温度，从而形成自身的热辐射，其峰值波长为 9.66μm，主要集中在长波，即 6μm 以上的热红外区段。

【研讨】太阳观测站为什么大都建在湖边？

由于地面散发的热气会严重影响到大气成像质量，而水的比热容很大，能够吸收太阳的热量，有大面积水的地方白天的气流要比地面稳定，有利于对太阳进行观测。

太阳观测站是在白天使用，因此对望远镜成像质量的影响主要来自太阳本身。因为在太阳的照耀下地面温度会很快升高，地表散发出的热气会很快向上升起，严重影响大气的稳定性。水的比热容非常大，相同热量照射到水面与地面时，因地面不断反射，而水面反射少吸收多，故而水面的升温会慢很多。因此在有大面积水的地方，白天的气流一般都很稳定，所以太阳观测站一般都建在湖边，这样白天望远镜受到的干扰较小。另外，太阳观测站为了降低望远镜本身热量对大气的影响，不但所有物体都涂成白色，而且将楼顶平台也灌满了水，且与旁边的湖水形成循环水，时刻带走太阳照在建筑物上的热量，从而把太阳对大气的影响降到最低。

普通天文台主要的干扰是地形对气流的影响，造成大气的抖动(湍流)。因此一般好的台址都在一个很缓的山顶上，这样气流流动顺畅，湍流少，大气稳定，而且山顶白天地面吸收的热量也少，晚上地面辐射的热量少，对大气的影响也小。

4.2.2　地球辐射

地球为行星，平均半径 6371.23km，赤道半径 6378.145km，表面平均温度 15℃，反照率 0.367，逃逸速度 11.2km/s。地球表面发射的电磁辐射光谱分布与温度为 300K 的黑体辐射分布相当，最大光谱辐射出射度对应的波长约为 9.66μm。对于被动光学遥感，波长小于 2.5μm 的电磁辐射为反射太阳的辐射，波长大于 6μm 的辐射为地物目标自身的热辐射。对于波长位于 2.5～6μm 的被动光学遥感，辐射能量包含反射的太阳辐射和目标自身的辐射。

可见光和近红外遥感图像中的信息来自地物反射特性。在中红外遥感图像中，既有地表反射太阳辐射的信息，也有地球自身的热辐射信息。但对于地表高温目标，如燃火的温度也可达到 600K，其辐射峰值波长为 4.8μm，在中红外波段 3～5μm 的大气窗口内。

远红外遥感图像信息来自地球自身的热辐射特性，其峰值波长为 9.66μm。通常对地遥感时，红外遥感波段选择在中波 3～5μm 和长波 8～14μm 两个红外大气窗口区间内。

【应用案例】地球敏感器工作波段为什么选择 14～16.25μm？[8]

地球表面 25～50km 的大气中，CO_2 在 14～16.25μm 波段内的红外辐射强度随着高度的增加而迅速减少，根据基尔霍夫定律，它也是 14～16.25μm 很稳定的强辐射源。其地平空间过渡段约为 40km，所以工作在这一窄波段上的红外地球敏感器(红外地平仪)利用测量地球大气辐射圈所形成的地平圆获得极为清晰的地球轮廓，有利于提高测量精度。

宇宙空间的红外辐射主要来自各层大气，为了降低地表和对流层辐射变化的干扰，选择该波段可减少温度波动的影响，而且又较其他吸收带有利；其对水汽以及云层造成的辐射水平的起伏扰动具有很好的屏蔽能力；而且地平辐射分布也具有较大的梯度。

图 4.2-3 为 CO_2 地平辐射率分布曲线。选择 14～16.25μm 的 CO_2 吸收带，采用该吸收带能克服季节变化、地球表面以及地表辐射差异对地平圆的影响，可较为稳定地确定地球轮廓和辐射强度，且对航天器本身反射的太阳光不敏感，无论白天还是夜晚均能正常工作。

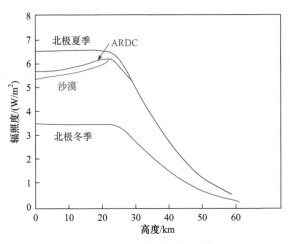

图 4.2-3　CO_2 地平辐射率分布曲线[8]

4.3　大气光学特性

大气光学特性是影响通过大气层工作的光学遥感器性能的最本质因素。根据其光学性质的不同，大气可以分为两类[9]：

(1) 由微粒组成的离散混浊大气介质，其光学性质主要体现在微粒的光散射特性，使光在任意方向上偏离直线传播。

(2) 热运动分子构成的"连续"湍流大气介质，其光学性质主要体现在折射率的微弱随机起伏，使光在直线传播的近轴范围发生随机变化。

大气光学特性包含大气分子的散射与吸收特性、大气气溶胶粒子的光学特性、大气湍流的光学特性以及大气介质整体光学特性等。大气的光学特性使得光在大气中产生折射、反射、吸收、散射以及衍射等现象，大气的光学特性也与大气密度息息相关。

4.3.1　大气密度

大气密度是决定物体在大气层中运动时所受空气动力大小的主要因素之一，也影响到光学遥感的效果。

大气密度(atmospheric density)是指单位体积大气中含有的空气质量或分子数目[10]。前者称质量密度(简称密度)，即某种物质单位体积的质量，用符号 ρ 表示，单位为 kg/m^3；后者称分子的数密度，指单位体积内的分子数目，用 n 表示，$n=N/V$，单位为 mol。其中 N 为分子个数，V 为体积。大气密度受地球引力(重力加速度)及大气运动状态等因素影响随高度的升高而减小。

大气质量密度取决于气温、气压和空气湿度，通常不是直接测得而是计算得出。其数值由于地球不同高度的重力加速度不同，随高度按指数规律递减。

理想气体状态方程是描述理想气体处于平衡态时，压强、体积、物质的量及温度间关系的状态方程，其表达式为[11]

$$PV = nRT \tag{4-1}$$

式中，P——状态参量压强，Pa；

　　V——体积，m³；

　　n——气体分子数密度，mol/m³；

　　T——绝对温度，K；

　　R——摩尔气体常数，或简称气体常数，其数值为 $8.3145\,J/(mol\cdot K)$。

例 4-1　一个容器储有氧气，其压强为 $1.01\times10^5\,Pa$，温度为 27℃，求：

(1) 气体分子数密度 n；

(2) 氧气的密度 ρ。

解 已知 $P = 1.01 \times 10^5 \, \text{Pa}$；

标准大气压下，温度 $T_1 = 273 \text{K}$；则 $T_2 = 273 \text{K} + 27 \text{K} = 300 \text{K}$；

标准大气压下 1mol 氧气质量为 32g，1mol 氧气共有 6.021367×10^{23} 个氧气分子，体积 $V_1 = 22.4 \text{L} = 2.24 \times 10^{-2} \, \text{m}^3$。

如果升温到 300K，维持压力不变，则由式(4-1) $PV = nRT$ 可知：$nRT_1 / V_1 = nRT_2 / V_2$，则 $V_2 = 24.61 \text{L} = 2.46 \times 10^{-2} \, \text{m}^3$。

由式 $PV = nRT$，则有 $n = PV_2 / RT_2$，即分子数密度 n 为

$$n = PV_2 / RT_2 = 40.5 \text{mol}$$

氧气密度为

$$\rho = 32g / V_2 = 1.3 \text{kg} / \text{m}^3$$

适用于全空间的大气密度随高度变化的模型，可用式(4-2)所示修正的玻尔兹曼公式(RBF)表示：

$$n(r) = n(r_0) \left(\frac{r_0}{r} \right)^4 \exp \left[\frac{GMm}{kT} \left(\frac{1}{r} - \frac{1}{r_0} \right) \right] \tag{4-2}$$

式中，r_0——地球平均半径，km，$r_0 = 6371.23 \text{km}$；

$n(r)$——所要求的高度 $h(= r - r_0)$ 处的大气密度，kg / m^3；

$n(r_0)$——地表处大气密度，kg / m^3，在标准状况(0℃ (273K)，101kPa)下，地表大气密度为 $1.293 \text{kg} / \text{m}^3$，海平面高度的大气密度标准值为 $1.225 \text{kg} / \text{m}^3$；

G——万有引力常量，$G = 6.672 \times 10^{-11} \, \text{N} \cdot \text{m}^2 / \text{kg}^2$；

k——玻尔兹曼常数，$k = 1.381 \times 10^{-23} \, \text{J} / \text{K}$；

m——气体分子质量，$m = $ 分子量 $\times 1.661 \times 10^{-27} \, \text{kg}$；

M——地球质量，$M = 5.997 \times 10^{24} \, \text{kg}$；

T——大气的热力学温度，K。

在地表附近，大气密度有以下两种主要的玻尔兹曼近似公式：

公式 1(ABF1)：

$$n(h) = n_0 \exp \left(-\frac{mgh}{kT} \right) \tag{4-3}$$

公式 2(ABF2)：

$$n(h) = n_0 \left(\frac{r_0}{r} \right)^2 \exp\left(-\frac{mgh}{kT} \right) \qquad (4\text{-}4)$$

而实际上大气的温度随高度在变化，因此大气并不处于平衡状态，此时以上的公式不再适用。可把大气分成几个等温区域，在每一层引入一个与实测压力数据相符合的等效温度 T_e，把它看作该层的温度，即假定在区间 $r_i \leqslant r < r_{i+1}$，$T = T_{ei}$ 是常数[12]。

此时，大气密度随高度的变化可以用式(4-5)近似表示：

$$\begin{cases} n(r) = A_i \dfrac{GmM/kT}{4\pi r^4} \exp\left[\dfrac{GmM}{kT_{ei}}\left(\dfrac{1}{r} - \dfrac{1}{r_i} \right) \right] \\ A_i = A_0 \exp\left[\displaystyle\sum_{j=0}^{i-1} \dfrac{GmM}{kT_{ej}}\left(\dfrac{1}{r_{j+1}} - \dfrac{1}{r_j} \right) \right] \\ r_i \leqslant r < r_{i+1} \end{cases} \qquad (4\text{-}5)$$

其中，A_i 是该等温层的归一化常数。以上模型对地球上 135km 以下高度内适用。

太阳辐射和地磁暴都会加热大气，导致大气密度增加。太阳辐射是加热大气导致密度上升的主要因素。太阳活动周期平均约 11.04 年，峰年和谷年对 500km 高度大气密度会有上百倍的变化，对 200km 轨道高度则有 1～2 倍的差别。地磁暴是太阳及行星际活动诱发的全球地磁场剧烈变化的现象，太阳风携带的能量通过焦耳加热和极光粒子沉降的方式传递给地球大气，首先使极区大气加热、膨胀、上升，低层较密的大气被带到较高高度上，并在大气环流的作用下，传递到其他高度和纬度区域，从而引起全球高层大气密度增加。

强磁暴会导致 500km 大气密度有 3～5 倍的增加，200km 增加约 20%。在 200km、300km 和 500km 轨道高度，大气密度平均值分别约为 $2.5\times10^{-10}\,\mathrm{kg/m^3}$、$1.9\times10^{-11}\,\mathrm{kg/m^3}$ 和 $5.2\times10^{-13}\,\mathrm{kg/m^3}$ [13,14]。虽然高层大气密度较地表稀薄得多，但对卫星而言，大气密度成为影响在轨飞行寿命的关键因素，若卫星面积质量比为 $0.005\,\mathrm{m^2/kg}$，对于 200km、300km 和 500km 圆轨道的卫星如不进行控制，其在轨寿命分别只有 1.9 天、38 天和 1704 天[14]。

【应用案例】高层大气密度是影响低地球轨道航天器工作寿命的主要因素

美国太空探索技术公司(SpaceX)称，其 2022 年 2 月 3 日发射的 49 颗星链卫星，计划先用火箭将卫星送到 210km 转移轨道，再用电推进器送往 500km 预定轨道。但由于 210km 转移轨道的大气密度增加，卫星所受大气阻力剧增，多达 40 颗卫星将会偏离近地轨道掉入大气层焚毁。其主要原因是 2 月 4 日太阳风引起的地磁暴使得地球高层大气受热膨胀。另外，飞行阻力除了与大气密度正相关，也与卫星的面质比(卫星的迎风面积)正相关。星链卫星的太阳翼有 2 块，每块有 $12\,\mathrm{m}^2$，较一般卫星大得多，其飞行时面质比变化也是个重要原因。

地球周围存在着稠密的大气层，地球大气由许多气体和气溶胶构成，太阳一部分辐射能量被大气中的粒子反射、吸收和散射，其余部分传输到地面。大气湍流影响光学成像，尤其是地基长焦距光学望远镜。

4.3.2　大气折射

大气折射是原本直线前进的电磁波在穿越大气层时,空气密度随着高度变化,引起大气折射率随之变化，而使其在大气中传播的轨迹发生偏折成为一条曲线的现象。

大气折射率分为相折射率和群折射率，从光线追击和光学成像的角度出发，大气相折射率更有意义[15]。本节所述大气折射率均指相折射率。

有时为了表述方便，也用折射度概念，折射度 N 与折射率 n 关系如式(4-6)所示：

$$N = (n-1)\times 10^6 \tag{4-6}$$

折射度 N 的数量级为 ppm(part-per-million)，即 10^{-6}。例如，大气折射率约为 1.000273，则折射度为 273ppm。

在可见光和近红外波段，在标准大气环境(温度 T=273.15K，标准大气压强 p=101325Pa，CO_2 含量 x=0.0375%，水汽压 e=0.0hPa)下的折射率 n_g 和大气折射度 N_g 分别为[15]

$$n_g = 1+\left(287.6155+\frac{1.62887}{\lambda^2}+\frac{0.0136}{\lambda^4}\right)\times 10^{-6} \tag{4-7}$$

$$N_g = \left(n_g-1\right)\times 10^6 = 287.6155+\frac{1.62887}{\lambda^2}+\frac{0.0136}{\lambda^4} \tag{4-8}$$

任意气象条件(p、T、e)下大气的折射率 n 和折射度 N 分别为

$$n = 1+\left(\frac{273.15}{101325}\cdot\frac{p}{T}\cdot\left(n_g-1\right)\right)-11.27\frac{e}{T}\times 10^{-6} \tag{4-9}$$

$$N = (n-1)\times 10^6 = \left(\frac{273.15}{101325}\cdot\frac{p}{T}\cdot N_g\right)-11.27\frac{e}{T} \tag{4-10}$$

式中，p ——实测气压值，hPa，1hPa=100Pa=100N/m²；

　　　T ——实测温度值，K；

　　　n_g、N_g、n、N ——分别为标准大气折射率、折射度及任意气象条件下

的折射率、折射度;

　　e —— 实测水汽压值, hPa, 在中性大气层内(距地表 60km 内空间区域),
$e = \dfrac{\rho \cdot T}{216.6}$, 其中水汽密度 ρ 的单位为 g/m^3。

　　理论与实验结果也表明: 大气折射率与气压、气温、光波波长以及水汽压、CO_2 含量等都有关系[16]。

　　在温度和波长一定的条件下, 折射率随压强的降低而减小, 二者呈线性关系。在所实验的 1028～760mmHg 气压范围内, 折射率的变化量为 0.000097, 即折射度变化量为 97ppm。当压强减小为零时, 空气折射率变为 1, 此即为真空折射率。

　　在气压和波长一定的情况下, 大气折射率随气温的增加呈非线性减小, 二者大致呈反比关系。在所实验的 20～95℃ 温度范围内, 折射率的变化量为 0.000055, 即折射度变化量为 55ppm。

　　在气压和气温一定的情况下, 大气折射率随波长的增加呈非线性减小。在所实验的 0.42～0.73μm 波长范围内, 折射率的变化量为 0.000006, 即折射度变化量为 6ppm。

【应用案例】星光折射自主导航[17]

　　由于大气密度随着高度的增加越来越小, 从航天器上看, 当星光穿越地球大气时, 光线会发生折射弯向地心方向, 从而使恒星的视位置比实际位置上移, 如图 4.3-1 所示。

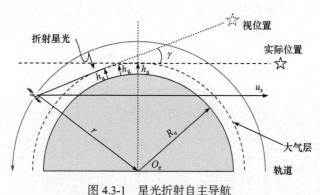

图 4.3-1　星光折射自主导航

　　如果测量得到一颗接近地平方向的已知恒星的折射角 γ, 就能得到地球地平在地心惯性坐标系中的方向, 进而建立量测方程, 解算出航天器的位置和速度信息。此即星光折射间接敏感地平技术的基本原理, 亦即利用星敏感器观测经地球大气发生折射的恒星星光, 根据星光大气折射模型, 将星光折射角转化为与载体位置相关的折射视高度信息, 进而解算得到载体精确的位置信息。图示中光线轨迹距地球表面的高度有一个最小值，称为折射高度，记做 h_g，在入射大气之前和出射大气之后光的轨迹是一条直线，这两条直线距地球表面的高度相等，称为视在高度，记作 h_a，h_a 略大于 h_g。

则有如下关系式：

$$h_g = h_0 - H_s \ln \gamma + H_s \ln \rho_0 + C_{h1} \tag{4-11a}$$

$$h_a = h_0 - H_s \ln \gamma + H_s \ln \rho_0 + C_{h1} + C_{h2} \gamma \tag{4-11b}$$

式中，h_g、h_a——分别为光线的折射高度及视在高度，km；

h_0——某一确定高度，km；

H_s——大气标尺高度，即标高，km。在实际大气中，H_s 随高度不同有所变化，但在一定高度范围内这种变化量不是很大，为常数；

γ——折射角，rad；

ρ_0——h_0 高度处的大气密度，g/m^3；

C_{h1}、C_{h2}——分别为常数：

$$C_{h1} = H_s \ln \left\{ k(\lambda) \sqrt{\frac{2\pi R_e}{H_s}} \right\} \tag{4-12}$$

$$C_{h2} = \sqrt{\frac{H_s R_e}{2\pi}} \tag{4-13}$$

其中，$k(\lambda)$——散射系数，与波长 λ 相关，$k(\lambda) = \left(5.2513 + \dfrac{2408}{146 - \lambda^{-2}} + \dfrac{20.849}{41 - \lambda^{-2}} \right) \times 10^{-8}$；

R_e——地球赤道半径，km，$R_e = 6378.145\text{km}$。

根据《1976 年美国标准大气》相关数据，可求出 $C_{h1} = -69.602\text{km}$，$C_{h2} = 80.387\text{km}$。

式(4-11)是国内关于星光折射法进行自主导航研究中通常采用的大气折射模型之一，给出了星光折射角 γ、折射高度 h_g 以及视在高度 h_a 之间的对应关系。

由星光折射的矢量几何关系，可得

$$h_a = \sqrt{|\boldsymbol{r}|^2 - |\boldsymbol{r} \cdot \boldsymbol{u}_s|^2} + |\boldsymbol{r} \cdot \boldsymbol{u}_s| \cdot \tan \gamma - R_e - c \tag{4-14}$$

式中，$\boldsymbol{r}$——卫星位置矢量；

$\boldsymbol{u}_s$——星光折射前的方向单位矢量；

$\boldsymbol{r} \cdot \boldsymbol{u}_s$——位置矢量 $\boldsymbol{r}$ 在星光方向矢量 $\boldsymbol{u}_s$ 上的投影；

c —— 为小量，通常可被忽略。

若测得一颗如图 4.3-1 所示的接近地平方向恒星的折射角 γ，由式(4-11b)可得到视在高度 h_a。可由式(4-14)建立视在高度 h_a 与卫星位置的函数关系，结合卫星轨道动力学方程进行滤波即可获得卫星的位置、速度等导航信息。

平流层为距离地球表面约 10～55km 的区域，由于重力的作用，90%的浓稠大气都集中在 20km 以下高度。在 20～50km 范围内大气以水平流动为主，大气成分相对稳定，因而可以获得相对准确的大气密度模型。

在 20～50km 高度范围内，星光折射角 γ 随星光折射高度 h_g 变化的经验公式为[18]

$$\gamma = 6965.4793e^{-0.15180263h_g} \tag{4-15}$$

$$h_g = 58.29096 - 6.587501 \cdot \ln\gamma \tag{4-16}$$

式中，折射角 γ 的单位为 arcsec(即弧秒，也称为角秒，是角度单位，用符号 ″ 表示)，折射高度 h_g 单位为 km。

折射视高度 h_a 与星光折射角 γ 之间的经验公式为

$$h_a = -21.74089877 - 6.441326 \cdot \ln\gamma + 69.21177057\gamma^{0.9805} \tag{4-17}$$

式中，折射角 γ 的单位为 rad(弧度角，弧度和角度的关系：rad=(°)×π/180。1rad≈57.3°)，折射视高度 h_a 单位为 km。

【拓展知识】海市蜃楼——大气光学折射和全反射现象

空气本身并不是一个均匀的介质，一般情况下，大气密度随海拔的增大而递减，海拔越高，密度越小。由第 1 章式(1-2)可知：不同高度下，气压随着海拔增高而降低。同一高度下，空气密度越大，气压也就越大，反之气压就会越小。由式(4-9)可知，气压降低，相应的大气折射率也越小。当光线穿过不同高度的空气层时，总会引起一些折射。

海市蜃楼是一种因为光的折射和全反射而形成的自然现象，是物体反射的光经大气折射而形成的虚像。其本质是一种大气光学现象，分为上蜃景和下蜃景。

与空气相比，水的比热容(提高温度所需热量的能力)比较大，且有很高的传导能力，水的流动及上下翻滚可将太阳的辐射能很快向下层传导。另外，水的蒸发强烈，蒸发过程中消耗了很多热量使水温升不高，在同样受热或冷却的情况下，水的温度变化较小。当环境温度变化较快的时候，水的温度变化相对较慢。

在夏季白天，海水下层空气较上层空气受水温影响小，在海面垂直高度下层空气较上层温度低。由于热胀冷缩的原因，受热气体膨胀，密度减小，故热空气密度小，所以热空气上升，冷空气下降。下层空气本来就因气压较高，密度较大，现在再加上气温比上层低,密度就显得特别大,因此空气层下密上疏的差别异常显著。假使在视轴方向地平线下有一艘轮船,若大气密度均匀,则光线沿直线传播就看不到它。由于这时空气密度下层稠密上层稀疏,且差异太大,来自船舶的光线先由底层密度大的稠密空气层逐渐折射进入高层密度小的稀疏空气层,并在上层发生全反射,又折回到下层稠密的空气层中来,经过这样弯曲的线路,最后进入人眼就能看到它的像。由于人的视觉总是感到影像来自直线方向,因此看到的轮船影像比实物抬高了许多,呈现上蜃景,如图 4.3-2 所示,其中图(c)为本书作者 2024 年 7 月 25 日拍摄于南昌市南京东路与京东大道十字路口。

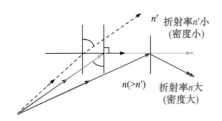

(a) 上蜃景折射及全反射原理图

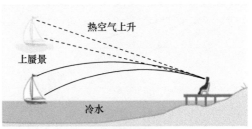

(b) 上蜃景效果图[19]

(c) 本书作者拍摄到的上蜃景

图 4.3-2　上蜃景形成原理及实景图

下蜃景的形成与上蜃景类似,只不过垂直高度上的温度梯度趋势相反。

夏季高温的公路上经常会看到远处有"水渍"出现,但走到跟前却看不到丝毫有水的迹象,而且地面也特别干燥,若继续前行,又会在前方发现新的"水渍",当走近时又消失不见了,颇有点"'水渍'遥看近却无"的意境。这即是海市蜃楼现象中的下蜃景。"水渍"实为天空的镜像。这种景象若出现在沙漠中,很容易误认为远处发现了绿洲水面,也被称为"沙漠蜃景"。

夏季白天暴晒的公路和沙漠,其地表温度比空气温度高很多,大气温度在地表上空形成温度梯度分布，地表附近的下层空气被地面不断反射的太阳辐射加热而温度上升很高(密度小)，而上层的空气温度依然很低(密度大)，这种类型空气的折射率为下层小而上层大。远处较高物体反射出来的光从上层稠密空气进入下层稀疏空气时被折射，当入射角逐渐增大，增大到大于等于全反射的临界角时发生全反射，这时逆着反射光线顺着平坦的公路或者沙漠看去，就会看到下蜃景，如图4.3-3 所示，其中图(c)为本书作者 2022 年 8 月 5 日拍摄于陕西省礼泉县袁家村南门外。一旦观察角度发生变化，即在未处于全反射出射角位置就看不到天空的镜像。

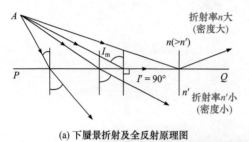

(a) 下蜃景折射及全反射原理图

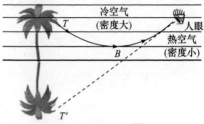

(b) 下蜃景效果图[19]

(c) 本书作者拍摄的下蜃景

图 4.3-3 下蜃景形成原理及实景图

【工程经验】减缓实验室大气湍流干扰的方法

在实验室中，为了消除室内大气湍流造成的大气折射率不均匀对一些精度较高设备的影响，一种方式是采用减少空气浓度的真空腔，如长焦距真空平行光管，通过提升真空度减少空气扰动影响；另一种常用的方式是采用风扇对光路中的空气持续吹动匀化，使小范围的空气折射率稳定在某一相对固定值。

4.3.3 大气反射

光在传播过程中通过两种介质的交界面时，在分界面上改变传播方向又返回原来介质中的现象称为光的反射。在卫星对地观测中，气体、尘埃反射作用很小，反射现象主要发生在云层顶部，反射率取决于云量，而且各个波段影响程度不同。

在空间遥感中，有时通过特征大气吸收光谱探测感兴趣的气体含量，从而反演出特征气体含量。如 CO_2、O_2 等气体在近红外至短波红外波段有较多的气体吸收，可形成特征大气吸收光谱，可利用分子吸收谱线探测 CO_2 浓度进行大气室温气体监测[20]。图 4.3-4 为太阳与地球表面(右)光谱辐照度。

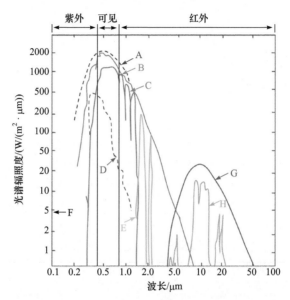

图 4.3-4　太阳与地球表面光谱辐照度[21]

A-大气外太阳辐射，用温度为 5900K 的黑体表示(1.60kW/ m^2)；B-大气外太阳辐射(1.37kW/ m^2)；C-地面上垂直于辐射方向的直接太阳辐射(例如 0.9kW/ m^2)；D-地面上的太阳散射(例如 0.10kW/ m^2)；E-水蒸气和二氧化碳吸收波段；F-氧气和臭氧吸收；G-温度为 300K 黑体的辐射(0.47kW/ m^2)；H-地球热辐射(例如 0.07kW/ m^2)

【拓展知识】彩虹——阳光在水珠中的折射、全反射及色散过程

早在唐代，孔颖达就提出了"若云薄漏日，日照雨滴则虹生"的观点，表明了虹是日光照射雨滴所产生的一种自然现象。北宋时，孙彦先也提出了"虹乃雨中日影也，日照雨则有之"的说法，解释了彩虹是水滴对阳光的折射和反射。

理论上所有的彩虹都是双彩虹，即虹和霓。霓为双彩虹中较暗的最外圈，虹为较明亮的最内圈。在对比度较低时，一般比较容易看到较为明亮的虹，而不易发现最外圈的霓。

彩虹是阳光照射到众多空中悬浮的接近圆形的小水滴后被反射及色散形成的。阳光射入水滴时会同时以不同角度入射，在水滴内亦以不同的角度反射。其中以与入射光线成 40°至 42°的反射最为强烈，形成我们所见到的彩虹。如图 4.3-5 所示，阳光折射一次进入水滴，然后在水滴的背面内部反射，最后经第二次折射离开水滴。因为水滴对不同波长的光的折射率不同，水对波长较长的红光的折射率为 1.33。紫光的频率比红光高，水对紫光的折射率约为 1.34，故而水滴对不同谱段的光线有色散作用。

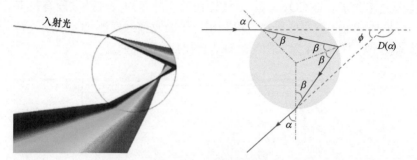

图 4.3-5　虹的形成原理图

彩虹的明显程度取决于空气中小水滴的大小，小水滴体积越大，形成的彩虹越鲜亮，小水滴体积越小，形成的彩虹就越不明显。一般冬天的气温较低，在空中不容易存在小水滴，下雨的机会也少，所以冬天一般不会有彩虹出现。

图 4.3-5 右图为虹的形成光路图。光线以 α 角入射折射率为 n 的球形水滴，在空气-水界面依次发生折射、全反射以及再次折射后重新返回空气。入射光线方向与出射光线方向之间的夹角为偏转角 $D(\alpha)$。由图示几何关系并结合光的折射定律 $\sin\alpha = n\sin\beta$，则偏转角 $D(\alpha)$ 为

$$D(\alpha) = 180 + 2\alpha - 4\beta = 180 + 2\alpha - 4\arcsin\frac{\sin\alpha}{n} \qquad (4\text{-}18)$$

太阳和彩虹的连线与观测到彩虹的视轴方向的夹角，即为彩虹角。如图 4.3-5 右图所示，彩虹角 ϕ 为

$$\phi = 180 - D(\alpha) = 4\arcsin\frac{\sin\alpha}{n} - 2\alpha \qquad (4\text{-}19)$$

对上式关于 α 求导，求极值，即 $\mathrm{d}\phi/\mathrm{d}\alpha=0$，解得 $\alpha = \arcsin\sqrt{\dfrac{4-n^2}{3}}$，则彩虹角为

$$\phi = 4\arcsin\sqrt{\frac{4-n^2}{3n^2}} - 2\arcsin\sqrt{\frac{4-n^2}{3}} \qquad (4\text{-}20)$$

若取水的平均折射率 n=1.3333，则此时彩虹角 ϕ=42°。

红光在水中的折射率为 1.33，其彩虹角为 42.52°。紫光的折射率为 1.34，彩

虹角为 41.07°。

霓在虹的外侧出现，与虹同心但颜色较暗。霓与虹相比多了一次反射，是阳光在水滴中经两次全反射而形成的。如图 4.3-6 所示，两次反射最强烈的反射角出现在 50° 至 53°，所以霓的位置在虹之外。因为有两次反射，霓的颜色次序跟虹相反，外侧为紫色，内侧为红色。理论上每一次的彩虹都是双彩虹，虹和霓应该同时存在，只是因为霓多经历了一次反射，能量被水滴又多吸收了一次，故而相对强度较低，在对比度较低的情况下不易被发现。

 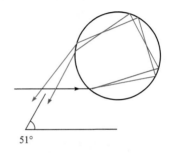

(a) 双彩虹　　　　　　　　　　　(b) 霓的形成示意图

图 4.3-6　霓及其形成示意图

小结：

虹：光在水滴内经过了两次折射和一次全反射，颜色色序为内侧紫色，外侧红色；

霓：光在水滴中经历了两次折射和两次全反射，比虹在水滴内多经历了一次反射，因此它与虹的颜色排布顺序相反，为内侧红色，外侧紫色，能量减少导致颜色也暗淡一些。

我们看到最多的是"彩虹桥"，很难看到完整的彩虹圈。这是因为彩虹拱形的正中心位置刚好是观察者头部影子的方向，也即太阳位于彩虹的圆心与人眼连线的反向延长线上，虹在观察者头顶与头的影子连线，且与眼睛视轴夹角 40°～42° 的位置。如图 4.3-7 所示，当太阳越高(高度角越大，天顶角越小)时，彩虹的圆心将越往地平线以下偏移，使得彩虹整体下移。因此，当太阳高度角大于 42° 时，彩虹的位置将在地平线以下，由于地表植被等与彩虹的对比度不明显，故而彩虹不易被发现。这也是彩虹很少在中午被发现的原因。

如果提升彩虹与背景的对比度，还是有可能看到的。图 4.3-8 为中午(大太阳高角下)在地面拍摄到的 360° 双彩虹。平坦光洁的潮湿地面，提升了彩虹与地面的对比度。

图 4.3-7　彩虹桥与太阳高度角关系示意图　　　图 4.3-8　地面拍摄到的人造双彩虹[22]

【拓展知识】日晕、月晕——与霓的产生原理相同，是光的折射、反射及色散过程

《史记》记载，荆轲刺秦王时，天空出现"白虹贯日"的奇异天象。所谓"白虹"，并非是虹，而是晕。晕，本义为太阳周围的光环。

晕分为日晕和月晕，其形成原理与彩虹相同，都是日(月)光穿过由冰晶组成的卷层云或者卷云时，冰晶对光线折射和反射而在日(月)周围形成的光环、光弧、光柱和光点等现象。云层中冰晶含量越大，光环也就越显著，越容易使人观察到[23]。

与形成彩虹的类球形小水滴不同，形成晕的主要是卷层云中的冰晶。冰晶形状主要有四种：六角片状、六角柱状、带盖帽的六角柱状和六角锥状[24]。不同颜色的光在冰晶中的折射率和最小偏向角也不同，因此太阳光经过冰晶的折射后形成了色散分离。

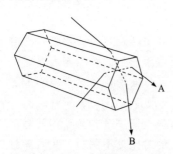

图 4.3-9　通过六角柱形冰晶的
两种光线路径[25]

晕与彩虹所出现的位置不同，晕与太阳出现在同一侧，故而有"贯日"。常见的晶面类型有 60° 晶面和 90° 晶面，如图 4.3-9 所示，光线 A 和光线 B 分别对应 60° 晶面和 90° 晶面。其最小偏向角分别约为 22° 和 46°。除了常见的内晕(22°晕)和外晕(46°晕)外，还有幻日、外切晕、环天顶弧等，这些与光在冰晶中通过的路径有关。

内晕(22°晕)是以太阳或月亮为圆心，视角半径约为 22° 的一种内圈呈淡红色的白色光环。内晕由水平取向的六角柱状冰晶(60°晶面，相当于三棱镜)对日(月)光折射形成，如图 4.3-10 所示。颜色内侧红色外侧紫色，顺序与虹刚好相反[24]，如图 4.3-11 所示。

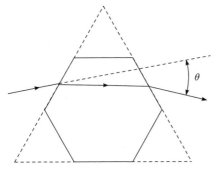

图 4.3-10 最小偏向角 22°的折射光线

图 4.3-11 日晕内晕[26]

外晕(46°晕)是以太阳或月亮为圆心，视角半径约为 46°的白色或基本白色的微弱而不常见的晕圈。外晕是由日(月)光从垂直取向的六角柱状冰晶的基面射入，经折射并由某一侧面射出而形成[24]。这一组相邻的冰晶底面和侧面形成 90°晶面，如图 4.3-12 所示。由于六角柱状冰晶的垂直取向状态不稳定，所以 46°晕不常见，即使出现其亮度也较弱，并且往往难以形成完整的晕圈，而表现为晕圈的一段光弧。因通过 90°棱镜折射后的阳光数量较少，加之 46°晕在空中较分散，亮度不如内晕，虽然外晕颜色顺序与内晕相同，但色彩不鲜明，往往只能看到白色光环，比内晕少见得多。

大气中的冰晶通常是由卷层云带来，卷层云属于高云，云体结构全部由冰晶构成，云底高度通常在 5000m 以上，是白色透明具有丝缕结构的云幕[27]。也就是说，只有含有冰晶的云才有晕产生，其他的云则不能产生晕的现象。

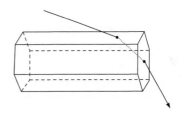

图 4.3-12 最小偏向角 46°的折射光线

日晕多出现于春夏季节，民间有"日晕三更雨，月晕午时风"的谚语，其意思就是若出现日晕的话，夜半三更将有雨，若出现月晕，则次日中午会刮风。日晕在一定程度上可以成为天气变化的一种前兆，出现日晕，天气有可能转阴或下雨。

【研讨】浪花为什么是白色的？

首先，纯净的水是无色透明的。浪花是由于波浪互相冲击或拍击在别的东西上激起的水珠和泡沫，故浪花主要由一些快速翻滚的小水珠和泡沫组成，泡沫是水中气体表面形成的水膜。

与彩虹形成光路相似，当光线入射到泡沫和水珠上时，会在它们的表面及内部发生折射和反射。其中，折射入泡沫和水珠内的光线部分出射，部分在水珠与空气界面发生全反射进而又折射出水珠。由于水对应于不同波长的折射率不同，理论上出射的太阳光被色散，形成与彩虹类似的彩色效果。如果泡沫形成的水膜是单一独立的个体且运动缓慢，薄膜干涉(若一束光波照射于薄膜，由于折射率不同，光波会被薄膜的上、下界面分别反射，因相互干涉而形成新的光波，这种现象称为薄膜干涉)理论上也呈现色彩。但由于浪花是不断快速翻滚的，故初次的色散光又进入周围的泡沫和水珠，再次发生折射和反射……浪花的泡沫也是快速运动，在浪的推动下不断形成，不断破裂，形成不了类似于肥皂泡或者油膜等较稳定的独立单一薄膜结构，无法产生薄膜干涉效应而呈现色彩。最终光线经过多次水珠的折射和反射后，从各个不同的方向再反射出来；再加之快速翻滚并不断破裂的泡沫对光的行进方向的改变，周而复始，使得各个方向反射光是均等的，不是选择反射，所以在日光下浪花呈白色。图 4.3-13 为白色浪花形成示意图。

图 4.3-13　白色浪花形成示意图

类似的有飞流直下的白色瀑布、喷涌而出的自来水等。若就瀑布与其周边形成的彩虹而言，这两者虽来自同一水源，但瀑布浪花中的水珠与周边弥漫的雾气中的水珠又有些不同。除了总量不同外，浪花的水珠与形成彩虹的雾化水珠另一个不同是浪花是快速运动的，而雾化水汽气溶胶相比较要稳定一些。

4.3.4　大气吸收

通过大气的太阳辐射或地球辐射会被大气中的某些气体所吸收，这些吸收随波长变化很大，在某些波段吸收很强，在另一些波段吸收很弱或没有吸收。通常把太阳光透过大气层时透过率较高的光波谱段称为大气窗口。同样，在大气中某些电磁波的透过率很小，甚至完全无法透过的电磁波段则称为大气屏障。

图 4.3-14 是大气窗口示意图。大气窗口一般分为光学窗口、红外窗口和射电窗口。谱段分别为：可见光和近红外波段(0.4～2.5μm)，中红外波段(3～5μm)，热红外波段(8～14μm)，以及射电波段(300～0.01GHz(1mm～30m))。

(1) **光学窗口**：可见光波长约 300～700nm。波长小于 300nm 的太阳紫外辐射在地面上几乎观测不到，因为 **200～300nm 的紫外辐射被大气平流层中的臭氧层吸收，只能穿透到约 50km 高度处(平流层顶部)；100～200nm 的远紫外辐射被热**

层(电离层)的氧分子吸收，只能到达约 **100km** 的高度；而电离层大气中的氧原子、氧分子、氮原子、氮分子则吸收了波长短于 **100nm** 的辐射。300～700nm 的辐射受到的选择吸收很小，主要因大气散射而减弱[28]。

(2) **红外窗口**：水汽分子是红外辐射的主要吸收体。较强的**水汽吸收带**位于 0.71～0.735μm、0.81～0.84μm、0.89～0.99μm、1.07～1.20μm、1.3～1.5μm、1.7～2.0μm、2.4～3.3μm、4.8～8.0μm。在 14～16.25μm 处出现二氧化碳的吸收带。这些吸收带间的空隙形成一些红外窗口。其中最宽的红外窗口在 8～13μm 处(9.5μm 附近有**臭氧的吸收带**)。17～22μm 是半透明窗口。22μm 以后直到 1mm 波长处，由于水汽的严重吸收，对地面的观测者来说完全不透明。但在海拔高、空气干燥的地方，24.5～42μm 的辐射透过率达 30%～60%。在海拔 3.5km 处，能观测到 330～380μm、420～490μm、580～670μm(透过率约 30%)的辐射，也能观测到 670～780μm(约 70%)和 800～910μm(约 85%)的辐射。

(3) **射电窗口**：为波长在 **1mm(300GHz)～30m(10MHz)** 的电磁波，能较好地穿透大气。此窗口的短波端，即 **1mm～1m 波段属微波范围**，称为微波窗口。微波的短波端，主要受大气中的氧分子和水汽的吸收以及降水水滴对电磁波的散射和吸收所限制。在窗口内还出现以氧分子吸收为主的 2.53mm 和 5mm 的吸收带，以及以水汽吸收为主的 1.64mm 和 13.5mm 的吸收带，为了避开这些吸收带，**微波窗口的波长常用 3.3mm、8～9mm 和 30mm** 等。射电窗口长波端的上限主要由电离层的临界频率所限制，后者与太阳活动、太阳高度角、地理位置等因素有关。通常，频率低于 10MHz 的电磁波将不能穿透电离层。

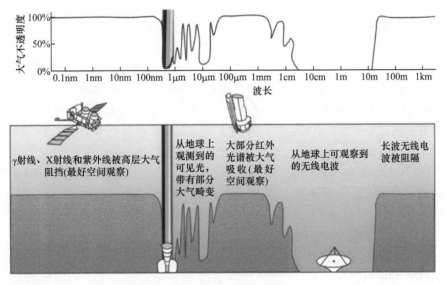

图 4.3-14 大气窗口[29]

微波波长(1mm～1m)比大气粒子(大气原子、分子(如 N_2、CO_2、H_2O 和 O_2 等))以及沙粒(细砂-粗砂平均粒径 0.125～1mm)等的直径大得多,属于瑞利散射的类型,瑞利散射的强度与波长四次方成反比,波长越长,散射强度越小,所以微波才可能有最小散射,即最大透射,故而被称为具有穿云透雾的能力。

微波频率(300MHz(1m)～300GHz(1mm)之间)比一般的无线电波频率高,通常也称为"超高频电磁波"。微波作为一种电磁波也具有波粒二象性。微波的基本性质通常呈现为穿透、反射、吸收三个特性。对于玻璃、塑料和瓷器,微波几乎是穿越而不被吸收。水和食物等就会吸收微波而使自身发热(如微波炉的应用)。而金属类物品则会反射微波。

大气窗口在大气辐射和遥感探测方面都具有重要意义,例如可见光窗口使我们能得到太阳的光和热,用于可见光摄影;红外窗口被广泛用于热成像遥感,常用的卫星云图就利用红外窗口进行成像与探测;气象雷达和卫星通信的波长都选在射电窗口。

【应用案例】目前遥感中使用的一些大气窗口

0.3～1.155μm 包括部分紫外光、全部可见光和部分近红外波段,是摄影成像的最佳波段,也是许多卫星遥感器扫描成像的常用波段。其中:0.3～0.4μm 波段大气透过率约为 70%;0.4～0.7μm 波段大气透过率大于 95%;0.7～1.1μm 波段大气透过率约为 80%。

1.4～1.9μm 的近红外窗口,大气透过率为 60%～95%,其中 1.55～1.75μm 透过率较高。该波段是扫描成像常用的波段。比如在白天日照好的条件下,用以探测植物含水量以及云、雪或用于地质制图等。

2.0～2.5μm 的近红外窗口,大气透过率约为 80%。

3.5～5.0μm 的中红外窗口,大气透过率为 60%～70%。该波段物体的热辐射较强。这一区间除了地面物体反射太阳辐射外,地面物体自身也有长波辐射。比如,美国 NOAA 气象卫星的先进甚高分辨率辐射仪(Advanced Very High Resolution Radiometer,AVHRR)是一个五光谱通道扫描辐射仪,包括可见光、近红外、中红外和两个热红外波段,其中用中红外 3.55～3.93μm 波段探测海面温度、水陆分界、森林火灾以及获得昼夜云图。

8.0～14.0μm 的远红外窗口,大气透过率约为 80%。主要获得来自物体热辐射的能量,适用于夜间成像,测量探测目标的地物温度。比如 NOAA 卫星的 AVHRR 遥感器用 10.5～11.3μm 和 11.5～12.5μm 两个热红外波段探测海面温度、云量、土壤湿度等。

1.0～1.8mm 的微波窗口,大气透过率约为 35%～40%。

2.0～5.0mm 的微波窗口,大气透过率约为 50%～70%。

8.0～1000.0mm 的微波窗口,大气透过率约为 100%。由于微波具有穿云透雾的特性，因此具有全天候(包括刮风下雨等各种气象条件)、全天时(白天晚上各时段)的工作特点。

　　除了大气窗口的谱段选择外，在工程中往往借助光谱分光技术获得特定的谱段信息。图 4.3-15 为大气吸收谱。

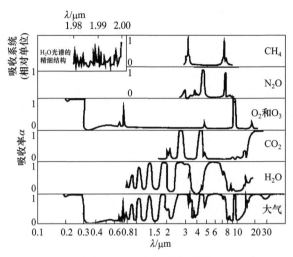

图 4.3-15　大气吸收谱[30]

【应用案例】吸收光谱技术

　　差分吸收光谱技术(Differential Optical Absorption Spectroscopy，DOAS)是一种大气环境监测技术，是通过分析吸收光谱特征来监测大气环境中的各项污染物质，依照不同分子吸收的光辐射不同的原理来对不同的气体分子进行鉴别，通过光谱比较法对所得到的吸收光谱进行分析，通过确定光谱成分完成对污染物的浓度以及类型的精准鉴定[31]。激光吸收光谱技术以分子吸收光谱理论为基础，一束频率连续变化的平行光穿透气体介质后，气体会对特定频率的光产生不同程度的吸收。通过测试吸收的特征光谱，反演出相关气体成分。

　　全球二氧化碳监测科学实验卫星(简称"碳卫星"，TanSat)有效载荷——二氧化碳探测仪即在可见光和近红外谱段，利用分子吸收谱线探测二氧化碳浓度。其中，CO_2 弱吸收带 1.594～1.624μm(主波长 1.61μm)是提取大气 CO_2 浓度的主要波段，O_2-A 波段 758～776nm(主波长 760nm)和 CO_2 强吸收波段 2.041～2.081μm(主波长 2.06μm)能够在反演中补充地表气压、云和气溶胶信息，降低大气状态不确定而导致的系统误差[32,33]。对获取的特征大气吸收光谱的强弱进行严格定量测量，综合气压、温度等辅助信息并排除大气悬浮微粒等干扰因素，应用反演算法即可计算出卫星在观测路径上 CO_2 的柱浓度。

　　在空间科学中，对于一些行星及其大气成分探测也采用吸收光谱探测法。其原理也是因高温物体发出的包含连续分布波长的光通过物质时，某些波长的光被物质吸收后产生吸收光谱。各种原子的吸收光谱中的每一条暗线都与该原子的发射光谱中的一条明线相对应，表明低温气体原子吸收的光就是这种原子在高温时发出的光。因此，吸收光谱中的暗线就是原子的特征谱线。

【应用案例】多普勒差分干涉测风技术

大气风场是理解地球大气系统动力学、热力学特性的重要参数，是气象预报、空间环境监测、气候学研究等必需的基础数据。在航天器发射、运行和返回过程的安全保障，亚轨道飞行器和临近空间平台的运行控制，无线电通信等领域具有重要的应用意义。基于测风干涉仪的被动光学遥感是中高层大气风场测量的主要技术手段。

光学干涉仪探测大气风场的基本物理原理是测量大气成分光谱的多普勒效应。大气成分(O_2，Na，O，O_3，OH 等)的精细发射谱或吸收光谱会随着大气运动和温度变化产生多普勒频移(Doppler shift)和展宽，由于风场速度和大气温度对谱线宽度和中心波长位移所产生的影响随之反映到干涉条纹的变化上来，因此可通过获取目标特征谱线的干涉图来反演出大气风场信息[34]。

当仪器探测的目标观测源与探测器之间发生相对运动时，探测器探测出的光谱频率与实际光谱频率会出现一定差异，即谱线的多普勒频移，频移前后谱线的中心波数 σ_0 与 σ 满足关系：

$$\sigma = \sigma_0\left(1 + \frac{\upsilon}{c}\right) \tag{4-21}$$

式中，σ_0 为实际中心波数，σ 为探测出的中心波数，υ 为风速，c 为光速。

图 4.3-16 为多普勒差分干涉仪示意图。多普勒差分干涉测风技术通过对干涉图相位的反演来探测大气特征辐射谱线的多普勒频移，从而实现大气风场探测。

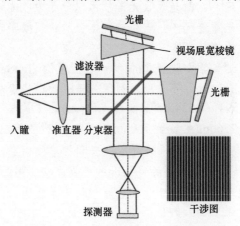

图 4.3-16　多普勒差分干涉仪示意图[35]

大气风场被动探测的光源根据大气高度的不同分为自然界形成的原子气辉或者分子辐射光谱。原子气辉主要分布在原子密度较大的 80～300km 的中高层大气中，而在 80km 以下的中低层大气中没有分布。在 80km 以下可考虑臭氧分子辐射光谱。

气辉是由于太阳辐射使大气中的原子、分子、粒子激发到较高能态，激发粒子由高能态向低能级跃迁时发射光子所产生的，常因参与作用的成分和过程不同而呈现不同的颜色。气辉作为量子能级跃迁的产物，其辐射光谱稳定且谱宽极窄，因此很适合作为大气风场探测的目标辐射源。物体发出的光有不同的频率，从而有不同的谱线，谱线宽度和发光物体的温度有关。**星载多普勒差分干涉仪主要探测 80～300km 的大气风场，探测目标源为可见光和近红外波段的原子气辉谱线。例如，通过观测 557.7nm 氧原子绿线和 630nm 氧原子红线的多普勒频移[36]，或者以氧分子(867.165732nm)为观测目标源[37]。**

针对大气高度在 **20～60km** 的平流层大气风场，由于原子气辉没有分布，没有合适的气辉谱线可供选择，**可通过观测臭氧分子在 8.823μm 附近的发射谱线**测量该平流层的风场和臭氧浓度。臭氧分子的辐射光谱经大气传输模型到达星载长波红外多普勒差分干涉仪，根据探测器上干涉图相位数据计算其相对于零风速时的相位变化量，由相位变化量与被测风速的定量关系求解风速，进一步通过迭代优化算法计算出风场高度廓线。为了获取不同大气高度的臭氧浓度，可根据干涉图的相对强度变化反演其辐射亮度，与前向模型(forward model)在该波段的辐射亮度进行比较，利用迭代算法计算对应该大气高度的臭氧浓度，进一步得到各个大气高度上臭氧浓度的分布曲线[38,39]。

4.3.5　大气散射

光的大气散射是光通过悬浮在空气中的粒子(原子、分子、尘埃、烟尘、水滴)等不均匀介质时，一部分光偏离原方向传播的现象。

太阳辐射中除了被大气中的二氧化碳和臭氧等吸收掉的辐射外，被大气分子或悬浮杂质所散射的辐射并不完全消失，散射辐射中的一部分转化为天空辐射，它与太阳的直射辐射一起产生对地的照度。

太阳辐射是非偏振的自然光，而天空辐射是部分偏振的散射光。从散射中心散射出来的偏振光，因方位不同而有各种不同的部分偏振光，甚至是全偏振光。大气散射是大气中辐射衰减的重要因素之一，大气对太阳辐射的散射非常复杂。散射强度取决于大气中气体分子和悬浮颗粒的大小、形状和分布。

大气散射主要分为瑞利散射、米氏散射和无选择性散射。

1) 瑞利散射

瑞利散射(Rayleigh scattering)的特点：

(1) 粒子直径小于 1/10 波长或更小时容易发生瑞利散射;

(2) 这些小尺寸的粒子主要包括大气中原子、分子(如 N_2、CO_2、H_2O 和 O_2 等);

(3) 散射强度 I 与光的波长 λ 的四次方成反比, 即 $I \propto (1/\lambda^4)$。

单个粒子瑞利散射光的强度为[40]

$$I(\theta) = \frac{I_0}{d^2} \times \frac{8\pi^4 r^6}{\lambda^4} \left(\frac{n^2 - 1}{n^2 + 2}\right)^2 \left(1 + \cos^2\theta\right) \tag{4-22}$$

其中, 发生散射的粒子半径为 r, 其光学折射率为 n, 当强度为 I_0, 波长为 λ 的太阳光入射时, 散射角为 θ, 观测点到粒子间的距离为 d。

【拓展知识】生活中的瑞利散射现象

唐朝诗人李白在他的《望庐山瀑布》中记录"日照香炉生紫烟", 通常翻译为"日光透过云雾, 照射在香炉峰上, 远望如紫色的烟云"。此处的"紫烟"可能就是上扬的特别细小的瀑布水雾达到了瑞利散射的粒子直径, 使得太阳光中的短波长如蓝紫光更容易散射而呈现出紫色烟雾。

对于现实生活中正在焚烧着的香炉, 袅袅香炉烟也可以产生紫烟效果。香灰中大尺寸的烟尘由于其尺寸远大于可见光波长而呈现无选择性散射, 颜色为烟尘本身的白色, 而线粒度非常小, 更加细腻、轻盈的部分受热空气的影响更容易飘浮在上空, 太阳光中波长更短的蓝紫光遇到这些小微粒则更易产生瑞利散射, 故而远眺烟雾顶端, 飘浮的薄烟散射光中的蓝紫光成分比红光成分强得多, 呈现出紫色来。

同理, 海水的蓝色也是因为水分子的散射造成的。如果你走近了看, 海水是无色透明的。潜入大海深处, 发现海水颜色更深甚至发黑, 这是因为深海散射的光能更少了, 人眼接收的光变少所以呈现出深黑色。

航天员从空间看地球, 看到的是一个美丽的"蓝色星球"。地球不是因为天空和大气是蓝色而呈蓝色的。假如是的话, 那么从地球表面反射出的光将都是蓝色, 这与我们看到的情况不相符。但也有真正来自蓝色的部分——海洋。地球上蓝色的程度取决于海水的深度。相比较深蓝色的海洋, 与大陆毗邻的区域(沿着大陆架)会出现较浅的青绿色色调。

海洋是由水分子构成的, 像所有分子一样, 水分子能优先吸收某些波长的光。最容易被水分子吸收的光是红外线、紫外线和红光。再往深处一点, 黄光、绿光都开始不见。当继续深潜, 蓝光也消失了, 所有波长的光波都被吸收了。而蓝色最有可能被反射并重新辐射回宇宙。这也是为何假如整个地球都被海洋覆盖, 那么只有 11% 的来自太阳的可见光会被反射回太空中去, 因为海洋吸收较多的阳光。

基于地球 70% 的表面被海洋覆盖, 且大部分都是深海区这一事实, 我们的世界从空间看来是蓝蓝的。如果是在月球上，因为没有大气层，天空即使在白天也是黑的。

【研讨】正午晴朗的天空为什么是蓝色的？

晴朗的天空中大尺寸的尘埃与水汽较少，空气洁净度更高一些。当日光经过大气层时，与空气分子(其半径远小于可见光的波长)发生瑞利散射，因为蓝光比红光波长短，蓝光更易形成瑞利散射，由式(4-22)知，蓝光的瑞利散射强度更大，从而使天空呈现蓝色。

但是太阳本身及其附近呈现白色或黄色，这是因为此时目视的更多的是直射光而不是散射光，所以日光的颜色基本未改变——波长较长的红黄色光与蓝绿色光(少量被散射了)混合成的白色。

按照瑞利散射发生的条件，光波波长越短，越易发生瑞利散射，且瑞利散射的强度与波长的四次方成反比，也就是说，波长越短，散射强度越强。那为什么天空的颜色不是波长更短的紫色？这是因为紫光在大气层内更易被吸收，且人眼对紫光不敏感。

【研讨】旭日与夕阳为什么是红色？

早晚阳光以大的倾角穿过大气层，穿过大气层的距离要远长于中午的太阳直射。太阳光波长中较短的蓝光、黄光等几乎朝侧向散射，仅剩下波长较长的红光到达观察者。接近地面的空气中有尘埃，更增强了短波散射。故而旭日与夕阳呈现出红色，类似的还有如"日照金山"现象。

由于斜入射大气层，光程较长，太阳光中占主要能量的短波长中的很大一部分被散射及衰减，另外人眼对红光的敏感度要弱于人眼最敏感的黄光，所以相对正午的太阳，目视旭日与夕阳才能感觉不刺眼，感觉此时的太阳温度好像较"低"，从而出现了"两小儿辩日"中的疑惑。

2) 米氏散射

米氏散射(Mie scattering)的特点：

(1) 大气中粒子的直径大于 1/10 波长到与辐射的波长相当时容易发生米氏散射；

(2) 大气中粒子主要包含烟、尘埃、小水滴及气溶胶等；

(3) 米氏散射强度 I 与波长的平方成反比，即 $I \propto (1/\lambda^2)$，且散射光的前向散射比后向散射的强度更强，方向性更明显。

生活中，大雾中的水汽粒子的直径与黄、红光(0.55~0.76μm)波长相当，故大雾对黄、红光的散射主要是米氏散射。考虑到人眼的舒适性和光线传播范围更广(更远)，故而山城的路灯一般采用波长较长的黄色霓虹灯。同样道理，汽车的雾灯也是选择黄色。

3）无选择性散射

无选择性散射(non-selective scattering)也称为丁达尔效应(Tyndall effect)，特点如下：

(1) 大气中粒子的直径大于波长时容易发生无选择性散射；

(2) 散射强度与波长无关，任何波长的散射强度都相同。当入射光是某色光时，看到的散射光也是某色光。

【研讨】雾霾天天空为什么是乳白色的？

大气污染较严重时，空气中充满了线粒度较大的悬浮尘埃粒子，此时的散射光有很大一部分是无选择性散射，此时太阳光所有波长的散射强度都一样，故而天空呈现出白茫茫的状态。

类似的还有山中雾气呈白色的解释，山中的雾气实际上是悬浮在空气中的小液滴，是一种很理想的散射源，由于液滴的尺寸(1～100μm)比可见光波长(0.4～0.75μm)大得多，遇光呈现无选择性散射，其主要散射太阳光，故散射光呈现出太阳的白色。

【应用案例】大气散射对光学遥感的影响

散射光直接进入传感器，增加信号中的噪声成分，造成图像质量下降。可见光的短波波段(蓝、绿)影响较明显。故而在可能的情况下，尽量滤掉短波长。

散射造成太阳辐射的衰减，但是散射强度遵循的规律与波长密切相关。而太阳的电磁波辐射几乎包括电磁辐射的各个波段。因此在大气状况相同时，同时会出现各种类型的散射。

大气分子、原子引起的瑞利散射主要发生在可见光和红外波段。

大气微粒引起的米氏散射从近紫外到红外波段都有影响，当波长进入红外波段后，米氏散射的影响超过瑞利散射。

大气云层中，悬浮的小雨滴的直径相对其他微粒最大，对可见光只有无选择性散射发生。而对微波来说，微波波长比粒子的直径大得多，则又属于瑞利散射的类型，散射强度与波长四次方成反比，波长越长散射强度越小，所以微波才可能有最小散射、最大透射而被称为具有穿云透雾的能力。

4.3.6　光的衍射

衍射是指波在传播过程中，遇到不透明的障碍物或者小孔(狭缝)时，绕过障碍物后产生偏离原来传播方向的现象。缝隙或障碍物的尺寸跟波长差不多或比较小时衍射现象才会明显。其中波包括声波、电磁波、光波、机械波等。例如，光波可绕过小孔产生衍射，形成明暗变化的光强分布。以衍射时物和像离遮挡物距离的不同分为菲涅耳衍射(Fresnel diffraction)(近场衍射)和夫琅禾费衍射(Fraunhofer diffraction)(远场衍射)。

　　光的衍射现象与光的干涉现象从本质上而言是相同的，都是相干光波叠加引起光强的重新分布。不同之处在于，干涉现象是有限个相干光波的叠加结果，而衍射现象则是无限多个相干光波的叠加结果。

【拓展知识】圆孔夫琅禾费衍射

　　如果光学系统的入瞳是圆形的，则圆孔夫琅禾费衍射图样是圆环条纹，其光强分布用式(4-23)表示

$$\frac{I}{I_0} = \left[\frac{2J_1(\Phi)}{\Phi}\right]^2 = \left[1 - \frac{\Phi^2}{2!2^2} + \frac{\Phi^4}{2!3!2^4} - \cdots\right]^2 \tag{4-23}$$

式中，I_0——光轴上 P_0 点的光强，$I_0 = S^2\left(A/\lambda f\right)^2$，其中 $S = \pi R^2$ 是圆孔面积，R 为衍射孔半径，A 为离点光源单位距离处的振幅；

　　Φ——圆孔边缘与中心点在同一 θ 方向上光线间的相位差，$\Phi = kR\theta$；

　　$J_1(\Phi)$——一阶贝塞尔函数。

　　圆孔衍射的光强分布及衍射图样如图 4.3-17 所示，中央圆亮斑很亮，集中了衍射光能量的 83.78%，通常称为艾里斑(Airy disk)。

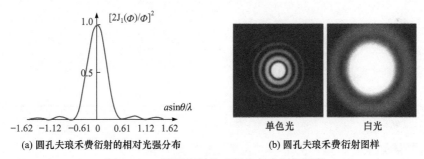

(a) 圆孔夫琅禾费衍射的相对光强分布　　(b) 圆孔夫琅禾费衍射图样

图 4.3-17　圆孔衍射的光强分布及衍射图样

　　艾里斑的直径 d 用衍射图案第一暗环直径表示，如图 4.3-18，艾里斑的半角宽 θ 为

$$\sin\theta \approx \theta = 0.61\frac{\lambda}{R} = 1.22\frac{\lambda}{D} \tag{4-24}$$

式中，D 为衍射孔直径，$D = 2R$。

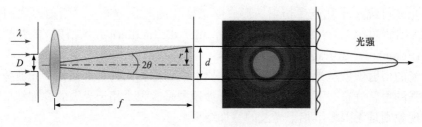

图 4.3-18　艾里斑

图 4.3-18 中，艾里斑直径为 d，半径为 r；光学系统焦距为 f。

艾里斑直径 d 与圆孔直径 D 有如下关系式：

$$2\theta \approx \frac{d}{f} = 2.44\frac{\lambda}{D} \tag{4-25}$$

衍射极限的艾里斑直径 $d=2.44\lambda F^{\#}$，单位同波长 λ 单位。可见光的艾里斑直径近似等于 $F^{\#}$，单位为 μm。圆孔衍射的光强分布如表 4.3-1 所示。

表 4.3-1　圆孔衍射的光强分布

条纹序列	Φ	$\left[2J_1(\Phi)/\Phi\right]^2$	光能分布
中央亮纹	0	1	83.78%
第一暗纹	$1.220\pi=3.832$	0	0
第一亮纹	$1.635\pi=5.136$	0.0175	7.22%
第二暗纹	$2.233\pi=7.016$	0	0
第二亮纹	$2.679\pi=8.417$	0.00415	2.77%
第三暗纹	$3.238\pi=10.174$	0	0
第三亮纹	$3.699\pi=11.620$	0.0016	1.46%

【拓展知识】日华、月华——大气光学衍射现象

日光或月光透过位于 2000～5000m 高度薄的高积云(Altocumulus, Ac)中的微小水滴或过冷水滴与冰晶等混合障碍物时，常会绕过这些障碍物产生衍射现象[41]，从而出现以太阳(月亮)为中心的一圈圈明暗相间彩色光环，这种大气光学衍射现象称为华(corona)。太阳外面的华叫日华，月亮外面的华叫月华，如图 4.3-19 所示。

汉字"华"的一个释义就是"发生在云层上环绕太阳或月亮的彩色光环"。《尚书·大传·虞夏传》中的"卿云烂兮，纠缦缦兮；日月光华，旦复旦兮"(意为：祥云灿烂，聚集弥漫在天空；日月的光辉，日复一日)，描绘的可能也是日华、月华现象。

| (a) 日华[42] | (b) 月华[43] |

图 4.3-19　日华与月华

【拓展知识】宝光——大气光学衍射现象

宝光(glory)，也称"佛光"、布罗肯幽灵(Brocken phenomenon)，因在德国的布罗肯山经常有此现象发生而得名，国内称之为峨眉宝光。如图 4.3-20 所示，人背向太阳而立，光线通过均匀分布的小云滴(小雨滴或小冰晶)等障碍物时发生衍射，在太阳相对方向的云雾层上形成围绕人影的彩色光环，而且影子随着人的移动而动。

图 4.3-20　峨眉宝光形成示意图[22]

目前有各种理论探索解释宝光形成原理[44,45]。如果从最终现象分析，可以看出主要还是光的衍射过程。以第 1 章中提及的飞机上看到的"佛光"为例，当飞机穿过对流层时，云的相互运动极有可能形成大小合适的衍射间隙，当太阳光穿过这些间隙时，就有可能形成圆孔夫琅禾费衍射，在飞机远处较为平坦且密集的云层接收到衍射环，飞机的影子也投射到这个天然接收屏上。以这个云洞间隙为参照物，太阳与飞机(以及飞机里的观察者)这两点连线只要能穿过云洞，就会看到彩色衍射环与飞机影子同步移动，如图 4.3-21 所示。

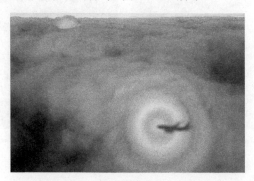

图 4.3-21　飞机上拍摄的"佛光"[44]

任何障碍物都可以使光发生衍射现象，理论上"佛光"现象容易产生，但在现实生活中却不容易观察到，主要是发生明显衍射现象的条件是"苛刻"的，即必须同时满足以下条件：

(1) 飞机顶部恰巧有云(均匀分布的小雨滴或小冰晶)形成合适大小的孔洞——便于形成圆孔衍射。

(2) 远处(较低位置)要有白色平整云雾——充当了衍射环及飞机影子的接收屏。而且白色的云提升了衍射现象的对比度，这一点特别重要，理论上只要满足衍射条件都能看到"佛光"，但现实中由于衍射能量低，与周围景物区分不明显而很难观测到。故而在易形成云雾的高山、高空上看到的概率要高一些，这也使其更显神秘。

(3) 背对太阳一侧观察——才能形成"佛影"。光直线传播，飞机的影子投射到衍射环。

至此，一个戴着彩色光环的"佛"出现了。

高山上观察到的"佛光"现象如图 4.3-22 所示，周围的彩色圆环是由光的衍射产生，"佛影"是人的影子投射在了衍射环的中心附近。

图 4.3-22　山顶"佛光"[44]

由于云雾的形成及其流动的不稳定性，故而宝光持续时间较短。

小结：晕、华、宝光与彩虹产生的特点

晕与太阳同一侧，是光通过卷层云(5000m 以上)中的冰晶时发生了光的折射、反射及色散；

华与太阳同一侧，是光通过高积云(2000~5000m)中的微小水滴或过冷水滴与冰晶等混合障碍物时的衍射现象；

宝光背对太阳方向，是由于云之间的间隙形成了圆孔衍射引起；

彩虹背对太阳方向，是光通过空气中的小水珠时发生的折射、反射及色散。

【应用案例】星点检验——基于衍射效应评定光学系统像差

基于圆孔衍射效应的星点检验法，是通过观察点光源(即星点)经过光学系统后在像面前后不同截面上所成衍射像的光强分布情况，评定光学系统自身的像差和缺陷的影响，从而定性评价光学系统成像质量的一种方法。

星点检验法的理论依据：位于无限远处的发光物点经过理想光学系统成像，在像平面上的光强分布符合夫琅禾费衍射理论。当障碍物的尺寸远小于光波的波长时，衍射就十分明显。

点光源(即星点)是通过在焦距为 f_c 的平行光管焦面设置直径为 d 的圆孔星点板，采用光源照射星点板来实现的。为了达到衍射效果，星点孔的直径对于被检光学系统前节点的张角 α 应小于理想星点衍射图案中第一衍射暗环所对应的衍射角 θ_1。如图 4.3-23 所示。

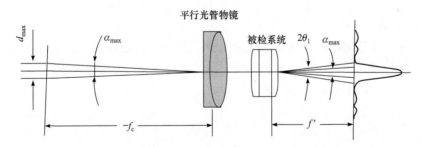

图 4.3-23　星点孔最大角直径与艾里斑角半径的关系[46]

在实际装置中，为了能清晰地看到星点衍射像，通常把 $\alpha = \theta_1 / 2$ 作为计算时所要求的星点孔直径 d 的条件[46]，即点光源最大角直径 α_{max} 为

$$\alpha_{max} = \theta_1 / 2 = 0.61\lambda / (2a) = 0.61\lambda / D \tag{4-26}$$

星点孔的最大直径 d_{max} 为

$$d_{max} = \alpha_{max} f_c = 0.61\lambda f_c / D \tag{4-27}$$

式中，D —— 被测试光学系统的入瞳直径，mm；

f_c——平行光管焦距，mm。

除了圆孔衍射外，典型的还有狭缝衍射。当通过狭缝对一些明亮的小目标如恒星、路灯等成像时，有时会形成星芒现象，即以点状亮目标为中心呈尖锐芒状的衍射条纹，图 4.3-24 为詹姆斯·韦伯空间望远镜(JWST)拍摄的银河系南部 7500 光年外的船底座星云，可以看出图中的亮星形状都一样，全为方向一致的八根状星芒。

图 4.3-24　詹姆斯·韦伯空间望远镜图像中的星芒[47]

星芒(star awn)，也称为衍射尖峰(Diffraction Spike，DS)，是光的直边(半无穷大不透明屏)衍射，即光在传播方向上遇到不透明物体(或者不透明直边)后在接收屏上形成特定衍射图案的现象。

实际上光遇到任何不透明物体(包括直边的、非直边的、多边形的或者任意形状的)都能够形成特定直边衍射图案。直边衍射和单缝衍射最大的区别就是直边衍射可以发生在任何不透明物体的边缘(如果物体透明的话也会发生直边衍射，只不过由于物体透光所以会对直边衍射图案对比度产生影响，从而不易观测到)，而单缝衍射发生在两个物体边缘所夹的单缝区域。典型的直边衍射有刀口衍射、光阑衍射等。

星芒出现在遮挡物轮廓(孔径)边缘与其垂直的方向，并在该边的中线方向上进行展宽，且芒的相对长度与该对应边的长度成正比。如图 4.3-25 三角(边)形孔径(a)的衍射图样为图(c)。衍射是在图(b)所示的三条直边孔径的垂直方向发生。

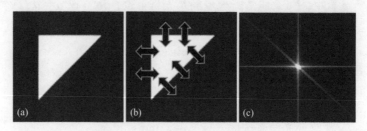

图 4.3-25　三边形孔径及其衍射图样

图 4.3-26 为不同边数多边形的衍射图样。当多边形孔径的边数为奇数时，星芒线数为其边数的 2 倍；当边数为偶数时，由于多边形本身的几何对称结构，星芒线出现了重叠，使得星芒线条数与多边形边数相等。同样，**单根芒线上的能量也与边数的奇偶对应，奇数芒线能量不变，偶数芒线能量叠加**。

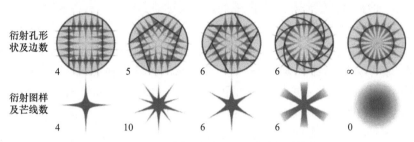

图 4.3-26　不同边数多边形的衍射图样[48]

如果孔径是完美的圆，则星芒在 360° 圆周方向都有分布，故而芒线效果消失，取而代之的则是同心衍射环，中心为艾里斑。这也是由光的衍射特性决定的。

能引起衍射的还有处于光路中的桁架结构，图 4.3-27 所示为反射式光学望远镜中典型的 "十" 字型、三杆式次镜支架构型及其引起的星芒仿真效果。

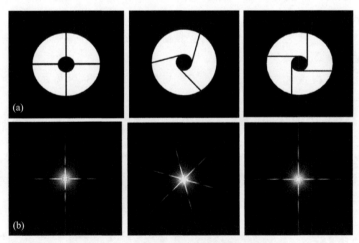

图 4.3-27　不同支架构型的星芒仿真图

詹姆斯·韦伯空间望远镜 (JWST) 拍摄亮星时形成的星芒，如图 4.3-24 所示，主要是由三根次镜支撑杆衍射以及六边形主镜直边衍射叠加而成。生活中常见的用手机拍摄夜晚的路灯时出现的长条弧光，也是由于手触摸镜面留下的线状污染物形成的星芒。

衍射星芒其实就是对光阑和桁架进行的二维傅里叶变换[48]。星芒的衍射图样，反映的是光阑或者桁架在垂直于它的方向上的"宽度"信息。光阑越小、桁架越细，光的衍射效果就越明显；光阑太大或者桁架太宽，衍射效应就会变弱，芒线会显得很短，星芒效果不明显。

星芒的危害：对于空间天文观测而言，明亮的芒线一方面会掩盖住背景中较暗的星体，使得处于芒线中或者周围的暗天体难以观测；另一方面，由于衍射，接收到的目标天体能量减少，对于能量探测类如光度探测(测量恒星的亮度)而言增加了探测难度。

星芒影响减缓途径：减缓星芒的影响，从消除星芒发生的条件入手。在光路中避免出现线性遮挡；在可能的条件下尽量增大光阑口径(如可减小曝光时间来减少过曝)并尽量使其保持圆形。在工程中，一方面，从光学系统构型考虑[49]，采用离轴光学系统可有效规避次镜支撑杆处于光路中，或者在探测能量许可的条件下增加线性遮挡的宽度；另一方面，参照图 4.3-26 不同边数的衍射图样结果，使光阑尽量保持圆形，且光阑内径边缘光滑，无毛刺和污染物。

【应用案例】鱼骨板——利用星芒辅助望远镜对焦

巴金诺夫对焦板(Bahtinov mask)也称鱼骨对焦板，是由俄罗斯业余天文摄影师 Pavel Bahtinov 于 2005 年发明的。它是在一个不透明的圆盘上镂空刻出特定的图案，安装在相机镜头或望远镜的最前端，在对亮的点目标成像时，光透过鱼骨板引起直边衍射，产生星芒。通过调整焦面位置，使所有星芒相交并完全对称分布，此时的位置即为焦点位置。

以"米"字型鱼骨对焦板为例，其对焦原理如图 4.3-28 所示，当光线通过鱼

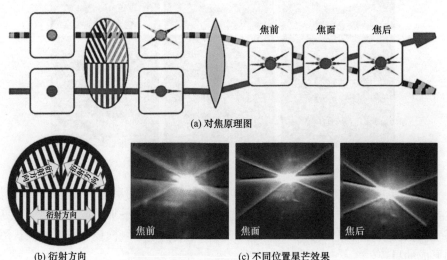

(a) 对焦原理图

(b) 衍射方向　　　　　　　　(c) 不同位置星芒效果

图 4.3-28　　"米"字型鱼骨对焦板对焦原理图

骨对焦板时，在三个不同方向栅格狭缝的垂直方向发生衍射，从而产生三对"星芒"。当光学系统调焦到最佳像面时，三个星芒在图像中心相交。如果系统离焦，则中心星芒从交叉点偏移。通过测量中心星芒的偏差，可以推断出散焦量[50,51]。

　　按照鱼骨对焦板上栅格的不同角度分布，分为"米"字型(三个方向)、双线型(四个方向)、十六线型(九个方向)。图 4.3-29 为典型的三种鱼骨对焦板及其在焦面上对应的星芒图样。

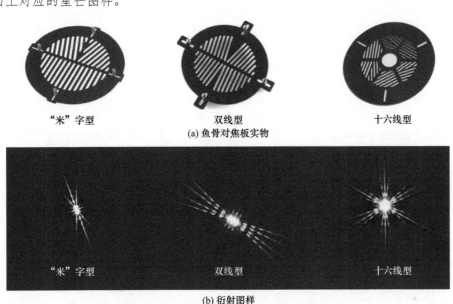

"米"字型　　　　　　　双线型　　　　　　　　十六线型
(a) 鱼骨对焦板实物

"米"字型　　　　　　　双线型　　　　　　　　十六线型
(b) 衍射图样

图 4.3-29　鱼骨对焦板实物及对应的星芒图样

4.4　小　　结

　　本章从光学遥感链路入手，介绍了太阳、地球等典型天体辐射源。从大气密度，大气的折射、反射、吸收、散射以及光学衍射等特性，分析了大气环境对光学遥感的影响，并结合工程实践介绍了一些工程应用案例。

复习思考题

1. 为什么要把光学望远镜发射到空间观测？典型的空间光学望远镜都有哪些？
2. 大气光学特性包括哪些？简述各个特性的产生原理。
3. 简述大气散射的分类以及对光学遥感的影响。
4. 大气吸收光谱特性在航天光学遥感中还有哪些应用？具体的探测原理是什么？

5. 微波对地遥感为什么可以穿云透雾？其成像特点是什么？

6. 在对流层(海拔 10km)范围内，海拔越高温度越低的影响因素都有哪些？

7. 解释"日照金山"这一自然现象形成的原理。生活中能观察到的类似的现象都有哪些？

8. 星芒是如何形成的？如何减缓星芒的影响？

9. 鱼骨板应用了什么原理？大气的光学特性还有哪些应用？

参 考 文 献

[1] Yang Q, Liu X, Wu W. A hyperspectral bidirectional reflectance model for land surface[J]. Sensors, 2020, 20(16): 4456.

[2] 张亚梅. 地物反射波谱特征及高光谱成像遥感[J]. 光电技术应用, 2008, 23(5): 6-11.

[3] 王炳忠, 申彦波. 太阳常数的研究沿革和进展(下)[J]. 太阳能, 2016(4): 8-10, 7.

[4] 国家质量监督检验检疫总局, 中国国家标准化管理委员会. 太阳能资源术语:GB/T 31163—2014[S]. 北京: 中国标准出版社, 2015.

[5] 沈自才, 李衍存, 丁义刚. 航天材料紫外辐射效应地面模拟试验方法[J]. 航天器环境工程, 2015, 32(1): 43-48.

[6] 国家市场监督管理总局, 国家标准化管理委员会. 空间环境 空间太阳总辐照度: GB/T 41459—2022[S]. 北京: 中国标准出版社, 2022.

[7] Space systems-Space environment-Simulation guidelines for radiation exposure of non-metallic materials：ISO 15856-2010[S].

[8] 周昊, 邓楼楼, 吕政欣, 等. 广角红外地球敏感器光学系统设计及畸变校正[J]. 应用光学, 2018, 39(2): 257-261.

[9] 饶瑞中. 现代大气光学[M]. 北京: 科学出版社, 2012.

[10] 吴俊佑. 典型形状空间碎片姿态演化规律的动力学特征研究[D]. 哈尔滨: 哈尔滨工业大学, 2021.

[11] 刘海力. 常用状态方程描述二氧化碳 PVT 关系的比较[J]. 化工管理, 2015(27): 54-55.

[12] 达道安, 杨亚天. 地球、金星大气寿命的计算[J]. 真空与低温, 2005, 11(2): 70-77.

[13] 中国科学院空间环境研究预报中心. 空间环境月报 [EB/OL].(2012)[2024-01-19]. www.sepc.ac.cn/uploads/share1/MonthReport/YearReport/2012.pdf.

[14] 数字太空. 真是磁暴惹的祸？星链损失多达 40 颗星事件再分析[EB/OL].(2022-02-12)[2024-01-19].https://mp.weixin.qq.com/s/3aIU-5GL2ph0fI2UfR_OUA.

[15] 金群锋. 大气折射率影响因素的研究[D]. 杭州: 浙江大学, 2006.

[16] 赵树祥, 郭中华, 权佩军, 等. 大气折射率影响因素分析及应用[J]. 大学物理实验, 2018, 31: 32-35.

[17] 徐卿, 赵春晖, 白山. 面向天文/惯性组合导航的全天时星敏感器研究现状及关键技术[C]. 中国惯性技术学会 2019 科技工作者研讨会, 昆明, 2019: 233-241.

[18] 房建成, 宁晓琳, 田玉龙. 航天器自主天文导航原理与方法[M]. 北京: 国防工业出版社, 2006.

[19] Biswas D, Chourasia S, Das R N, et al. Mirage in geometrical optics and the horizontal ray [J].

Student Journal of Physics, 2018, 7(4): 153-172.

[20] 佚名. 中国碳卫星"把脉"全球大气[J]. 红外, 2017, 38(1): 50.

[21] 中华人民共和国国家市场监督管理总局, 中国国家标准化管理委员会. 环境条件分类 自然环境条件 太阳辐射与温度: GB/T 4797.4—2019[S]. 北京: 中国标准出版社, 2019.

[22] 赖比星. "佛光": 你也看得到! [J]. 中国国家地理, 2009(2): 130-143.

[23] 百度百科. 日晕[EB/OL]. https://baike.baidu.com/item/%E6%97%A5%E6%99%95[2024-01-11].

[24] 百度百科. 晕[EB/OL]. https://baike.baidu.com/item/晕/16383425[2024-01-12].

[25] Tape W. Atmospheric Halos [M]. Washington: American Geophysical Union, 1994.

[26] 腾讯网. 日晕三更雨, 验证谚语的时候到了! [EB/OL]. (2020-05-19) https://new.qq.com/rain/a/20200519A0NT2800[2024-01-12].

[27] 百度百科. 卷层云[EB/OL]. https://baike.baidu.com/item/卷层云/3613027?fr=ge_ala[2024-01-11].

[28] 安志强. 经济环保辐射制冷薄膜的制备与特性研究[D]. 天津: 河北工业大学, 2022.

[29] Duband L. Space cryocooler developments [J]. Physics Procedia, 2015, 67: 1-10.

[30] Zhao D, Aili A, Zhai Y, et al. Radiative sky cooling: Fundamental principles, materials, and applications[J]. Applied Physics Reviews, 2019, 6(2): 021306-1-021306-4.

[31] 赵雨云. 差分吸收光谱技术及在大气监测领域的应用[J]. 环境与发展, 2020, 32(3): 162, 164.

[32] 张连翀, 王丝丝, 李静, 等. 中国碳卫星(TanSat)数据产品及国际合作进展[J]. 卫星应用, 2023(7): 13-17.

[33] 刘毅, 姚璐, 王靖, 等. 中国碳卫星数据的应用现状[J]. 卫星应用, 2022(2): 46-50.

[34] 肖旸, 冯玉涛, 文镇清, 等. 中高层大气风场探测多普勒差分干涉技术(特邀)[J]. 光子学报, 2022, 51: 291-306.

[35] 冯玉涛, 李娟, 赵增亮, 等. 大气风场探测星载干涉光谱技术进展综述[J]. 上海航天, 2017, 34: 14-26.

[36] Englert C R, Brown C M, Marr K D, et al. As-built specifications of MIGHTI—The thermospheric wind and temperature instrument for the NASA ICON mission[C]//Fourier Transform Spectroscopy. Optica Publishing Group, 2016: FTh4B. 2.

[37] Sun C, Feng Y, Fu D, et al. The phase uncertainty from the fringe contrast of interferogram in Doppler asymmetric spatial heterodyne spectroscopy [J]. Journal of Optics, 2021, 23(11): 115703.

[38] Shepherd G, Solheim B, Brown S, et al. Integration of spatial heterodyne spectroscopy with the stratospheric wind interferometer for transport studies (SWIFT)[J]. Canadian Aeronautics and Space Journal, 2012, 58(2): 115-121.

[39] Solheim B, Brown S, Sioris C, et al. SWIFT-DASH: Spatial heterodyne spectroscopy approach to stratospheric wind and ozone measurement [J]. Atmosphere-Ocean, 2015, 53(1): 50-57.

[40] Pradhan R K. Does Rayleigh scattering explain the Blueness of Sky? [J]. Science, 2015, 28: 31.

[41] 百度百科. 高积云[EB/OL]. https://baike.baidu.com/item/高积云/2379713?fr=Aladdin[2024-01-12].

[42] 人民网. 北京天空现七彩祥云你的盖世英雄在哪里? [N/OL]. (2018-10-08) https://baijiahao.baidu.com/s?id=1613767172113292719[2024-01-10].

[43] 湖北日报. 月亮"身披"彩色光环 武汉天空出现罕见"月华"[N/OL]. (2021-10-09) http://

nanzhang.cjyun.org/p/90235.html[2024-01-10].

[44] 百度百科. 宝光[EB/OL]. https://baike.baidu.com/item/宝光/11046080?fr=ge_ala. [2024-01-14].

[45] 宫正. 基于物理的大气现象真实感建模与绘制[D]. 杭州: 浙江大学, 2006: 17-32.

[46] 周言敏, 李建芳, 王君. 光学测量技术[M]. 西安: 西安电子科技大学出版社, 2013: 154-157.

[47] NASA. James Webb Space Telescope team[EB/OL]. (2022-07-12) https://webbtelescope.org/resource-gallery/images[2024-01-15].

[48] EasyNight. "韦布"出图啦, 可这星芒为啥如此耀眼[Z]. 百科探秘: 航空航天, 2022(12): 10-14.

[49] 王虎, 陈钦芳, 马占鹏, 等. 杂散光抑制与评估技术发展与展望(特邀)[J]. 光子学报, 2022, 51(7): 125-180.

[50] Champagne J A, Burge J H, Crowther B J. Thermo-opto-mechanical analysis of a cubesat lens mount[J]. SPIE, 2011: 812510.1-812510.13.

[51] van Akker D. Gizmos: Bahtinov on the cheap[J]. The Journal of the Royal Astronomical Society of Canada, 2010, 104(8): 35.

第5章 空间合作目标光度特性

针对第 4 章图 4.1-2 典型的对地观测光学成像遥感链路，之前分别介绍了空间环境、力学环境、大气等对空间光学遥感的影响。对于目标特性而言，由于地物比较丰富，故而其与空间目标的特性相比较复杂。

对于高分辨率对地观测及空间天文观测，卫星位置姿态(简称"位姿")的瞬时精确估计特别重要。估计航天器与目标的相对位置姿态是部署卫星星群的必要环节，目前主要通过检测空间目标上的特征点，如通过测量人工标记即合作目标的数据来确定位姿[1]。本章从较为简单易于理解的空间目标入手介绍。

空间目标分为合作目标以及非合作目标。**合作目标**泛指属性已知，能提供合作应用的飞行器或者特征目标，包括伴飞卫星、目标标志器等。**非合作目标**泛指不能提供有效合作信息的空间目标[1,2]。非合作目标主要包括空间碎片、未知飞行器等。已知特征卫星由于其目标特性明显，任务目的明确，配合特定空间活动，本章不再讨论。

由目标标志器构成的合作目标分为主动标志和被动标志两种[3,4]。主动标志一般采用发光二极管(LED)或者激光器二极管(Laser Diode，LD)构建，主动标志为单倍光程，故所需功率较小。被动标志采用角反射器(Corner Cube Reflector，CCR)，其优点为无源标志，空间环境下使用寿命长，相对主动标志可靠性高，缺点是双倍光程，光源的功率要求较大。

合作目标最大的特点是其属性已知，与周围物体对比明显，易于识别。在某些飞行器上由于一些空间自主操作等任务的需要，安装由合作目标构成的目标标志器。

在某些状况下，非合作目标也有可能转换成合作目标应用。星载光学相机都是将接收到的光信号通过一定口径的光学系统会聚到探测器上。探测器在对会聚的光信号进行转换、吸收的同时，也会反射一部分光信号。所以当主动光束进入光学系统视场时，根据光路可逆特性，从探测器反射的光束将按原光路返回。如图 5.0-1 所示，这种特性类同于合作目标。

由于空间目标有可能处于地球阴影区或者采用了隐身技术，常规利用太阳反射光进行的被动探测受限。若采用激光主动侦察，完全有可能利用激光向异方光电目标发射激光探测信号，利用其光路可逆效应，通过接收空间光电目标反射的回波信号，对轨道周边的威胁目标进行识别、分类。通过对其光度特性的研究，可以将含有光电探测器的异方飞行器等效成合作目标进行探测。

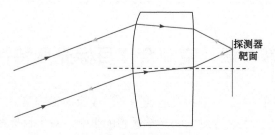

图 5.0-1　光路可逆示意图

　　空间合作目标广泛应用于地球与月球之间距离的激光测量、空间交会对接、飞行器初始姿态标校等方面。比较典型的有美国在月面上放设的阿波罗11(Apollo11)、阿波罗 14 和阿波罗 15 系列激光角反射器；苏联先后发射了月球登陆车 Luna17 和 Luna21，在月面安置了 Lunakhod17 和 Lunakhod21 角反射器阵列。目前，这 5 个角反射器阵列仍可进行激光测量地月距离[5]。我国空间引力波"天琴计划"科研团队也探测到了月球上全部 5 个激光反射器的回波信号，成功实现了地月距离的激光测量。

　　还有很多地球卫星，包括低轨卫星、导航卫星都携带角反射器，用于与地基激光站配合，通过跟踪测距，检验卫星定轨精度。如印度区域导航卫星系统"IRNSS"(2016 年更名为纳维克"NavIC")的系列卫星，其角反射器阵列由 40 个角反射器组成，每个角反射器的直径为 38mm。通过激光测距手段获得的观测数据主要用于定轨及对其他来源定轨的标校。

　　测地卫星(geodetic satellite)专门用于大地测量。其空间部分可作为地面观测设备的观测目标或定位基准。测地卫星可精确测定地球上任意点的坐标、地球形体和地球引力场参数[6]，其合作目标包括光信标灯、多普勒信标机以及激光角反射器等。其中光信标灯作为地球观测站进行空间三角测量的观测目标；角反射器阵列作为地面激光测距系统的空间目标；由高稳定度晶体振荡器和多个发射机组成的多普勒信标机，供地面多普勒测速定位用；其他测地设备还有雷达应答机(用于测距和测速)以及雷达测高仪(用于测量卫星到海面高度)等。

　　典型的测地卫星有美国专用地球动力学卫星——激光地球动力学卫星(Laser Geodynamics Satellite，LAGEOS)，用于为地壳运动、固体地球潮汐及地震动力测量等精密地球测量领域提供恒定参考点[7]。LAGEOS-1 和 LAGEOS-2 卫星都为球形。卫星表面装有 426 块角反射器，用以反射从地球站发射的激光束，其中 422 块由石英玻璃制成，4 块由锗制成。

　　2011 年 11 月 3 日"神舟八号"飞船与"天宫一号"目标飞行器完成中国首次在轨交会对接。在对接的 150～2m 距离内，采用主动标志的目标测量模式，即

CCD 光学成像敏感器与测量合作目标分别设置在"神舟八号"飞船和"天宫一号"目标飞行器上。CCD 光学成像敏感器对主动发光合作目标——发光二极管(LED)成像，通过解算完成两器的相对位姿测量。其中作为测量合作目标的 LED 波长为 940nm[8,9]。在随后的"神舟九号"、"神舟十号"飞船分别与"天宫一号"目标飞行器的近距离自动交会对接过程中，都采用了主动目标测量模式。

　　主动目标测量模式采用 LED 面光源作为主动标志的合作目标，其中间误差环节少，测量精度高。缺点是很难从物理上将合作目标与背景区域分开，需要对合作目标周围表面进行消杂光处理或者要选择太阳光干扰较小时的对接时机来降低杂散光对测量的影响。另外，对光源的可靠性要求更高，需要光源的寿命与目标飞行器的在轨寿命接近，以满足不同任务期的交会对接需要。故而采用 LED 或者 LD 的主动标志合作目标适合短周期、杂光干扰小的场合。交会对接的可靠性直接受光源的使用寿命影响。

　　从"神舟十一号"飞船和"天宫二号"目标飞行器对接开始，到后续载人飞船、空间站和"嫦娥五号"、"嫦娥六号"轨道器的自动交会对接，都采用被动目标测量模式，即交会对接光学成像敏感器与环行 LD 光源全部设置在同一飞船上，由角反射器组成的远场、近场及超近场目标标志器设置在目标飞行器上[9]，目标标志器为飞船间的自动对接提供测量靶标。其中采用双波长激光照明和差分机制，从原理上克服了杂光干扰的技术瓶颈。相机可自主控制 808nm/850nm 双波长 LD 光源交替照明目标标志器，对获得的两幅不同波长的图像差分后再进行数据处理，能从根本上解决目标标志器和目标飞行器表面反射的太阳光的干扰[10]，实现了全天时对接需要。采用被动标志目标测量模式可测量的距离范围为 250～0.9m。

　　相较于主动标志的目标测量模式，被动标志目标测量模式可使相机自主控制光源发光，便于杂光抑制。另外，被动目标标志器是无源的角反射器，适合长期可靠在轨工作。

　　光度(luminosity)是天体在单位时间内辐射的总能量。光度是空间目标的基本物理特征之一，能在一定程度上反映目标的形状、大小、姿态以及表面覆盖材料性质。空间目标通常因反射太阳光而发亮，其光度信息受到地球外层空间辐射环境、目标与测量点之间的距离、目标-太阳-测量点夹角(相位角)、目标形状与大小以及表面材料等自身特性、目标的轨道姿态等的影响[11]，故而对于合作目标光度特性的研究也尤为重要。

　　主动标志的合作目标，其光度特性与其本身光源特性有关，本书不具体讨论。本章重点分析被动标志合作目标即后向反射器的光度特性。

5.1　后向反射器种类

后向反射器分为球形后向反射器和角锥型后向反射器。球形后向反射器如图 5.1-1 所示，具有视场接收范围大的特点。

角锥型后向反射器又称为角反射器，分为空心角反射器和实心角反射器，主要应用于激光测距、激光通信等技术领域[12,13]，随着航天科技的进步，角反射器逐渐作为航天合作目标的目标标志使用[14,15]。其特点是精度高，反光效率高，且用途广[16]。本节重点分析角锥型角反射器。

空心角反射器又称为角反射镜，如图 5.1-2 所示，由三块镀有外反射膜的光学平板或金属通过胶粘等工艺装配而成，故而质量轻，由于应用外反射原理，所以可以保持原偏振态，没有色差，适合宽波段使用。而且入射与出射传输介质一致，故而其理论综合角度偏差为零。缺点是

图 5.1-1　球形后向反射器示意图

受外加载荷和环境温度的影响较大。

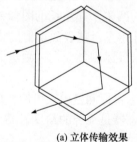

(a) 立体传输效果

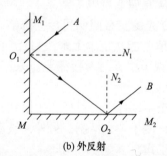

(b) 外反射

图 5.1-2　空心角反射器示意图

实心角反射器如图 5.1-3 所示，为玻璃实心体的角锥棱镜，从底面入射的光线，依次经过玻璃的三个直角面在内部全反射，出射光线近似平行于入射光线且方向相反，如图 5.1-3(a)所示。其优点是精度较高，同等精度要求下，以现有的工艺水平，实心角反射器的加工和装夹较空心角反射器容易一些。由于是要在玻璃内部实现全反射，故不适合宽谱段工作波长，而且希望玻璃材料尽量无气泡、无条纹，避免材料的不均匀对出射光束的影响，所以对玻璃材料的要求比较高。其由整块实心玻璃加工而成，质量较空心角反射器大。

将角反射器底面按照如图 5.1-3(b)所示的内切圆切割，在确保通光口径最大化的同时，结构的相对对称一方面有利于装夹，可大大地增加角反射器的稳定性；

另一方面可以有效减小热效应的影响，能较好地适应空间热环境的要求[17]。

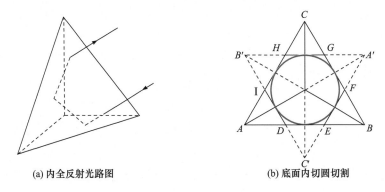

(a) 内全反射光路图　　　　　　　　　　(b) 底面内切圆切割

图 5.1-3　实心角反射器示意图

5.2　角反射器特性分析

角反射器从几何形状上而言为四面体直角角锥，其几何关系如图 5.2-1 所示。

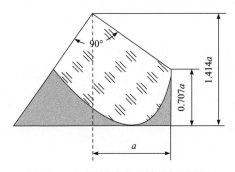

图 5.2-1　四面体直角角锥几何关系图

图 5.2-1 中 a 为角反射器有效口径之半。由于材质为光学玻璃，故也称为角锥棱镜。

5.2.1　角锥棱镜的反射特性

角锥棱镜的三个反射面分布，在空间用矢量形式反射定律描述[18]，如图 5.2-2 所示，设角锥棱镜 $OABC$ 的三个棱边和直角坐标系的三个坐标轴重合，三个顶点的坐标分别为 $A(a,0,0)$，$B(0,a,0)$，$C(0,0,a)$，则底面等边三角形 ABC 的方程由 A、B、C 三点决定：

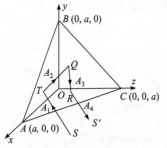

图 5.2-2　角锥直角坐标系

$$
\begin{vmatrix}
x & y & z & 1 \\
a & 0 & 0 & 1 \\
0 & a & 0 & 1 \\
0 & 0 & a & 1
\end{vmatrix} = 0 \tag{5-1}
$$

则底面方程为

$$
x + y + z - a = 0 \tag{5-2}
$$

设光线沿 ST 方向入射，经 T、Q、R 点反射后，沿 RS' 方向射出，设 $\boldsymbol{A}_1^0$，$\boldsymbol{A}_2^0$，$\boldsymbol{A}_3^0$ 和 $\boldsymbol{A}_4^0$ 分别为 ST、TQ、QR 和 RS 的单位矢量，射向直角反射面 AOB 的入射光线 A_1 的单位矢量可表示为

$$
\boldsymbol{A}_1^0 = -l\boldsymbol{i} - m\boldsymbol{j} - n\boldsymbol{k} \tag{5-3}
$$

式中，l——光线 $\boldsymbol{A}_1^0$ 在 x 轴上的方向数；

　　　m——光线 $\boldsymbol{A}_1^0$ 在 y 轴上的方向数；

　　　n——光线 $\boldsymbol{A}_1^0$ 在 z 轴上的方向数，且 $l^2 + m^2 + n^2 = 1$。

入射光线 A_1 经 AOB 反射后射向反射面 BOC，反射面 AOB 的法线单位矢量为 $\boldsymbol{n}_1 = -\boldsymbol{k}$，则反射光线 A_2 单位矢量由反射定律决定，即

$$
\begin{aligned}
\boldsymbol{A}_2^0 &= \boldsymbol{A}_1^0 - 2\left(\boldsymbol{A}_1^0 \cdot \boldsymbol{k}\right)\boldsymbol{k} \\
&= -l\boldsymbol{i} - m\boldsymbol{j} - n\boldsymbol{k} - 2[(-l\boldsymbol{i} - m\boldsymbol{j} - n\boldsymbol{k})\boldsymbol{k}]\boldsymbol{k} \\
&= -l\boldsymbol{i} - m\boldsymbol{j} + n\boldsymbol{k}
\end{aligned} \tag{5-4}
$$

反射面 BOC 的法线单位矢量为 $\boldsymbol{n}_2 = -\boldsymbol{i}$，光线 $\boldsymbol{A}_2^0$ 射向 BOC 后的反射光线 A_3 的单位矢量为

$$
\begin{aligned}
\boldsymbol{A}_3^0 &= \boldsymbol{A}_2^0 - 2\left(\boldsymbol{A}_2^0 \cdot \boldsymbol{i}\right)\boldsymbol{i} \\
&= -l\boldsymbol{i} - m\boldsymbol{j} + n\boldsymbol{k} - 2[(-l\boldsymbol{i} - m\boldsymbol{j} + n\boldsymbol{k})\boldsymbol{i}]\boldsymbol{i} \\
&= l\boldsymbol{i} - m\boldsymbol{j} + n\boldsymbol{k}
\end{aligned} \tag{5-5}
$$

反射面 COA 的法线单位矢量为 $\boldsymbol{n}_3 = -\boldsymbol{j}$，光线 $\boldsymbol{A}_3^0$ 射向 COA 后的反射光线 A_4 的单位矢量为

$$
\begin{aligned}
\boldsymbol{A}_4^0 &= \boldsymbol{A}_3^0 - 2\left(\boldsymbol{A}_2^0 \cdot \boldsymbol{j}\right)\boldsymbol{j} \\
&= l\boldsymbol{i} - m\boldsymbol{j} + n\boldsymbol{k} - 2[(l\boldsymbol{i} - m\boldsymbol{j} + n\boldsymbol{k})\boldsymbol{j}]\boldsymbol{j} \\
&= l\boldsymbol{i} + m\boldsymbol{j} + n\boldsymbol{k}
\end{aligned} \tag{5-6}
$$

对光线 $\boldsymbol{A}_1^0$ 和 $\boldsymbol{A}_4^0$ 进行点积，有

$$A_1^0 \cdot A_4^0 = -(l\boldsymbol{i} + m\boldsymbol{j} + n\boldsymbol{k})(l\boldsymbol{i} + m\boldsymbol{j} + n\boldsymbol{k})$$
$$= -\left(l^2 + m^2 + n^2\right) = -1 \tag{5-7}$$

说明入射光线 A_1^0 和出射光线 A_4^0 在空间上方向相反，相互平行。

5.2.2　角锥棱镜的成像特性

角锥棱镜展开便可得到等效的平行平板，如图 5.2-3 所示。等效平行平板厚度(角锥棱镜光轴长度)为 $L = 2\sqrt{2}a$ ，其中 a 为角锥棱镜的有效口径之半。

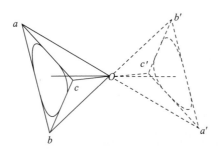

图 5.2-3　等效平行平板

故角锥棱镜具有平行平板的成像特性，不会使物体放大或者缩小，入射光线与出射光线相互平行。唯一不同之处是成像方向，角锥棱镜在空间有 3 个反射面，则像对于物在上下和左右方向都旋转了 180° 。

由于光线通过平行平板时入射和出射光线永远平行，所以物空间和像空间的会聚角 U_1 和 U_2' 相等，同时物、像空间的折射率也相等。其轴向放大率、垂轴放大率和角放大率等三种放大率均为 1。所以平行平板是个无光焦度的光学元件，不会使物体放大或缩小，在光学系统中对总光焦度无贡献，仅使像平面的位置发生移动，并不影响系统的光学特性。

如图 5.2-4 所示，出射光线 EB 和入射光线 A_1D 相互平行，光线经平行平板折射后方向不变，但 EB 相对于 A_1D 平行移动了一段距离 DG 。故侧向位移为

$$\Delta T = DG = d\sin I_1 \left(1 - \frac{\cos I_1}{n \cdot \cos I_1'}\right) \tag{5-8}$$

式中，ΔT —— 平行光束侧向位移，mm；

　　　d —— 平行平板厚度，mm；

　　　I_1 —— 光线入射角，(°)；

　　　I_1' —— 光线出射角，(°)；

　　　n —— 折射率。

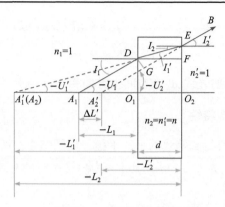

图 5.2-4　平行平板成像特性

轴向位移为

$$\Delta L' = AA' = d\left(1 - \frac{\cos I_1}{n \cos I_1'}\right) = d\left(1 - \frac{\tan I_1'}{\tan I_1}\right) \tag{5-9}$$

式中，$\Delta L'$为宽光束轴向位移，单位为 mm。

式(5-9)表明，轴向位移 $\Delta L'$ 随入射角 I_1(即孔径角 U_1)的不同而不同，即从轴上点 A_1 发出的具有不同入射角的光线经平行平板折射后，具有不同的轴向位移值，这说明同心光束经平行平板折射后，在像方的光束不再和光轴交于一点，变为非同心光束，失去了同心性。因此，平行平板不能成完善像，亦即存在球差。轴向位移越大，球差也越大。

如果入射光束以近于无限细的近轴光束通过平行平板成像，则近轴光通过平行平板的轴向位移为

$$\Delta l' = d\left(1 - \frac{1}{n}\right) \tag{5-10}$$

式中，$\Delta l'$ —— 近轴细光束轴向位移，mm；

　　　d —— 平行平板厚度，mm；

　　　n —— 折射率。

由式(5-10)可以看出，物点的近轴光经平行平板成像时，可成完善像。

角锥棱镜的初级像差为

$$\sum S_{\mathrm{I}} = \frac{1-n^2}{n^3}du^4$$

$$\sum S_{\mathrm{II}} = \frac{1-n^2}{n^3}du^3 u_{\mathrm{p}}$$

$$\sum S_{\text{III}} = \frac{1-n^2}{n^3} du^2 u_{\text{p}}^2$$

$$\sum S_{\text{IV}} = 0$$

$$\sum S_{\text{V}} = \frac{1-n^2}{n^3} du u_{\text{p}}^3 \qquad\qquad (5\text{-}11)$$

$$\sum C_{\text{I}} = -\frac{dn}{n^2} du^2 = -\frac{n-1}{n^2 \nu} du^2$$

$$\sum C_{\text{II}} = -\frac{dn}{n^2} du u_{\text{p}} = -\frac{n-1}{n^2 \nu} du u_{\text{p}}$$

式中，$\sum S_{\text{I}}$ —— 第一塞德尔和数，表示初级球差；

　　　　$\sum S_{\text{II}}$ —— 第二塞德尔和数，表示初级彗差；

　　　　$\sum S_{\text{III}}$ —— 第三塞德尔和数，表示初级像散；

　　　　$\sum S_{\text{IV}}$ —— 第四塞德尔和数，表示初级场曲；

　　　　$\sum S_{\text{V}}$ —— 第五塞德尔和数，表示初级畸变；

　　　　$\sum C_{\text{I}}$ —— 初级位置色差系数，表征整个系统的位置色差；

　　　　$\sum C_{\text{II}}$ —— 初级倍率色差系数，表征整个系统的倍率色差；

　　　　d —— 等效平行平板厚度，mm；

　　　　u —— 孔径角，第一近轴光线，轴上物点与入射光瞳的边缘光线的夹角，(°)；

　　　　u_{p} —— 视场角，第二近轴光线，物体边缘点与入射光瞳中心的夹角，(°)；

　　　　ν —— 阿贝数。

式(5-11)中，对于可见光，阿贝数一般有

$$\nu = \frac{n_{\text{d}} - 1}{n_{\text{F}} - n_{\text{C}}} \qquad\qquad (5\text{-}12)$$

式中，n_{d} —— 光学材料对于 d 光($\lambda = 0.587\mu\text{m}$)的折射率；

　　　　n_{F} —— 光学材料对于 F 光($\lambda = 0.486\mu\text{m}$)的折射率；

　　　　n_{C} —— 光学材料对于 C 光($\lambda = 0.656\mu\text{m}$)的折射率。

　　可以看出，与负透镜类似，角锥棱镜恒产生正球差，其大小随着 2 倍角锥棱镜高度(即等效平行平板的厚度 $2\sqrt{2}a$，a 为角锥棱镜有效通光半径)和入射光束孔径角 u 的增大而增大。孔径角 u 较大时也产生较大的轴向色差。

　　当视场角 u_{p} 较大时，产生较大的像散、畸变和倍率色差。在孔径角 u 和视场角 u_{p} 两种情况下均有彗差。

在平行光路中，由于 $l = -\infty$ 时，入射光束孔径角 $u=0$，故不产生任何像差。

5.2.3　角锥棱镜角度误差的影响

存在角度误差的角锥棱镜可等效为光楔，如图 5.2-5 所示。

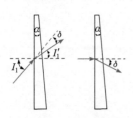

图 5.2-5　光楔光路图

折射角为

$$\delta = \left(n\frac{\cos I_1'}{\cos I_1} - 1 \right)\alpha \qquad (5\text{-}13)$$

式中，δ——入射光线的折射角，(°)；

　　　I_1——光线入射角，(°)；

　　　α——角锥棱镜综合角锥误差，等效于光楔角，(°)。

当入射角 I_1 较小(趋于 0)时，$\cos I_1$ 和 $\cos I_1'$ 趋向于 1，偏折角 δ 为

$$\delta = (n-1)\alpha \qquad (5\text{-}14)$$

图 5.2-6 所示为垂直于底面观察时角反射器的六个通光区域。平行光垂直入射时，对应于不同反射顺序的出射光光束方向相对于入射方向的偏角可由式(5-15)计算：

$$\theta_{123} = \theta_{321}$$
$$= n\sqrt{\frac{8}{3}\left(\delta_{12}^2 + \delta_{23}^2 + \delta_{31}^2 + \delta_{12}\delta_{31} + \delta_{31}\delta_{23} - \delta_{12}\delta_{23}\right)}$$
$$\theta_{231} = \theta_{132}$$
$$= n\sqrt{\frac{8}{3}\left(\delta_{12}^2 + \delta_{23}^2 + \delta_{31}^2 + \delta_{12}\delta_{31} - \delta_{31}\delta_{23} + \delta_{12}\delta_{23}\right)}$$
$$\theta_{312} = \theta_{213}$$
$$= n\sqrt{\frac{8}{3}\left(\delta_{12}^2 + \delta_{23}^2 + \delta_{31}^2 - \delta_{12}\delta_{31} + \delta_{31}\delta_{23} + \delta_{12}\delta_{23}\right)}$$

$$(5\text{-}15)$$

式中，δ_{12}——反射面Ⅰ、Ⅱ之间的二面直角误差，(°)；

　　　δ_{23}——反射面Ⅱ、Ⅲ之间的二面直角误差，(°)；

　　　δ_{31}——反射面Ⅲ、Ⅰ之间的二面直角误差，(°)。

根据光线可逆原理，θ_{123} 与 θ_{321}，θ_{231} 与 θ_{132}，θ_{312} 与 θ_{213} 的偏角结果一致。

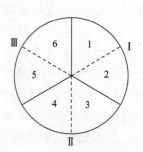

图 5.2-6　角反射器六个通光区域示意图

表 5.2-1 为不同情况下二面直角误差所对应的出射光束偏离角。

表 5.2-1　不同二面直角误差所对应的出射光束偏离角

二面直角误差			出射光束偏离角		
δ_{12}	δ_{31}	δ_{23}	θ_{123}	θ_{231}	θ_{312}
$\pm\delta$	0	0	$1.63n\delta$	$1.63n\delta$	$1.63n\delta$
$\pm\delta$	$\pm\delta$	0	$2.83n\delta$	$2.83n\delta$	$1.63n\delta$
$\pm\delta$	$\pm\delta$	0	$2.83n\delta$	$1.63n\delta$	$1.63n\delta$
$\pm\delta$	0	$\pm\delta$	$1.63n\delta$	$2.83n\delta$	$2.83n\delta$
$\pm\delta$	0	$\mp\delta$	$2.83n\delta$	$1.63n\delta$	$1.63n\delta$
0	$\pm\delta$	$\pm\delta$	$2.83n\delta$	$1.63n\delta$	$2.83n\delta$
0	$\pm\delta$	$\mp\delta$	$1.63n\delta$	$2.83n\delta$	$1.63n\delta$
$\pm\delta$	$\pm\delta$	$\pm\delta$	$3.26n\delta$	$3.26n\delta$	$3.26n\delta$
$\pm\delta$	$\mp\delta$	$\mp\delta$	$3.26n\delta$	0	$3.26n\delta$

由表 5.2-1 知，若角锥棱镜角度误差的最大值为 $\delta_{\max}$，则出射光线的偏角误差 θ 范围为

$$1.63n\delta_{\max} \leqslant \theta \leqslant 3.26n\delta_{\max} \tag{5-16}$$

如果限定出射光束的偏角误差为 θ_0，则有

$$\frac{\theta_0}{3.26n} \leqslant \delta_{\max} \leqslant \frac{\theta_0}{1.63n} \tag{5-17}$$

当三个 90° 二面角存在误差时，对应的在远处有六个光斑。为避免接收系统处的衍射场中心出现盲区，决定光束分离程度的二面角误差 δ 和影响光斑大小的折射面内切圆半径 r 之间应满足以下关系式：

$$r \cdot \delta < \frac{0.46\lambda}{n} \tag{5-18}$$

5.2.4　角锥棱镜面形误差的影响

由面形误差所引起的出射光线的球面波像差为[19]

$$W = \frac{D_0^2}{8}\varphi = (n-1)\left[N_0 + k(N_1 + N_2 + N_3)\right]\lambda \tag{5-19}$$

式中，$k = \dfrac{nD_0^2}{(n-1)D_1^2}$；

D_0 ——角反射器有效口径(即底面)，mm；

N_0 ——底面面形误差，μm；

D_1 ——角反射器三个反射面的有效直径，mm；

N_1、N_2、N_3 ——三个反射面的面形误差，μm；

λ ——入射光波长，μm。

由式(5-19)可以看出，面形误差相同时，反射面比折射面产生的波像差大 $3k$ 倍。因此，在加工过程中，应尽量提高三个反射面的面形精度[20]。

当三个直角反射面和底面面形存在一个振荡的误差(如有 ±0.2 个光圈数)时，由式(5-19)可枚举出所有误差组合以及对应的综合波像差，如表 5.2-2 所示。可以看出，实际加工中只要控制四个面的面形误差在数值大小一定的情况下，方向要不一致(光圈不同号)，即四个面的面形误差代数和最小时，对综合波像差的影响最小。

表 5.2-2　高低光圈时对综合波像差的影响

透射面光圈数	反射直角面的光圈数			综合波像差
透射面(底面)	第1反射面	第2反射面	第3反射面	
+0.2	+0.2	+0.2	+0.2	0.5607λ
+0.2	−0.2	−0.2	−0.2	−0.3797λ
+0.2	−0.2	−0.2	+0.2	−0.0662λ
+0.2	−0.2	+0.2	−0.2	−0.0662λ
+0.2	+0.2	−0.2	−0.2	−0.0662λ
+0.2	+0.2	+0.2	−0.2	0.2472λ
+0.2	+0.2	−0.2	+0.2	0.2472λ
+0.2	−0.2	+0.2	+0.2	0.2472λ
+0.2	+0.2	+0.2	+0.2	0.3797λ
−0.2	−0.2	−0.2	−0.2	−0.5607λ
−0.2	−0.2	−0.2	+0.2	−0.2472λ
−0.2	−0.2	+0.2	−0.2	−0.2472λ
−0.2	+0.2	−0.2	−0.2	−0.2472λ
−0.2	+0.2	+0.2	−0.2	0.0662λ
−0.2	+0.2	−0.2	+0.2	0.0662λ
−0.2	−0.2	+0.2	+0.2	0.0662λ

【拓展知识】光圈数

对于透镜(包括平面镜)而言，光圈数表示被检球面和样板标准面 R 值存在偏差时，所允许出现的最大干涉条纹环数(牛顿环个数)。一般以人眼易于目视的 546nm 单色光为基准。

　　牛顿环是一种等厚干涉现象。从等厚干涉可知，相邻两亮条纹之间空气隙厚度差近似为 $\lambda/2$(只有当入射光垂直入射时为完全的 $\lambda/2$)，即变化一道光圈相当于空气隙厚度变化 $\lambda/2$。因此第 N 道光圈所对应的空气隙厚度变化为 $N·\lambda/2$。所以，光学零件的面形精度可以通过垂直位置观察到的干涉条纹的数量、形状、颜色及其变化来确定。

　　理论上，角反射器底面的透射面和三个反射面的面形误差对出射光束的平行性影响最大，其最小误差为上述四个面光圈的代数和为最小。

　　实践中，面形误差引起的综合波像差在实际测试中与理论分析一致。图 5.2-7 为三个相同口径的角反射器，由左到右实测的均方根(Root Mean Square，RMS)波像差分别为 0.18λ、0.23λ 和 0.16λ。其成像质量与理论分析及实测波像差吻合：波像差大的角反射器回光光斑能量暗，光斑形状不规则。

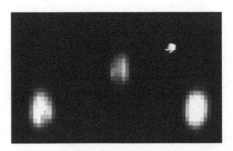

图 5.2-7　不同综合波像差的角反射器实测图

5.3　角反射器反射均匀性分析

　　角反射器的光能量分布主要取决于角反射器形状、二面直角误差、三个反射面的面形偏差、有效反射面积以及入射角等。

　　若光线的入射角变化，则角反射器的有效反射面积随之变化，使反射光能发生改变，从而影响反射光能的分布。

　　根据角反射器的光学特性，角反射器的底面像与其底面的重合部分就是有效反射面积，在不考虑相位角的情况下，有效反射面积为如图 5.3-1 中的 AOO' 所示的类椭圆形区域。

　　以有效口径为 $\Phi33mm$ 的角反射器为例，建立数学关系式，见附录三。计算出不同入射角时对应的有效反射面积，如图 5.3-2 所示。

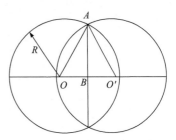

图 5.3-1　有效反射面积的计算

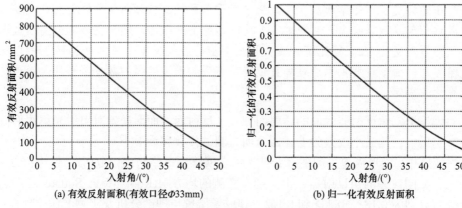

(a) 有效反射面积(有效口径Φ33mm)　　　　　(b) 归一化有效反射面积

图 5.3-2　不同入射角对应的有效反射面积

对于入射角的范围，尚需考虑到角反射器的接收角，即光线在非镀层角反射器发生全反射时而不受破坏的最大入射角，根据光学折射定律和几何关系可得入射光线最大入射角 i_{max} 为[21,22]

$$i_{max} = \arcsin\left[n\sin\left(\arctan\sqrt{2} - \arcsin\frac{1}{n} \right) \right] \qquad (5\text{-}20)$$

式中，i_{max} ——最大倾斜入射角，(°)；

　　　n ——光学玻璃折射率。

对于折射率为 $n = 1.4525(\lambda = 0.85\text{nm})$ 的熔融石英材料，$i_{max} = 16.427°$。

表 5.3-1 为光束入射角改变时角反射器有效反射面积的变化情况。设正入射时角反射器的归一化有效反射面积为 1。显而易见，当入射光线以一定角度从角反射器底面入射至其内部时，随着入射角的增加，其有效反射面积逐渐减小。

表 5.3-1　不同入射角对有效反射面积的影响(以有效口径 Φ33mm 角反射器为例)

入射角/(°)	有效反射面积/mm²	有效反射面积百分比/%
0	855.2986	100.00
5	762.8326	89.19
10	670.7505	78.42
15	579.4900	67.75
16	561.3821	65.64
16.427	553.6678	64.73
17	543.3336	63.53
20	489.5998	57.24
25	401.8039	46.98
30	317.0765	37.07

续表

入射角/(°)	有效反射面积/mm²	有效反射面积百分比/%
35	236.7309	27.68
40	162.5320	19.00
45	96.8563	11.32
50	43.0111	5.03

当存在相位角 $\angle O'OO''$ 时，有效反射面积分析如图 5.3-3 所示，在相同入射角的情况下，与相位角为 0° 时相比，入射面的中心与出射面的中心距离由 OO' 变大至 OO''，角反射器的有效反射面积相应变小。

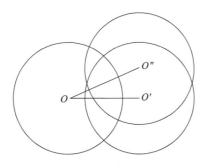

图 5.3-3　存在相位角时的有效反射面积

图 5.3-4 为不同相位角下归一化的有效反射面积与入射角的关系曲线。随着相位角的增大，有效反射面积逐渐减小。

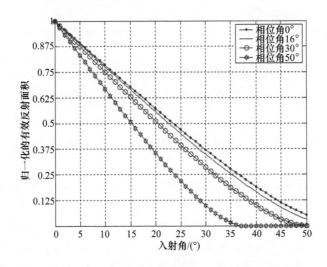

图 5.3-4　归一化的有效反射面积与入射角的关系曲线

　　由于入射光束在三个反射面上发生全反射时面临相位突变和出射光束偏振态改变的问题，为了提高中心亮斑的强度，对角反射器反射面进行镀膜处理。

　　图 5.3-5 为针对内反射和外反射两种反射形式，采用铝(Al)、银(Ag)、金(Au)及铜(Cu)金属膜的理论反射曲线。对于角反射器而言，主要考虑在角锥内部的全反射，故而关注内反射。Ag 内反射膜从紫外到红外都具有较高的反射率，在 0.85μm LD 的工作波段反射率约为 97.09%；铝内反射率约为 81.90%；Au、Cu 膜的内反射率分别为 94.75%和 92.78%。

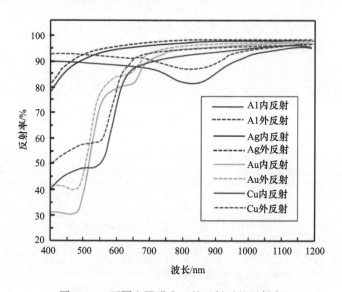

图 5.3-5　不同金属膜内、外反射时的反射率

　　角反射器三个反射面镀银膜后，六个通光区域出射偏振椭圆度很小，且振动方向与平面反射镜反射光线的振动方位相似。银膜在倾斜使用时引入的偏振效应也最小。

5.4　角反射器的远场衍射效应仿真

　　在理想的角反射器中，出射光的远场能量分布与一般光学系统一样，同样受光的衍射支配。

　　如图 5.4-1 所示，角锥棱镜三条棱(实线所示)以及它们在相应侧面的投影(虚线所示)将圆底面分割为六个子孔径，在正入射时，从某一子孔径(例如 1)入射的光线，将从对面的子孔径(例如 4)出射。如果不考虑入射光线的偏振性，而且反射后光线的振幅和相位都不变，则整个角反射器在夫琅禾费衍射下的光强分布和相同大小的圆孔一样，都为艾里斑，如图 5.4-2 所示。底面为内接圆和正六边形两种切割形式的角反射器的远场衍射斑大致相同[23]。

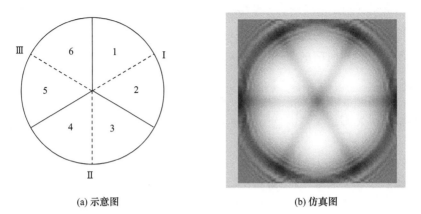

(a) 示意图　　　　　　　　　　　　　　　(b) 仿真图

图 5.4-1　角反射器底端面前向视图

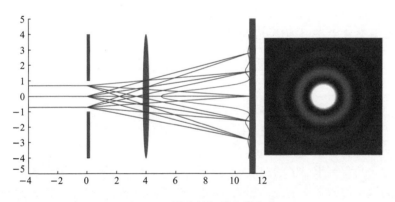

图 5.4-2　圆孔的衍射光强分布

　　根据夫琅禾费衍射理论，一个光学系统对一个无限远的点光源成像，其实质就是光波在其光瞳面上的衍射结果，在焦面上衍射像的振幅分布就是光瞳面上振幅分布函数(即瞳函数)的傅里叶变换，光强分布则是振幅模的平方。

　　从底面看，角锥棱镜的三条棱将底面分割为六个部分，如图 5.4-1 所示。按照入射光束入射区域不同，可以有六种不同的反射顺序，光束通过非理想角锥棱镜时，角锥棱镜直角面二面角误差和面形误差会引入一个附加光程差，造成反射波面的相位分布发生改变，从而影响光束的相位特性和反射光束的传播方向[24]。此时已不是一个理想的圆孔衍射。其六部分类似于六种不同光楔，将入射光束分成六个不同反射方向的反射光波。角反射器的定向衍射性能也与衍射特性、制造误差以及使用材料有关。角反射器由于衍射，使反射光束的发散角增大。

　　衍射发散角 θ_1 的大小取决于激光波长 λ、角反射器有效衍射孔径 D 以及角度

误差和面形误差的大小。其表达式为

$$2\theta_1 = 1.22\lambda / D \tag{5-21}$$

要形成衍射，点光源必须足够小，一般认为点光源的最大角直径 α_{max} 应小于或等于与角反射器对应的艾里斑角半径 θ_1 的一半，即

$$\alpha_{max} \leqslant \frac{1}{2}\theta_1 = \frac{0.61\lambda}{D} \tag{5-22}$$

当星点光源距离角反射器为 L 时，点光源的最大允许直径 d_{max} 为

$$d_{max} \leqslant \alpha_{max} \cdot L = \frac{0.61\lambda}{D} \cdot L \tag{5-23}$$

在激光波长 λ 和角反射器入射孔径 D 一定的情况下，即令 $k = \dfrac{\lambda}{D}$，出现衍射的距离 L 与激光光源孔径 d 为线性的关系：

$$d_{max} \leqslant 0.61 \cdot k \cdot L \tag{5-24}$$

根据基尔霍夫衍射理论和圆孔衍射理论，有

$$\tilde{E}(P) = \frac{\exp(\mathrm{i}kr)}{\mathrm{i}\lambda z_1} \iint_{\Sigma} E(x,y)\exp(\mathrm{i}kW(x,y))\mathrm{d}\sigma \tag{5-25}$$

式中，$E(x,y)$——入射分布，当为平面光波入射时，$E(x,y)=1$；

　　　$W(x,y)$——角锥棱镜制造误差引入的相位分布；

　　　z_1——传播的距离，mm。

以综合角差要求 $10''$ 的角反射器为例，分析角锥棱镜存在制造误差时在不同物距下的远场衍射效应情况，如图 5.4-3～图 5.4-12 所示。其中：δ 为两两反射面的二面角；N 为各个反射面的光圈数(面形误差)。

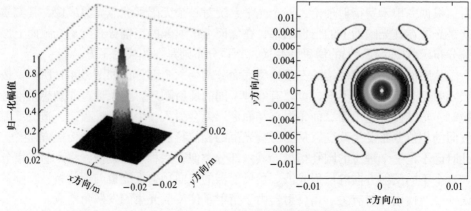

图 5.4-3　$\delta_{12} = \delta_{23} = \delta_{31} = 2''$ 时出射波面图和等高线图(距离为 100m)

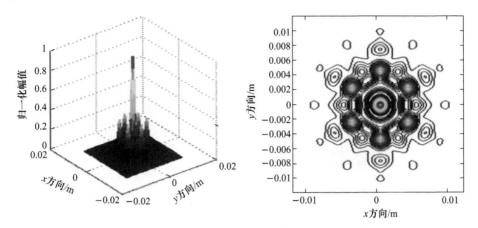

图 5.4-4　$\delta_{12} = \delta_{23} = \delta_{31} = 10''$ 时出射波面图和等高线图(距离为 50m)

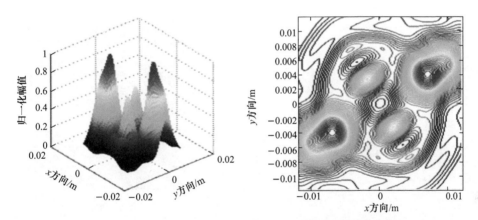

图 5.4-5　$\delta_{12} = 2''$，$\delta_{23} = \delta_{31} = -2''$ 时出射波面图和等高线图(距离为 100m)

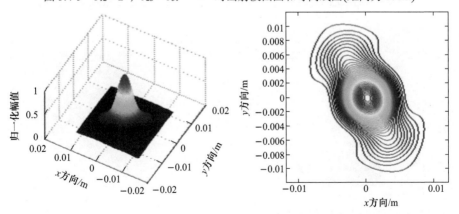

图 5.4-6　$\delta_{12} = 0''$，$\delta_{23} = \delta_{31} = 2''$ 时出射波面图和等高线图(距离为 100m)

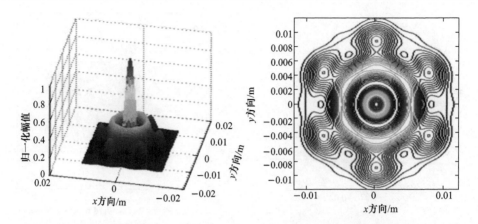

图 5.4-7　$\delta_{12}=\delta_{23}=\delta_{31}=0''$，$N$=0.1 时出射波面图和等高线图(距离为 30m)

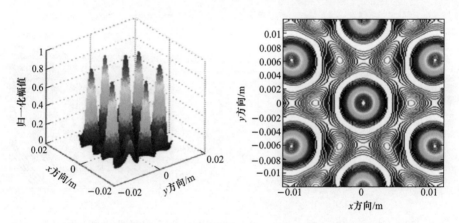

图 5.4-8　$\delta_{12}=\delta_{23}=\delta_{31}=0''$，$N$=0.4 时出射波面图和等高线图(距离为 30m)

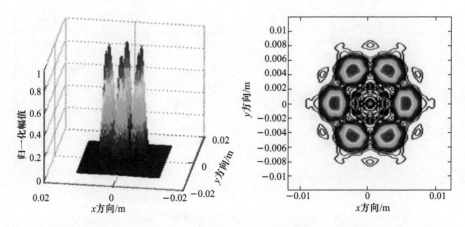

图 5.4-9　$\delta_{12}=\delta_{23}=\delta_{31}=2''$，$N$=0.2 时出射波面图和等高线图(距离为 30m)

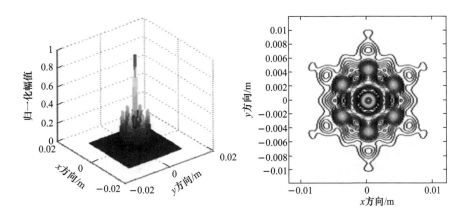

图 5.4-10　$\delta_{12} = \delta_{23} = \delta_{31} = 2''$，$N=0.2$ 时出射波面图和等高线图(距离为 50m)

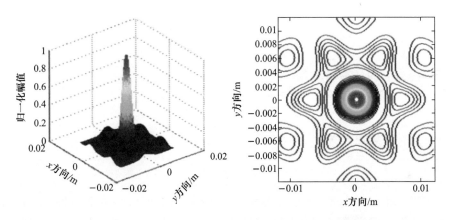

图 5.4-11　$\delta_{12} = \delta_{23} = \delta_{31} = 2''$，$N=0.2$ 时出射波面图和等高线图(距离为 100m)

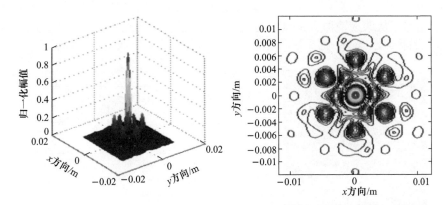

图 5.4-12　$\delta_{12} = \delta_{23} = \delta_{31} = 3''$，$N=0.3$ 时出射波面图和等高线图(距离为 100m)

由图可知，当角锥棱镜存在制造误差时，其衍射光斑在近距离为多个光斑。

对于综合角差为 $10''$，口径为 $\Phi 24\text{mm}$ 的角反射器，大约在 50m 以后，由于衍射效应增强，中心光斑较亮，光斑尺寸减小。

5.5　球形后向反射器

球形后向反射器也称为猫眼后向反射器，其来源于仿生学，猫科动物视网膜后面的特殊细胞可构成一个能反射光线的反射层。当黑夜中猫科动物瞳孔张开时，入射到猫科动物眼睛内的光线能从反射层按原路反射回来，发出特有的绿光或金光，就产生了典型的猫眼效应[25]，如图 5.5-1 所示。

5.5.1　球形后向反射器几何特征分析

厚透镜成像光焦度 φ 为

$$\varphi = (n-1)\left(\frac{1}{r_1} - \frac{1}{r_2}\right) + \frac{(n-1)^2}{n}\frac{d}{r_1 r_2} \tag{5-26}$$

对于半径为 R 的球透镜，有

$$\varphi = \frac{1}{f'}; \quad \frac{1}{r_1} = -\frac{1}{r_2} = \frac{1}{R}; \quad d = 2r_1 = 2R \tag{5-27}$$

故而球透镜的焦距 f' 为

$$f' = \frac{n \cdot R}{2(n-1)} \tag{5-28}$$

根据光路可逆原理，将反射面放置在如图 5.5-2 所示的焦面 F 处，近轴出射光即与近轴入射光平行。特殊地，当折射率 $n=2$ 时，$f'=R$，即焦面就在球透镜表面切线方向。在这样一个完整的球透镜后半面镀制反射膜，即可完成"猫眼效应"，相当于从球透镜像方焦点处发出一束光，故出射光线平行于入射光线，即具有逆反射性[26]。

图 5.5-1　猫眼效应

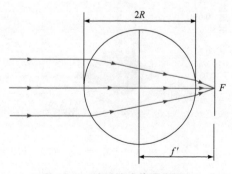

图 5.5-2　球透镜成像示意图

由于光学材料的限制，绝大多数光学玻璃的折射率小于 2，故而光线通过球透镜的焦点都在如图 5.5-2 所示的球透镜之外。为了工程上易于实现，可将小的整球与同材料的同心弯月镜胶合，同心弯月镜的球心与小的整球球心重合，如图 5.5-3 所示。

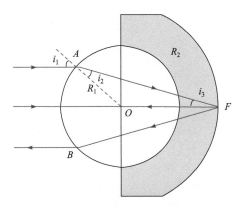

图 5.5-3　球形后向反射器光路示意图

小的整球与同心弯月镜的半径分别为 R_1、R_2。对于任一近轴光线，经球形后向反射器反射后出射光线平行于入射光线，且反射点 F 在主光轴上，故有如下关系成立：

$$i_1 = i_2 + i_3 \tag{5-29}$$

式中，i_1、i_2 及 i_3 分别为入射角、折射角及光线在后半球表面上的反射角。由折射定律，有

$$\frac{1}{n} = \frac{\sin i_2}{\sin i_1} \approx \frac{i_2}{i_1} \tag{5-30}$$

对图 5.5-3 中的 $\triangle AOF$，应用正弦定理，有

$$\frac{OA}{OF} = \frac{R_1}{R_2} = \frac{\sin i_3}{\sin i_2} \approx \frac{i_3}{i_2} \tag{5-31}$$

则后向反射器前后半球半径 R_1、R_2 之间的关系如下：

$$R_2 = R_1 / (n-1) \tag{5-32}$$

5.5.2　球形后向反射器发散角影响分析

如图 5.5-4 所示，光束主光线未通过球心，会存在一个发散角。光线以入射高度 h 入射到球形后向反射器，AFB 为经过的后向反射器的轨迹。出射光线的发散角 ω 为

$$\omega = i_5 - \left(i_2 + 2i_3 + i_4 - i_1\right)$$
$$= 2i_1 - 2i_2 - 2i_3 \tag{5-33}$$
$$= 2\arcsin\left(\frac{h}{R_1}\right) - 2\arcsin\left(\frac{h}{nR_1}\right) - 2\arcsin\left(\frac{h}{nR_2}\right)$$

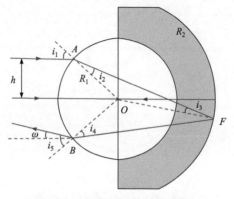

图 5.5-4 球形后向反射器发散角

图 5.5-5(a)为折射率 $n=1.5$，小球半径 R_1 分别为 15mm、20mm、25mm、30mm 时，发散角 ω 与入射高度 h 的关系。由图可以看出，随着入射高度的增加，发散角变大；球形后向反射器的半径越大，发散角越小。

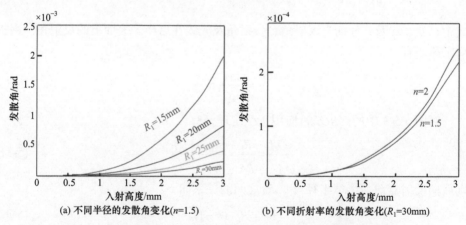

(a) 不同半径的发散角变化($n=1.5$)   (b) 不同折射率的发散角变化(R_1=30mm)

图 5.5-5 不同半径、不同折射率时的发散角随入射高度变化情况

光学玻璃的折射率一般在 1.5～2 之间。图 5.5-5(b)是折射率 n 分别为 1.5、2，小球半径 R_1 为 30mm 时发散角 ω 与入射高度 h 的关系。同样由图可知，随着入射高度的增加，发散角变大。球形后向反射器折射率越大，发散角越大。

特别地，当折射率 $n=2$ 时，$R_1=R_2=R$，球形后向反射器为一个完整的球。

式(5-33)可简化为

$$\omega = 2\arcsin\left(\frac{h}{R}\right) - 4\arcsin\left(\frac{h}{2R}\right) \qquad (5\text{-}34)$$

可以看出，半径越大，发散角越小。在同一半径情况下，入射高度越小，发散角越小。发散角会影响返回光束的口径和能量分布。希望返回光束的发散角尽量小，亦即光束平行性好。但从应用角度考虑，球形后向反射器半径不能无限制地增大，而且入射光束也具有一定的口径，故根据实际情况，综合考虑球形后向反射器的质量、体积、入射与出射光束的平行性、测量范围等因素，设定合理的后向反射器参数。

如果以通过球心的光线作为主光线，那么距离主光线相对高度为 $h\,(0 \leqslant h < 1)$ 的光线反射回原来的方向的条件是[27,28]

$$R = \frac{\sqrt{1-h^2} + \sqrt{n^2 - h^2}}{n^2 - 1} \qquad (5\text{-}35)$$

式中，n 是玻璃和空气折射率的比，R 是大半球的相对半径，小半球的半径为 1。

从上面的关系可以看出，对于一个固定的 R 值，只有两组光线可以真正实现后向反射：一组是主光线；另一组是相对高度满足式(5-35)的光线。球形后向反射器视场主要受限于孔径光阑的位置及大小。

5.5.3　猫眼效应的利用

被动探测依靠的是目标的自身红外辐射或反射阳光，对于百公里外的目标，其辐射通常都比较低或者成像只占较少的几个像素。主动探测可以利用猫眼效应将特定的目标从其他目标(如复杂背景等)识别出来。探测目标时，通过主动发射激光束照射目标，用探测器接收其猫眼效应反射光，只要其能量强度与背景反射光能够区分，即可发现目标并锁定位置。

在轨光学探测中，可以利用光路可逆以及猫眼效应，将非合作的光电设备转化成合作目标进行探测。"猫眼"的相关特性可以引用球形后向反射器的特征进行分析。

5.6　小　　结

本章对合作目标，尤其是被动标志的合作目标的光度特性进行了介绍，从理论上讨论了角锥型后向反射器及球形后向反射器成像特性，分析了面形精度、角度误差、衍射效应等影响因素，对反射均匀性以及不同位置不同精度的角反射器的衍射特性进行了仿真分析。

本章还介绍了基于光路可逆原理的空间主动探测方法。对于被探测的轨道周边装备有光电设备的空间目标，无论其光电设备是否正常工作，都可通过光路可逆原理将非合作目标转换成合作目标来探测。

复习思考题

1. 简述空间目标的分类及特点。
2. 简述合作目标与非合作目标的概念与区别。
3. 什么是角反射器？主要作用是什么？
4. 角反射器的特性都有哪些？
5. 空心角反射器与实心角反射器的特点以及应用领域都有哪些？
6. 如何定量评估角锥棱镜的角度误差和面形误差影响？
7. 简述球形后向反射器的工作原理及发散角的影响。
8. 以地月激光测距为例，阐述其测量原理及角反射器的作用。
9. 查询激光导引星技术相关文献，分析其中的合作目标作用及实现方式。
10. 生活中还有哪些合作目标的应用实例？

参 考 文 献

[1] Zhu W, Mu J, Shao C, et al. System design for pose determination of spacecraft using timeof-flight sensors[J]. 空间科学与技术(英文), 2022(1): 46-63.

[2] 马宝林, 桂先洲. 空间非合作目标形式概念分析[J]. 吉首大学学报(自然科学版), 2012, 33(4): 87-90.

[3] Howard R, Book M. Video guidance sensor for automated capture[C]. Space Programs and Technologies Conference, 1992: 1389.

[4] Polites M E. Technology of automated rendezvous and capture in space[J]. Journal of Spacecraft and Rockets, 1999, 36(2): 280-291.

[5] 刘祺, 何芸, 段会宗, 等. 地月激光测距角反射器研制进展[J]. 中山大学学报(自然科学版), 2021, 60(Z1): 239-246.

[6] 百度百科. 测地卫星[EB/OL]. https://baike.baidu.com/item/测地卫星/377909[2024-01-20].

[7] 百度百科. 激光地球动力学卫星[EB/OL]. https://baike.baidu.com/item/激光地球动力学卫星/412984?fr=ge_ala[2024-01-20].

[8] 赵春晖, 高文文, 刘鲁, 等. 神舟八号飞船交会对接 CCD 光学成像敏感器[J]. 空间控制技术与应用, 2011, 37(6): 6-13.

[9] 龚德铸, 赵春晖, 张琳, 等. 交会对接光学成像敏感器的 LD 照明系统[J]. 空间控制技术与应用, 2014, 40(5): 57-62.

[10] 刘启海, 龚德铸, 华宝成, 等. 新一代空间交会对接光学成像敏感器[J]. 空间控制技术与应用, 2018, 44(2): 56-61.

[11] 张逸平, 赵长印, 张晓祥, 等. 低轨空间目标光度统计分析[J]. 天文学报, 2014, 55: 322-337.

[12] Currie D, Dell'agnello S, Delle Monache G. A lunar laser ranging retroreflector array for the 21st century[J]. Acta Astronautica, 2011, 68(7-8): 667-680.

[13] Andersen P, Aksnes K, Skonnord H. Precise ERS-2 orbit determination using SLR, PRARE, and RA observations[J]. Journal of Geodesy, 1998, 72: 421-429.

[14] Lecroy J E, Hallmark D S, Howard R T. Effects of optical artifacts in a laser-based spacecraft navigation sensor[C]. Sensors and Systems for Space Applications. SPIE, 2007, 6555: 53-63.

[15] Granade S R, Lecroy J. Analysis and design of solid corner cube reflectors for a space navigation application[C]. Spaceborne Sensors Ⅱ. SPIE, 2005, 5798: 120-129.

[16] Neubert R, Grunwaldt L, Neubert J. The retro-reflector for the CHAMP satellite: Final design and realization[C]. Proceedings of the 11th International Workshop on Laser Ranging, 1998: 260-270.

[17] 王元明, 杨福民, 陈婉珍. 卫星激光反射器有效反射面积的计算与测试[J]. 光电工程, 2007, 34(10): 25-29.

[18] 张以谟. 应用光学[M]. 3 版. 北京: 电子工业出版社, 2008.

[19] Schrijvershof M. A Quantitative description of the performance and shape of general corner cube reflectors[C]. Contemporary Optical Instrument Design, Fabrication, and Testing. SPIE, 1986, 656: 171-177.

[20] 何勇, 郭仁慧, 朱日宏, 等. 锥体棱镜最佳工艺参数研究[J]. 光学技术, 2005, 31: 292-293, 296.

[21] 程志恩. 高精度卫星激光反射器关键特性的研究与应用[D]. 北京: 中国科学院大学, 2017.

[22] 李宏棋. 角隅和直角内圆锥面全反镜激光谐振腔[D]. 武汉: 华中科技大学, 2007.

[23] 吝君瑜. 卫星激光合作目标技术研究[D]. 武汉: 华中科技大学, 2004.

[24] 黄健, 鲜浩, 姜文汉, 等. 角锥棱镜的误差引起的反射光束相位误差分析[J]. 光学学报, 2009, 29(7): 1951-1955.

[25] 赵延仲, 孙华燕, 宋丰华, 等. 猫眼效应用于激光主动探测技术的研究现状与发展趋势[J]. 激光与光电子学进展, 2010, 47: 38-47.

[26] 林永兵, 张国雄, 李真. 猫眼逆反射器的设计与优化[J]. 光学学报, 2002, 22(10): 1245-1250.

[27] Yongbing L, Guoxiong Z, Zhen L. An improved cat's-eye retroreflector used in a laser tracking interferometer system[J]. Measurement Science and Technology, 2003, 14(6): N36-N40.

[28] 程景全. 天文望远镜原理和设计[M]. 南京: 南京大学出版社, 2020.

第6章　空间非合作目标光度特性

空间目标特性主要包括：几何特性、轨道特性、运动特性、材质特性、信号特性、空间环境耦合特性及电磁特性等[1]。

非合作目标(non-cooperative target)泛指不能提供有效合作信息的空间目标，包括失效或者发生故障的航天器、异方航天器、敌对航天器发射的空间武器以及空间碎片等[2,3]。

只有对目标的几何特征、运动轨迹、光度、辐射等目标特性进行测量，才可以实施有效的识别与跟踪。研究非合作目标的可见光亮度或红外辐射以及光谱变化规律等光度特性，获取非合作目标属性等信息，可以为进一步实施有效的识别和跟踪提供有力支持，故而对非合作目标光度特性的研究特别重要。

目前绝大多数空间目标为非合作目标，其特点是目标本身不发光，主要利用其反射太阳光或者自身的红外辐射特性进行探测。

典型的空间目标特性如下。

1) 几何特性

几何特性包括几何结构、典型部件组成、几何尺寸等。空间目标大小不同，几何特性对于目标探测尤其是成像探测具有重要作用。目前最大的空间目标——国际空间站的主桁架长 109m。世界上最小的微型卫星"小妖怪"(Sprite)卫星(2014年发射)，仅一块饼干大小，质量仅为 5g，运行在低轨道。

2017 年发射的当时世界上最小的立方星"卡兰"(KalamSat)，体积 $4\,cm^3$，质量 64g，是世界上第一颗利用碳纤维聚合物制造的 3D 打印卫星。

不同的卫星形状是由拟开展的工作性质及内容决定的，具体由有效载荷的大小和重量、姿态控制方式、运载火箭卫星整流罩尺寸等因素确定，导致卫星星体有球形、圆筒形、箱形、圆锥形等各种形状。从姿态控制角度考虑，一般地，自旋稳定卫星采用圆筒形、多棱柱、多角柱；三轴稳定卫星采用箱型形状；回收舱采用圆锥形。遥感卫星构型以有效载荷为基础。

空间除了一些天体、卫星外，还有数以千万计的形状各异的空间碎片。

2) 运动特性

运动特性包括轨道特性、姿态特性以及载荷指向等。轨道特性包括轨道分布、轨道类型、轨道参数等。轨道特性确定卫星等的空间位置所需要的参数，即六个轨道根数(要素)，如图 6.0-1 所示，具体为确定轨道位置的倾角 i、升交点赤经 Ω、

近地点幅角 ω，决定轨道形状的偏心率 e、半长轴长度 a 和真近点角 v(过近地点时刻 t_p)。姿态特性即卫星在轨运行所处的空间位置状态。

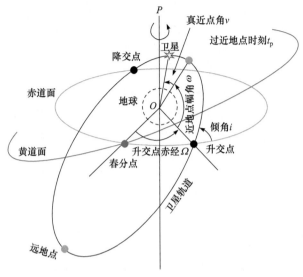

图 6.0-1　轨道根数

【拓展知识】六个轨道根数(要素)

第一个根数：轨道半长轴 a，决定轨道的大小和能量。

半长轴 a 决定了卫星轨道形成的椭圆长半轴的长度及轨道的大小，同时也决定了卫星发射到轨道需要多少能量。发射到不同轨道的卫星所需要的能量都需要依靠半长轴来计算。

第二个根数：轨道偏心率 e，决定轨道的形状。

偏心率 e 指椭圆轨道两个焦点之间的距离(焦距，$2c$)与长轴长度($2a$)的比值，代表轨道偏心的程度。$e \approx 0$ 的轨道一般称为近圆轨道，此时地球的质心几乎与轨道几何中心重合。$0<e<1$ 时，轨道呈椭圆状。偏心率越大，轨道越扁。

第三个根数：轨道倾角 i，决定卫星发射地点的选择及能量。

轨道倾角 i 即轨道平面与赤道平面之间的夹角，用于描述轨道的倾斜程度。卫星轨道的倾角决定了卫星星下点所能覆盖的地理高度，并对发射场和运载火箭的运力形成硬性约束。

具体而言，若想卫星星下点轨迹覆盖高纬度地区，则卫星轨道倾角不能小于该纬度；发射场的纬度不能高于卫星轨道倾角；在半长轴和发射场相同的情况下，运载火箭发射倾角更高的卫星需要提供更多的能量。

第四个根数：升交点赤经 Ω，指卫星轨道的升交点与春分点之间的角距离。

卫星在轨道上从南半球向北半球运动的过程中经过赤道平面所处的天球赤经

和春分点之间的角度称为升交点赤经。升交点赤经在赤道面。单凭轨道倾角并不能唯一确定卫星轨道平面与地球之间的方位(方向)关系。因为在三维空间中,具有相同倾角 i 的平面有很多。升交点赤经增加了确定轨道方位的参数。

其中:地球绕太阳公转时轨道所在的黄道面与地球赤道平面的夹角为 $23°26'21'' \approx 23.44°$,这两个面的交点分别为春分点和秋分点。其中太阳沿黄道从天赤道由南向北通过天赤道的点称为**春分点**。**升交点**是卫星从地球的南半球向北半球飞行时经过地球赤道平面时的相交点。轨道面与赤道面的另一个交点称为降交点。

第五个根数:近地点幅角 ω,是从轨道升交点到近地点之间以地心为顶点的张角。ω 决定了椭圆轨道在轨道平面内的方位,代表了轨道朝向。

第六个根数:真近点角 v,决定卫星在轨道中的具体位置。

真近点角 v 是指从近地点起,卫星沿轨道运动时,其径向 r (亦即卫星位置矢量——从地心到卫星的有向线段)扫过的角度。也可用卫星过近地点时刻 t_p 作为第 6 个轨道根数。根据 t_p 可确定卫星位置与时间的关系。过近地点时刻 t_p 是一个时变根数。

确定轨道因素小结:
- 确定轨道平面的位置:轨道倾角 i、升交点赤经 Ω
- 确定轨道形状:半长轴 a、偏心率 e
- 确定轨道在轨道面内的位置:近地点幅角 ω
- 确定卫星在轨道上的位置:真近点角 v

3) 材质特性

对于空间天体而言,不同的色温辐射出的电磁波的波长及亮度也不同。不同天体辐射的电磁波波长及其相应的亮度也不相同,如图 6.0-2 所示。

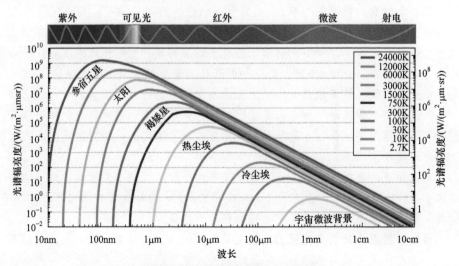

(a) 不同温度的天体辐射电磁波的波长及其亮度

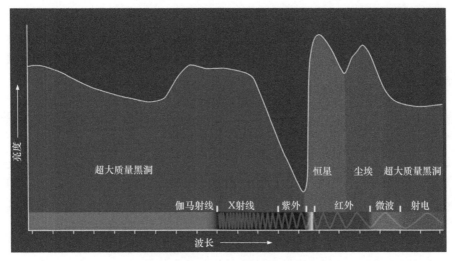

(b) 不同天体辐射的电磁波的波长及其相应的亮度

图 6.0-2　不同天体的光谱响应度[4]

对于空间碎片及空间飞行器而言，其表面材质也不尽相同。材质特性对于目标识别也比较关键。材质特性包括反射率、辐射率、双向反射分布函数(Bidirectional Reflectance Distribution Function，BRDF)等。不同空间目标、不同部件的材质特性变化较大。空间目标表面多覆盖了隔热聚酯薄膜、太阳能电池板、白漆或铝质材料等，易受到太阳辐射压力、日月引力、热辐射等外界因素的影响。表面材料的不同导致发射率的不同，形成的空间目标谱分布特征也不同。

4) 信号特性

不同国家卫星下行的无线电信号通常有不同的通信体制和编码特点，采用的调制方式(副载波/载波调制、调制速率等)和编码类型(信道编码、加密编码、信源编码)也往往不同。而不同类型的卫星由于性质、任务各不相同，其射频特征(副载波/载波频率、频率变化等)、发信特点(发信方式、发信频度、发信对象)和信息内容(遥测信号、数据信号等)也有所区别。

通过对目标信号特性的侦测与分析可以获得目标的功能、状态以及目标有效载荷信息，提高对目标的识别能力。

5) 空间环境耦合特性

空间目标受高真空、微重力、大温差、强辐射、高动态等空间因素影响，其运动、材质、电磁、信号等特性都会随着空间环境的不同而发生变化。

研究空间环境耦合特性亦即分析空间环境对空间目标的影响机理及结果，掌握空间目标运动、电磁特性等的变化规律。

6) 电磁特性

电磁特性包括可见光散射特性、红外辐射特性、偏振特性和雷达散射特性等。

可见光散射特性是可见光光学遥感器在观测条件下对目标固有特性的反映，主要包括空间目标辐亮度、辐照度、成像特性及其随时间的变化率等。

红外辐射特性是红外光学遥感器在观测条件下对目标固有特性的反映，主要包括目标辐射强度、目标辐射光谱分布、目标辐射温度场分布及其对时间的变化率等。

偏振特性主要是指振动方向对于传播方向的不对称性，是横波区别于纵波的明显标记，偏振信息是不同于辐射的另一种表征事物的信息，相同辐射的被测物体可能会产生不同的偏振度。偏振特性主要包括偏振状态、偏振光谱、偏振度和偏振成像等，能够体现目标的材质特性。

雷达散射特性主要是指目标对雷达照射电磁波的后向散射特性。雷达所接收的目标散射回波信号的性质、大小、变化等均与该目标的电磁特性有关，主要包括雷达截面积(Radar Cross Section，RCS)及其统计特性、目标的频率特性、极化和相位特性、多散射中心与微波成像等内容。

【拓展知识】辐照度与辐亮度的区别

光源首先是个辐射源，适合所有的电磁辐射。而具体到可见光，与人眼的视见函数相关，故在亮度和照度前冠以"光"，以示区别。

辐射照度又称辐照度(irradiance)，是单位面积接收到的辐射通量(即辐射功率，1W=1J/s)，单位为 W/m^2，可由单色通量密度对整个电磁波频谱积分求得。如果是光谱辐照度，即包含某一波长 $\lambda(\mu m)$ 处的单位波长间隔内的辐照度，单位为 $W/(m^2 \cdot \mu m)$，其中 W/m^2 项是指定波长 $\lambda(\mu m)$ 处的功率密度，μm^{-1} 项是以 μm 为单位的光谱范围。

辐照度是辐射通量密度的概念，描述的是辐射通量的大小。辐照度与检测器和光源距离及波长 λ 有关，与方位角和观测角无关(不考虑环境干扰)。

光照度简称照度(illuminance)，是单位面积上接收的光通量。光通量的单位是流明(lm)。照度的单位为勒克斯(lx)，$1lx=1lm/m^2$。通俗地说，照度就是落在被照射面的光数量。

在将流明(lm)转化到瓦特(W)时需要考虑不同波长的光转换的参数不同。

辐射通量(W)= 光通量(lm)×光谱光视效率×683。人眼在 **555nm** 视见函数值最高，此时光谱光视效率为 1，则 **1W=683lm**。

辐射亮度简称辐亮度(radiance)，是辐射源在某一方向的单位投影面积在单位立体角内的辐射通量，即单位面积内某个方向上的光通量密度。单位为瓦/(球面度·米²)，即 $W/(sr \cdot m^2)$。如果是光谱辐亮度，即单位波长宽度范围内的辐射亮度，单位为 W/(sr·m²·μm)。辐亮度描述的是辐射量的强弱。辐亮度随波长 λ 变化，且具有方向性，与方位角、观测角有关，与距离无关。

光亮度简称亮度(luminance)，又称发光率，表示一个表面的明亮程度。指发光表面在指定方向的发光强度与垂直于指定方向的发光面的面积之比。单位为坎德拉/米²(cd/m²)。不同物体对光有不同的反射系数或吸收系数，光亮度与物体表面反射系数 R 有关。

光亮度一般随观察方向而变。若一辐射体的光亮度是与方向无关的常量，则其发光强度与 cosθ 成正比，此规律称为朗伯定律，这种辐射体称为朗伯辐射体或余弦辐射体。黑体是理想的余弦辐射体。**亮度 L 和照度 E 的关系式为 L=R×E**，其中 R 为反射系数。因此，当知道一个物体表面的反射系数 R 及其表面的照度 E 时，便可推算出它的亮度 L。

6.1　空间非合作目标探测能力分析

虽然非合作目标外形多样，大小不一，但在远距离时，在探测器靶面上都成点像，目标与背景对比较小。故而在远距离寻的阶段，非合作目标为点目标探测。其光度特性为亮度信息。此阶段探测要求能搜寻到，并能确定距离、方位等轨道参数信息，如图 6.1-1 所示。

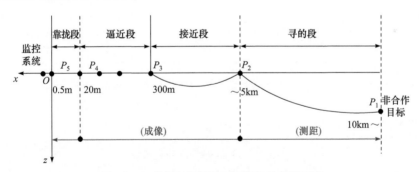

图 6.1-1　对非合作目标不同距离的探测要求

对于近距离，需要观察到目标细节。此阶段希望能分清非合作目标的形状、尺寸，进而推断出其属性。非合作目标属性包括卫星、碎片、陨石等类别属性，以及工作卫星、失控卫星、碎片等涉及"死活"的有效性属性。

非合作目标的外表面一般包覆有多层隔热材料，很难获得内部更细节的信息；从识别卫星功能的角度看，通信卫星、电子侦察卫星及光学成像观测卫星(含 SAR)的外形特征有较大的差别，若能识别卫星的外形轮廓也可基本判断其功能。

卫星类目标有其特殊的特征信息，如图 6.1-2 为"风云一号"卫星照片，其上的帆板、卫星本体、天线及有效载荷外形等，通过多种特征信息的融合识别能够进行探测。

图 6.1-2　"风云一号"卫星照片[5]

根据目标探测、捕获的 Johnson 准则，如图 6.1-3 及表 6.1-1 所示，目标成像 2 个像元即 1 线对(1lp)时能够探测目标，3～5 个像元时能够对目标进行粗分类，5～10 个像元时能够识别出目标，15 个以上像元时能够辨别确认目标。

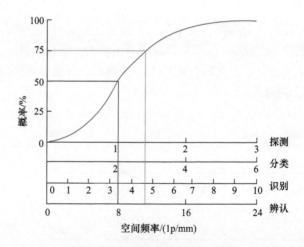

图 6.1-3　目标探测 Johnson 准则

表 6.1-1　观察等级的 Johnson 准则[6]

观察等级	含义	所需线对数(50%概率)
探测(发现)	在视场内发现目标	1.0±0.025
分类	可大致区分目标类型	1.4±0.35
识别	可将目标细分	4±0.8
辨认	可区分目标的型号及特性	6.4±1.5

6.2 探测背景光度特性

对空间非合作目标进行探测时，背景光主要有：太阳直接辐射、星体辐射、地球大气辐射和地球反照的光。太阳、地球和各种星体辐射光谱分别近似于 5900K、300K 和 3.5K 的黑体[7]。太阳、地球和星体的辐射光谱如图 6.2-1 所示。

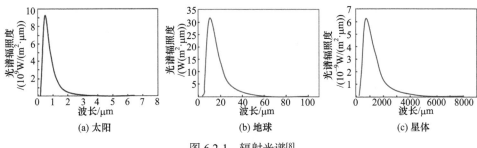

图 6.2-1 辐射光谱[8]

太阳的直接辐射以可见光为主，地球以及星体在可见光波段的辐射近似为零，因此，太阳辐射是背景辐射的主要来源。地球对太阳光的反射光谱特性与入射光谱特性相似，故而深空背景辐射包含太阳的直接辐射和地球大气对太阳光的反射两部分，以可见光为主。

6.3 空间非合作目标反射光光度特性

非合作目标的反射光主要反射的是太阳光。空间目标的反射率、辐射率特性是空间目标探测能力分析计算的重要基础和依据。

非合作目标观测角度及相互关系如图 6.3-1 所示。图中太阳照射非合作目标，观测相机探测非合作目标反射(散射)太阳的光能量。通过光度特性获知目标信息。其中，太阳、目标、观测点之间的夹角称为**相位角**。图 6.3-1(a)中的$(\xi+\eta)$、(b)中的$\angle SOC$ 都为相位角，容易得知它们与$\angle AOB$ 相等。相位角介于 0°和 180°之间。

在$\lambda_1 \sim \lambda_2$波长范围内，太阳光在非合作目标处所产生的辐照度 E_s 为[9]

$$E_s = R_s^2 c_1 D^{-2} \int_{\lambda_1}^{\lambda_2} \lambda^{-5} \left[\exp(c_2 / \lambda T_0) - 1 \right]^{-1} \mathrm{d}\lambda \tag{6-1}$$

式中，E_s——太阳在非合作目标处的辐射照度，W/m^2；

R_s——太阳半径，$R_s = 6.9599 \times 10^8 m$；

c_1——第一辐射常数，$c_1 = 3.7418 \times 10^8\ W \cdot \mu m^4 / m^2$；

c_2——第二辐射常数，$c_2 = 1.4388 \times 10^4\ \mu m \cdot K$；

D——太阳与非合作目标的距离，m；

T_0——太阳的绝对温度，T_0 =5900K。

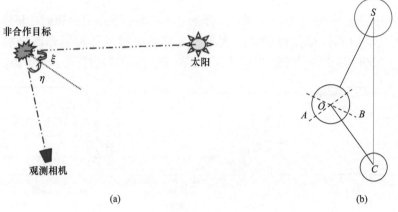

(a)　　　　　　　　　　　　　　　　　(b)

图 6.3-1　非合作目标观测角度及相互关系

在 $\lambda_1\sim\lambda_2$ 内，非合作目标漫反射太阳光在观测相机处所产生的辐照度 E_m 为

$$E_{\mathrm{m}} = \frac{\rho E_{\mathrm{s}}}{\pi R^2}\int_S \cos\xi\cos\eta\,\mathrm{d}S \tag{6-2}$$

式中，R——观测相机与非合作目标的距离，m；

　　　ρ——非合作目标表面的反射系数；

　　　ξ——太阳到非合作目标连线与非合作目标表面 $\mathrm{d}S$ 面元法线的夹角，(°)；

　　　η——观测点到非合作目标连线与非合作目标表面 $\mathrm{d}S$ 面元法线的夹角，(°)；

　　　S——非合作目标表面面积，m^2。

卫星表面主要包覆的是多层隔热材料(MLI)或各种热控涂层，其反射率有差别。表 6.3-1 给出卫星表面常用材料的太阳吸收比(α_s)、半球发射率(ε_H)以及反射率(ρ)等参数。其中，太阳吸收比(solar absorptance)是吸收的与入射的太阳辐射能通量之比，半球发射率(hemispherical emissivity)是热辐射体在半球(2π 立体角内)方向上的发射率。

表 6.3-1　卫星不同表面材料太阳吸收比、半球发射率和反射率[10]

热控涂层	太阳吸收比 α_s	半球发射率 ε_H	反射率 ρ
铝光亮阳极氧化涂层	0.12～0.16	0.10～0.68	0.84～0.88
铝合金黑色阳极氧化	0.95	0.90～0.92	0.05
铝合金光亮镀金涂层	0.23～0.4	0.03～0.04	0.6～0.77
铝合金(LY12)光亮阳极氧化涂层	0.18～0.32	0.10～0.74	0.68～0.82

续表

热控涂层	太阳吸收比 α_s	半球发射率 ε_H	反射率 ρ
铝合金(LF12)光亮阳极氧化涂层	0.14～0.21	0.10～0.68	0.79～0.86
铝镀黑镍涂层	0.85～0.95	0.13～0.89	0.05～0.15
不锈钢镀黑镍涂层	>0.90	0.10～0.86	<0.10
S781 有机白漆	0.17	0.87	0.81～0.85
S956 有机黑漆	0.93～0.94	0.88～0.92	0.06～0.07
S956 灰漆	0.62～0.80	0.87	0.20～0.38
ES665ZC 漆	0.3～0.8(α_s/ε_H)	>0.85	
S1152 铝灰漆	0.56	0.54	0.44
有机金属漆 S781 铝粉漆	0.25±0.02	0.31±0.02	0.75±0.02
ES665ACS 漆	0.67	0.58	0.33
ES665GPE 漆	0.76	0.82	0.24
ZKS 无机白漆	0.13±0.02	0.93±0.01	0.87±0.02
PS17 无机灰漆	0.70(α_s/ε_H)	>0.80	
石英玻璃镀铝第二表面镜	0.10	0.81	0.90
铈玻璃镀铝第二表面镜	0.12～0.14	0.81～0.83	0.86～0.88
F46 薄膜镀铝第二表面镜(厚度 50～120μm)	0.11～0.14	0.7～0.8	0.86～0.89
聚酰亚胺薄膜镀铝第二表面镜	0.41	0.68	0.59
S731 涂料型第二表面镜	0.12	0.2～0.8	0.88
二氧化硅-铝第二表面镜	0.09	0.1～0.5	0.91
多层隔热材料(MLI)	0.46		0.49
硅太阳电池片	0.78±0.02	0.85	0.22±0.02
19%砷化镓太阳电池片	0.88±0.02	0.85	0.12±0.02
23%砷化镓太阳电池片	>0.91	0.85	<0.09

非合作目标外表面包覆着多层软体隔热材料，在真空负压的状态下，既非理想的漫反射面(朗伯面)，也非理想的镜反射面，而是兼具漫反射与镜面反射特性的一种反射面[11]。但在空间飞行，受原子氧(低轨道时)、紫外辐照、宇宙射线等共同作用，目标表面材料在空间环境中将很快接近光学和物理性质的稳定状态，可认为目标光度随时间没有明显的长期变化。可以近似假定目标对太阳光的反射是漫反射，且服从朗伯定律。

6.4　空间非合作目标的亮度特性

在远距离($\geqslant$10km)，非合作目标近似于一个点目标。天文上用星等数来表示点状目标的亮度，星等是以在地球大气层外所接收到的星光辐射照度来衡量的。根据接收器光谱响应特性的不同将星等又分为热星等、视星等和仪器星等[12,13]。

为了便于分析恒星的各种特性，天文观测学对恒星按不同的谱段测定其辐射情况得到谱段星等。U(ultraviolet)表示紫外谱段；B(blue)表示蓝光谱段；V(visible)表示可见光谱段；R(red)与I(infrared)分别表示红光和近红外谱段。

用光谱特性为全光谱的接收器所测的星等为**热星等**，其不能直接由观测确定，只能由多色测光的星等结合理论计算求得。

用光谱特性与人眼一致的接收器所测的星等为**视星等**，它真实表示恒星到达大气层外的全部辐射，用 m_V 表示，下标"V"表示可见光(visible)谱段。

根据探测器响应谱段特性所测的星等为**仪器星等**，它取决于 CCD 等图像探测器的量子效率。恒星的输出响应是星光光谱亮度与探测器光谱响应特性以及光学系统的光谱透过率响应的卷积结果，用 m_D 表示。图 6.4-1 为 E2V 公司的 CCD47-20、CCD KAF-401 的量子效率与人眼的光谱响应。

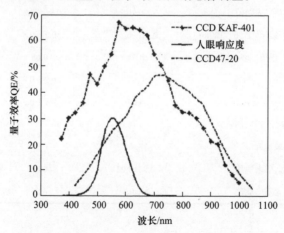

图 6.4-1　探测器量子效率与人眼光谱响应对比[14]

仪器星等可以由谱段星等线性拟合得出，由于空间非合作目标主要反射太阳光，需要通过太阳照明来探测，故其有效色温与太阳相当，为 5900K，主要集中在可见光谱段。周建涛等[15]针对星敏感器常用的 CCD47-20 探测器，得出以下仪器星等与视星等的转换关系：

$$m_D - m_V = -1.31(m_R - m_I) + 0.07 \tag{6-3}$$

式中，m_D ——仪器星等；

　　　m_V ——视星等，中心波长 0.555μm；

　　　m_R ——红星星等，中心波长 0.68μm；

　　　m_I ——近红外星等；

　　　$(m_R - m_I)$ ——色指数。

m_R、m_I 可在 SKY2000 星表中查出，其已给出全天亮于+8m_V 的 B、V、R、I 谱段星等。

由于采用的探测器不同，相应的量子效率也不同，故其仪器星等也有差异。为了更具代表性，本书采用视星等来描述非合作目标的亮度特性。根据最终的需要，也可仿照式(6-3)进行仪器星等与视星等的转换。

0 等星的辐照度被定义为 E_0=2.96 × 10^{-14} W / mm^2，或表示为 2.65×10^{-6} lx [15,16]。等效视星等值定义为两个光通量相差 100 倍的星体其亮度相差 5 个星等。取太阳为参考星，太阳的等效视星等值为–26.74[17,18]，则 m 等星为

$$m = -26.74 - 2.5\lg(E / E_s) \tag{6-4}$$

式中，m —— 等效视星等，m_V；

　　　E ——非合作目标的辐射照度，W/m^2；

　　　E_s ——太阳在非合作目标处的辐射照度，W/m^2。

由于不同非合作目标的功能、组成、表面材料等多样化，且表面包覆了热控材料，因此外形大致可分为长方形、球形和圆柱形或者是它们的组合。为了便于分析，在计算中将非合作目标表面形状简化为三种模型：长方形模型、圆柱体模型和球状模型。

6.4.1　长方形类目标光度特性

对于长方形模型，其整个截面面积为

$$S = L \times W \tag{6-5}$$

式中，L ——长方形目标投影到观测方向截面的长度，m；

　　　W ——长方形目标投影到观测方向截面的宽度，m。

由式(6-2)可知其表面的辐射照度 E_{plane} 为

$$E_{plane} = \frac{\rho E_s S \cos\xi \cos\eta}{\pi R^2} \tag{6-6}$$

式中，E_{plane} ——长方形目标的辐射照度，W/m^2；

　　　ρ ——目标表面的反射系数；

　　　E_s ——太阳在非合作目标处的辐射照度，W/m^2；

S——长方形目标截面面积，m²，$S = L \times W$；

ξ——太阳到非合作目标连线与非合作目标表面 dS 面元法线的夹角，(°)；

η——观测点到非合作目标连线与非合作目标表面 dS 面元法线的夹角，(°)；

R——观测点与非合作目标的距离，m。

将式(6-6)代入式(6-4)，则长方形非合作目标模型的等效视星等 m_{plane} 为

$$
\begin{aligned}
m_{\text{plane}} &= -26.74 - 2.5\lg\left(E_{\text{plane}} / E_{\text{s}}\right) \\
&= -26.74 - 2.5\lg\frac{\rho S \cos\xi \cos\eta}{\pi R^2}
\end{aligned}
\tag{6-7}
$$

6.4.2　圆柱体类目标光度特性

由式(6-2)，圆柱体模型的辐射照度 E_{column} 为

$$
E_{\text{column}} = \frac{\rho E_{\text{s}} S}{\pi R^2}\sin\alpha \sin\beta[\sin\theta + (\pi - \theta)\cos\theta]
\tag{6-8}
$$

式中，ρ——圆柱体目标表面的反射系数；

E_{s}——太阳在非合作目标处的辐射照度，W/m²；

S——圆柱体目标截面面积，m²，$S = D \times H$，D 和 H 分别为底面直径和高度；

R——观测点与非合作目标的距离，m；

α——太阳与圆柱轴线方向的夹角，(°)，$\alpha + \xi = 90°$；

β——观测方向与圆柱轴线方向的夹角，(°)，$\beta + \eta = 90°$；

θ——相位角，(°)，即太阳与圆柱体目标连线以及观测相机之间的夹角。

圆柱体非合作目标模型的等效视星等 m_{column} 为

$$
\begin{aligned}
m_{\text{column}} &= -26.74 - 2.5\lg\left(E_{\text{column}} / E_{\text{s}}\right) \\
&= -26.74 - 2.5\lg\frac{\rho S}{\pi R^2}\sin\alpha \sin\beta[\sin\theta + (\pi - \theta)\cos\theta]
\end{aligned}
\tag{6-9}
$$

6.4.3　球状目标光度特性

球状模型的辐射照度 E_{ball} 为[9]

$$
E_{\text{ball}} = \frac{2\rho E_{\text{s}} r^2}{3\pi R^2}[\sin\theta + (\pi - \theta)\cos\theta]
\tag{6-10}
$$

式中，ρ——球状目标表面的反射系数；

r——球状目标半径，m；

θ——相位角，(°)，即太阳与球状目标连线以及观测相机之间的夹角。

球状非合作目标模型的等效视星等 m_{ball} 为

$$m_{\text{ball}} = -26.74 - 2.5\lg\frac{2\rho r^2}{3\pi R^2}[\sin\theta + (\pi - \theta)\cos\theta] \tag{6-11}$$

在其他条件相同的情况下，对于单位棱长的立方体和内切于该立方体的圆柱体与球体来说，球体目标要稍暗于前两者[19]。因此在估算时考虑最恶劣的极端情况，多以球体目标模型为例进行探测能力分析。

由以上三种模型可以看出，等效视星等包含了目标距离、目标反射率、目标大小和相位角等因素，基本描述了非合作目标的光度特性。

图 6.4-2 为太阳-非合作目标-探测点的不同相位角对同一目标的等效视星等。可以看出，随着相位角的增大，观测到的同一目标的视星等值增大，亮度变暗。

图 6.4-3 为直径为 0.1m 的非合作目标在不同相位角对同一目标的等效视星等。可以看出，当距离越远，相位角越大时，同一球状目标的视星等值越高。

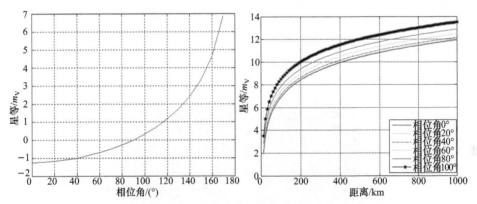

图 6.4-2　不同相位角时同一目标的等效视星等　图 6.4-3　相位角、目标距离与视星等的关系

假设目标反射率 $\rho = 0.2$，相位角为 0°，非合作目标为球体，其直径 $2r$、距离 R 与视星等 m_V 对应分析见表 6.4-1。结果显示：目标越大，距离越近，则视星等值越小，目标越亮。对于距离为 50km、直径为 10cm 的目标，其对应的视星等为 $5.4m_V$，常规星敏感器都能探测到。

表 6.4-1　目标尺寸、距离与视星等关系

目标直径 $2r$/m	目标视星等/m_V			
	距离 $R=20$km	距离 $R=50$km	距离 $R=100$km	距离 $R=1000$km
3	−3.98	−1.99	−0.48	4.52
2	−3.10	−1.11	0.40	5.40

续表

目标直径 2r/m	目标视星等/m_V			
	距离 R=20km	距离 R=50km	距离 R=100km	距离 R=1000km
1	−1.59	0.40	1.90	6.90
0.5	−0.09	1.90	3.41	8.41
0.3	1.02	3.01	4.52	9.52
0.2	1.90	3.89	5.40	10.40
0.1	3.41	5.40	6.90	11.90
0.05	4.91	6.90	8.41	13.41
0.01	8.41	10.40	11.91	16.90

6.4.4　轨道周期内的光度特性

研究非合作目标光度特性对时间的变化率，可以全面了解其在一轨周期内的变化情况，为制定探测方案及探测指标开拓思路，提供理论支撑。

图 6.4-4 为波音公司对一类典型结构的空间目标，通过不同的变化规律获取目标表面材料比例变化的仿真结果。三种不同的变化规律，分别对应三种不同的姿态变化状况。仿真结果表明，通过目标表面材料比例的变化规律，可以明确区分目标的姿态信息。

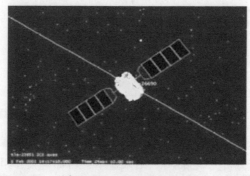

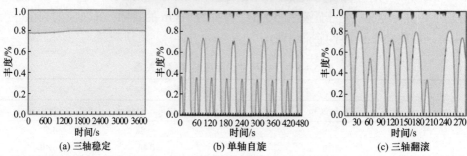

图 6.4-4　目标表面材料比例的变化[20]

　　研究空间目标的光度变化曲线情况，可以掌握其运动规律，也可以作为其姿态控制是否失效的判据之一。

　　引用已知的我国"资源一号"卫星相关数据[21]，本节重点分析其轨道周期内可见光的光度规律。红外辐射的时间变化率将在 6.5 节详述。

　　"资源一号"卫星总质量为 1540kg，星体为长方形，采用单翼太阳能电池阵，本体外形尺寸为 2000mm×1800mm×2250mm，飞行状态尺寸为 2000mm×8440mm×3215mm，如图 6.4-5 所示。运行轨道为太阳同步轨道，轨道参数如表 6.4-2 所示，各表面特性如表 6.4-3 所示。

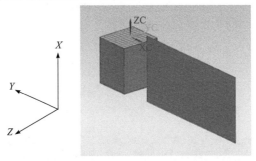

图 6.4-5　"资源一号"卫星模型

表 6.4-2　"资源一号"卫星轨道参数

轨道高度/km	偏心率 e	轨道倾角 i/(°)	轨道周期/s	升交点赤经/(°)	近地点幅角/(°)
778	0.0011	98.5	6015.6	185.371	335.631

表 6.4-3　"资源一号"卫星各表面特性

表面名称	热控涂层	太阳吸收比 α_s	半球发射率 ε_H
卫星外表面	F46 聚酯薄膜	0.10	0.81
卫星散热面	ZKS 无机白漆	0.13	0.93
太阳能帆板向阳面	太阳能电池片	0.9	0.86
太阳能帆板背阳面	SR107 白漆	0.17	0.87
太阳能帆板侧面	有机黑漆	0.93	0.88

　　表 6.4-4 为分析模型节点的描述，利用 NEVEDA 与 SINDAG 软件，计算时间为 10 个轨道周期，"资源一号"卫星各表面在整个轨道周期内的温度分布如图 6.4-6 所示。

表 6.4-4　分析模型节点的描述

节点号	位置	表面材料	面积/(mm × mm)
101	卫星舱板–Z 面(对地面)	F46 聚酯薄膜	2250 × 1800
102	卫星舱板+Z 面	F46 聚酯薄膜	2250 × 1800
103	卫星舱板–Y 面	F46 聚酯薄膜	2250 × 2000
104	卫星舱板+Y 面(散热面)	ZK-S 无机白漆	2250 × 2000
105	卫星舱板–X 面	F46 聚酯薄膜	2000 × 1800
106	卫星舱板+X 面	F46 聚酯薄膜	2000 × 1800
107	太阳能帆板背阳面	SR107 白漆	3215 × 6500
108	太阳能帆板向阳面	太阳能电池片	3215 × 6500

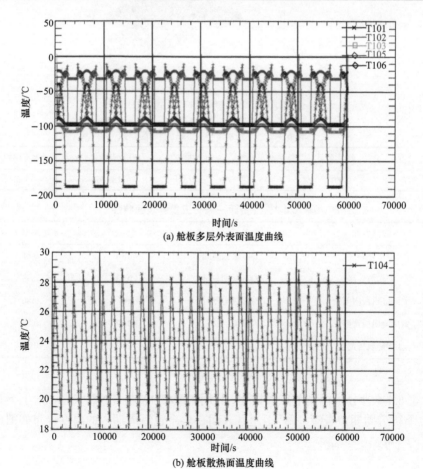

(a) 舱板多层外表面温度曲线

(b) 舱板散热面温度曲线

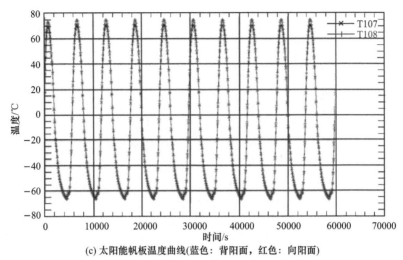

(c) 太阳能帆板温度曲线(蓝色：背阳面，红色：向阳面)

图 6.4-6 "资源一号"卫星不同材质外表面温度曲线

表 6.4-5 为仿真分析的"资源一号"卫星在轨道周期内各表面温度范围。

表 6.4-5 "资源一号"卫星各表面温度仿真情况

节点号	位置	温度范围/℃
101	卫星舱板–Z 面(对地面)	− 186.6～− 39.57
102	卫星舱板+Z 面	− 32.37～− 12.18
103	卫星舱板–Y 面	− 107.9～− 97.47
104	卫星舱板+Y 面(散热面)	+ 18.23～+ 29.11
105	卫星舱板–X 面	− 97.33～− 22.91
106	卫星舱板+X 面	− 96.84～− 22.75
107	太阳能帆板背阳面	− 65.38～+ 71.1
108	太阳能帆板向阳面	− 66.46～+ 75.05

　　利用 NEVEDA 软件，计算出卫星各表面在一个轨道周期内到达的太阳直射和地球反照的太阳辐射能量，再根据各表面材料的反射率，计算出可见光波段的辐射能量，如图 6.4-7 所示。

　　从分析可以看出，仅在可见光谱段，在一个轨道周期内，同一材质反射的可见光亮度变化比较剧烈，所有卫星都具备的散热板及太阳能帆板的亮度以背阴时间段为轴呈现周期性的近似对称变化。不同材质的光度特性也不尽相同。

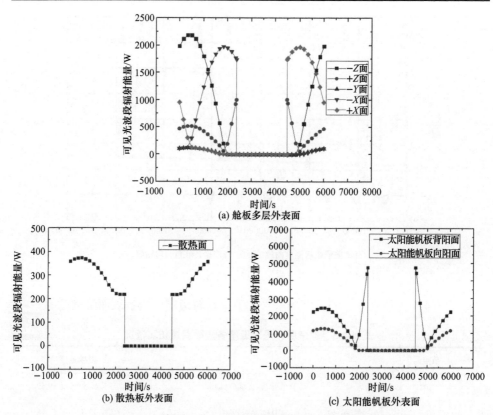

图 6.4-7 "资源一号"卫星不同材质可见光波段辐射特性

　　积累非合作目标特征区域(如太阳能帆板)的可见光亮暗变化曲线,通过分析其是否规律,可以判断该非合作目标是否姿态受控,进而可以判断卫星是否失效或者为空间碎片。

6.5　空间非合作目标的热辐射特性

　　在真空环境下,非合作目标与周围环境全部以辐射形式进行热的传递。非合作目标的红外热辐射包括设备自身的热辐射以及反射太阳、地球等星体环境的辐射。自身的辐射取决于非合作目标表面的半球发射率(ε_{H})及其自身温度。反射的环境辐射与非合作目标表面的反射率以及空间环境辐射有关。

　　太阳的表面温度为 5900K,宇宙背景的辐射相当于绝对温度为 3K 的黑体。地球的辐射出射度 M_{earth} 约为 237W/m²,其光谱分布近似于 300K 的黑体。常用太阳总辐照度(太阳常数 $S_{\cdot}$)来表示太阳对地球的辐照度,地球绕日轨道为椭圆轨道,太阳对地球的辐照度近似为 1367W/m²。经日地距离修正的太阳常数 E'_{sun} 为[22]

$$E'_{sun} = E_{sun}[1 + 0.034 \times (360 \times t_m / 365)] \tag{6-12}$$

其中，E_{sun}——太阳总辐照度，$E_{sun} = (1367 \pm 7) \text{W/m}^2$；

t_m——距离元旦的天数。

【拓展知识】辐射出射度

辐射源单位面积发射的辐射通量称为**辐射出射度**，简称辐出度，单位为瓦特每平方米(W/m^2)。单位波长间隔内的辐射出射度称为**光谱辐出度**。光谱辐出度用频率与波长表示时，单位分别为"瓦特每平方米赫兹"($\text{W/(m}^2\cdot\text{Hz})$)和"瓦特每平方米纳米"($\text{W/(m}^2\cdot\text{nm})$)。

辐射出射度与辐照度都是辐射通量密度的概念，描述的是辐射量的大小。辐照度为物体接收的辐射，辐出度为物体发出(或者反射)的辐射。它们都与波长 λ 有关。

非合作目标的热辐射区域为太阳直射区和地球阴影区。如图 6.5-1 为非合作目标与太阳、地球、月球等其他天体以及宇宙背景辐射之间的关系图。

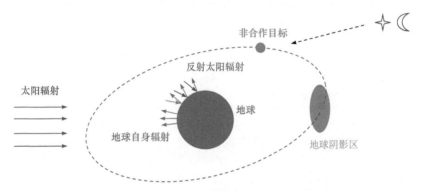

图 6.5-1　非合作目标热辐射源及其相互关系

仍以球状模型进行分析，当非合作目标在阳照区时，获得的太阳辐射 Q_{sun} 为

$$Q_{sun} = \pi r^2 \alpha_s E_{sun} \tag{6-13}$$

其中，r——球状非合作目标半径，m；

α_s——非合作目标的太阳吸收比。

非合作目标获得的地球辐射 Q_{earth} 为

$$Q_{earth} = \pi r^2 \alpha_s E_{earth} \tag{6-14}$$

其中，E_{earth} 为地球在非合作目标处的辐照度，W/m^2。

$$E_{\text{earth}} = M_{\text{earth}} \cdot F_{\text{e-s}} = M_{\text{earth}} \cdot \frac{1}{2} \left(1 - \sqrt{1 - \left(\frac{r_{\text{e}}}{r_{\text{e}} + h} \right)^2} \right) \tag{6-15}$$

式中，M_{earth} —— 地球的辐射出射度，$M_{\text{earth}} = 237 \text{W/m}^2$；

$F_{\text{e-s}}$ —— 地球与非合作目标之间的角系数，此处为点源与球之间的角系数；

r_{e} —— 地球半径，$r_{\text{e}} = 6371 \text{km}$；

h —— 非合作目标与地球表面的距离，km。

假设非合作目标为薄壁球体状，自身不进行热辐射，仅反射太阳辐射，且球形表面温度一致。其发射的能量 Q_{s} 为

$$Q_{\text{s}} = 4\pi r^2 \varepsilon_{\text{H}} \sigma T_{\text{s}}^4 \tag{6-16}$$

式中，ε_{H} —— 非合作目标的半球发射率；

σ —— 斯特藩-玻尔兹曼常数，$\sigma = 5.6697 \times 10^{-8} \text{W/(m}^2 \cdot \text{K}^4)$；

T_{s} —— 非合作目标表面温度，K。

当非合作目标在阳照区达到温度平衡后，即其对外发射的能量 Q_{s} 与太阳辐射到非合作目标上的能量 Q_{sun} 相等。此时的非合作目标表面温度 T_{s} 为

$$T_{\text{s}} = \left(\frac{\alpha_s E_{\text{sun}}}{4\varepsilon_{\text{H}} \sigma} \right)^{\frac{1}{4}} \tag{6-17}$$

当非合作目标在地球阴影区时，其热平衡方程为

$$\frac{1}{T_{\text{s}_2}^2} - \frac{1}{T_{\text{s}_1}^2} = 3 \frac{\varepsilon_{\text{H}} \sigma T_{\text{sh}}}{c\delta\rho} \tag{6-18}$$

式中，T_{s_1} ——非合作目标进入阴影区时的温度，K；

T_{s_2} ——非合作目标从阴影区出来时的温度，K；

T_{sh} ——非合作目标处于阴影区的时间，h；

c ——非合作目标球体薄壁的比热，$\text{J}/(\text{kg} \cdot \text{℃})$；

δ ——非合作目标球体薄壁厚度，m；

ρ ——非合作目标球体薄壁密度，kg/m^3。

由表 6.5-1 可知，目前卫星外表面主要热控材料及涂层，按照式(6-17)计算，在阳照区温度平衡后的温度在 163~531K 之间。该数据涵盖了卫星外表面结构、热控包覆多层隔热材料以及太阳电池帆板等。对于处于阴影区的目标，同样可以通过式(6-18)进行辐射温度估算。

表 6.5-1　在阳照区目标不同表面属性与温度的关系

热控涂层类型	热控涂层	太阳吸收比 α_s	半球发射率 ε_H	温度/K
阳极氧化涂层	铝合金(LY12)光亮阳极氧化涂层	0.18～0.32	0.10～0.74	195～372
	铝合金黑色阳极氧化涂层	0.95	0.90～0.92	281±1
电镀涂层	铝合金光亮镀金涂层	0.23～0.4	0.03～0.04	430～531
	铝镀黑镍涂层	0.85～0.95	0.13～0.89	275～457
涂料类	S781 有机白漆	0.17	0.87	184.8
	S781 有机金属铝粉漆	0.25±0.02	0.31±0.02	263±10
	ZKS 无机白漆	0.13±0.02	0.93±0.01	170±7
	S956 有机黑漆	0.93～0.94	0.88～0.92	279～283
热控包覆多层隔热材料	聚酰亚胺薄膜镀铝第二表面镜	0.41	0.68	245
	F46 薄膜镀铝第二表面镜 (厚度 50～120μm)	0.11～0.14	0.7～0.8	169～186
太阳电池帆板	19%砷化镓太阳电池片	0.88±0.02	0.85	279～282
	硅太阳电池片	0.78±0.02	0.85	272±2

相对于等效黑体辐射温度约为 3K 的空间背景，非合作目标的辐射温度非常高，完全可以通过光学仪器探测与跟踪，进而可获得其轨道参数。

以"资源一号"卫星为例，其各表面红外波段辐射特性仿真如图 6.5-2 所示。可以看出，在一个轨道周期内，相同材质的红外辐射能量发生变化。不同材质的红外辐射特性也不一样。

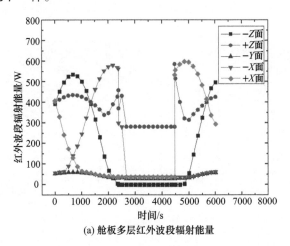

(a) 舱板多层红外波段辐射能量

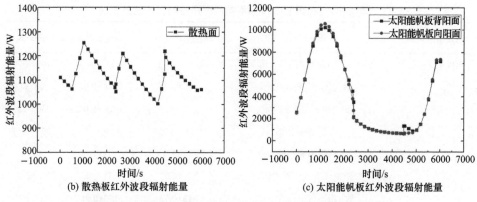

(b) 散热板红外波段辐射能量　　　　　(c) 太阳能帆板红外波段辐射能量

图 6.5-2　　"资源一号"卫星不同材质红外波段辐射特性仿真

　　非合作目标红外辐射可以用红外辐射照度或者红外辐射出射度来衡量。黑体的红外辐射出射度计算公式如下[23]:

$$M_{\lambda bb} = \frac{c_1}{\lambda^5} \frac{1}{e^{c_2/(\lambda T)} - 1} \tag{6-19}$$

式中,　$M_{\lambda bb}$——黑体的光谱辐射出射度,W/(m$^2 \cdot \mu$m);

　　　　c_1——第一辐射常数,$c_1 = 3.7418 \times 10^{-16}$ W·m^2;

　　　　c_2——第二辐射常数,$c_2 = 0.014388$m·K;

　　　　T——非合作目标的绝对温度,K。

　　由于非合作目标可能在背阳面被探测,也有可能在向阳面被探测,所以其温度变化有一定范围。以四个不同的温度范围来计算理想黑体的辐射出射度,它们分别为:180~220K,280~320K,380~420K 和 480~520K。计算所得的数据如图 6.5-3 所示。

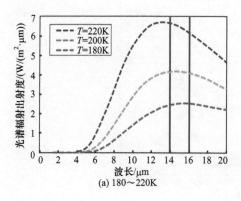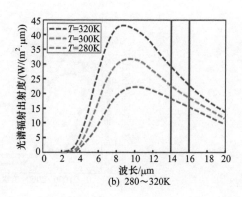

(a) 180~220K　　　　　　　　　　　(b) 280~320K

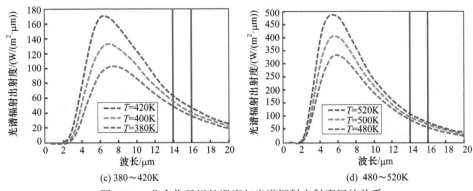

(c) 380~420K　　　　　　　(d) 480~520K

图 6.5-3　非合作目标的温度与光谱辐射出射度间的关系

可以看出，200K 非合作目标辐射出射的峰值波长在 14μm 左右，300K 目标辐射出射的峰值波长在 9μm 左右，400K 目标辐射出射的峰值波长在 7μm 左右，500K 目标辐射出射的峰值波长在 6μm 左右。

对于光学仪器探测而言，为了达到最大的捕获能力，需要其中心工作谱段与目标的峰值波长对应。

6.6　寿命末期空间目标的光度特性

寿命末期的空间目标与空间环境已充分作用，同时经历了真空、高低温、太阳辐照、空间辐射和原子氧(AO，仅在低轨时有)等环境考验，表面属性或多或少发生了变化，对目标的光度特性也带来了影响。

首先，目标在低轨受到原子氧的侵蚀比较严重，引起目标表面反射率下降。用镀银膜和镀铝膜的反射镜样品(都已镀制 SiO_2 保护膜)，分别模拟试验在轨不同时期的反射率变化情况，如图 6.6-1 和图 6.6-2 所示。镀银反射镜接收到的原子氧通量为 8.68×10^{20} 个/cm^2，镀铝反射镜接收到的原子氧通量为 8.94×10^{20} 个/cm^2，相当于低轨 5 年寿命末期总的原子氧通量。

1) 镀银反射镜试验结果

(a) 试验前后形貌

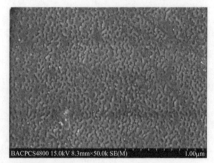

(b) 试验前后50000倍扫描电镜下形貌

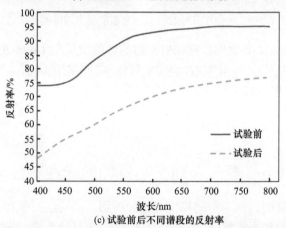

(c) 试验前后不同谱段的反射率

图 6.6-1 镀银反射镜样片经原子氧试验前后变化情况

2) 镀铝反射镜试验结果

(a) 试验前后形貌

(b) 试验前后50000倍扫描电镜下形貌

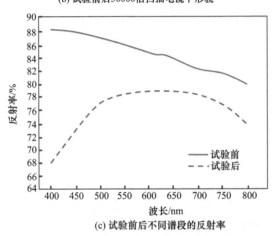

(c) 试验前后不同谱段的反射率

图 6.6-2　镀铝反射镜样片经原子氧试验前后变化情况

从试验结果可以看出，在原子氧试验前，镀银、镀铝反射镜表面状态完好；两种反射膜在扫描电镜下表面均匀致密，有光泽。原子氧试验后，镀银反射镜部分区域发暗，反射膜失去完整性；在扫描电镜下可见银反射膜表面呈灰黑色，失去原有光亮如镜的特征，表面形貌凹凸不平。而镀铝反射镜同样颜色发暗；在扫描电镜下可见反射膜表面呈灰色，表面致密。

原子氧暴露试验后，覆盖在银膜表面的 SiO_2 保护膜在大通量的原子氧侵蚀作用下被剥离，逐渐露出了银膜，银膜在原子氧环境中与 AO 发生反应，生成灰黑色氧化物 AgO。而 AgO 较疏松，不能形成致密的保护膜阻止 AO 的进一步侵蚀，导致 Ag 膜层的大量损失，造成反射率很大程度的衰减。试验前后衰减 21.6%。

镀铝反射镜表面的 SiO_2 保护膜被原子氧剥离，逐渐露出的铝膜与 AO 发生反应，生成灰色氧化物 Al_2O_3。由于 Al_2O_3 结构致密，形成的保护膜阻止了 AO 的进一步侵蚀；同时由于其良好的附着性能，样片表面最后均匀地附着了一层 Al_2O_3，最终导致反射镜反射率有较大程度的衰减，镀铝反射镜反射率比试验前衰减 10.17%。

　　原子氧对大部分聚合物材料的剥蚀率都比较大。虽然在热控涂层外一般会有保护膜，但是原子氧会在长时间在轨运行中逐渐剥落保护膜，使暴露出来的部分被原子氧进一步氧化和剥蚀，引起目标表面反射率下降，最终影响光学探测性能。

　　分析同一镀增透膜的平板玻璃样品(已镀 SiO_2 保护膜)在不同原子氧通量下的透过率，测试结果如表 6.6-1 所示。分析的轨道高度为 393km。其中原子氧通量为 $7.6×10^{22}$ 个/cm^2，大致对应 15 年轨道寿命。

表 6.6-1　不同原子氧通量下的透过率

原子氧通量/(个/cm²)	透过率/%	下降量/%(与初始比)	下降率/%(与上一次测试比)
0	98	0	0
$4.54×10^{21}$	91	7	7
$1.20×10^{22}$	74	24	17
$2.5×10^{22}$	70	28	4
$5.0×10^{22}$	63	35	7
$7.6×10^{22}$	59	39	4

　　同样，对于空间固有的太阳辐照也会引起目标光度的变化。来自太阳光谱较高能量的紫外线波长能引起涂层变性、变黑。总剂量辐照会使普通光学材料透过率下降。图 6.6-3 为 LaK3 普通光学玻璃(未镀膜)样片在不同辐照剂量下的透过率变化情况。其中辐照剂量单位为 rad(Si)。

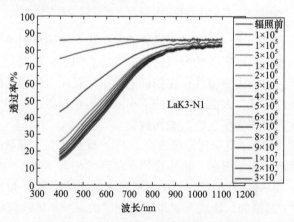

图 6.6-3　LaK3 玻璃材料辐照前后透过率变化

　　从以上分析可以看出：不同介质(银、铝金属反射膜，介质增透膜，普通光学玻璃)，在未充分镀制保护膜及耐辐照防护的情况下，与空间环境作用后，其光学性能都会下降；随着在轨飞行时间的持续，光学性能递增退化；到达一定年限后，退化速率减缓，最终逐渐趋于稳定状态。

目前的人造空间目标几乎都有热控涂层，目标在寿命末期的光度特性主要是热控涂层经长期空间环境综合作用后的热辐射特性变化情况。以"东方红二号"、"东方红二号甲"卫星为例，其在不同寿命末期热控涂层的性能退化如表 6.6-2～表 6.6-5 所示。

表 6.6-2　热控涂层性能退化的飞行试验一("东方红二号")[9]

热控涂层	地面值 α_{s0}	飞行 12h 后 α_s	$\Delta\alpha_s(\Delta\alpha_s/\alpha_s)$			
			半年后	1 年后	3 年后	4 年 10 个月后
铝光亮阳极氧化涂层	0.14～0.15	0.184	0.028 (15.22%)	0.041 (22.8%)	0.058 (31.5%)	≈ 0.058 (≈ 31.5%)
铝粉漆	0.30	0.33	0.04 (12.12%)	0.06 (18.18%)	0.078 (23.6%)	≈ 0.078 (≈ 23.6%)
S731 涂料型第二表面镜	0.12	0.181	0.081 (44.75%)	0.13 (71.8%)	0.181 (100%)	≈ 0.18 (≈ 100%)
铝合金黑色阳极氧化涂层	0.95	≈ 0.95	≈ 0.01	≈ - 0.01	≈ 0	≈ - 0.05

表 6.6-3　热控涂层性能退化的飞行试验二("东方红二号")[9]

热控涂层	地面值 α_{s0}	飞行 12h 后 α_s	$\Delta\alpha_s(\Delta\alpha_s/\alpha_s)$			
			半年后	1 年后	3 年后	4 年 4 个月后
S781 白漆	0.20	0.241	0.091 (37.76%)	0.137 (56.8%)	0.235 (97.5%)	0.278 (115.4%)
铝粉漆	0.31	0.345	0.032 (9.28%)	0.051 (14.78%)	0.071 (20.6%)	≈ 0.071 (≈ 20.6%)
石英玻璃镀铝第二表面镜(0.4mm)	0.08	0.122	0.012 (9.8%)			0.02 (16.4%)
铝合金黑色阳极氧化涂层	0.945	0.952	≈ - 0.02	≈ - 0.04	≈ - 0.04	≈ - 0.02

表 6.6-4　热控涂层性能退化的飞行试验一("东方红二号甲")[9]

热控涂层	地面值 α_{s0}	飞行 12h 后 α_s	$\Delta\alpha_s(\Delta\alpha_s/\alpha_s)$			
			3 个月后	6 个月后	1 年后	2 年 3 个月后
铝光亮阳极氧化涂层	0.13～0.15	0.203	0.094 (46.3%)	0.123 (60.6%)	0.172 (84.7%)	0.212 (104.4%)
S853 白漆	0.21	0.325		0.124 (38.15%)	0.215 (66.15%)	0.307 (94.5%)
石英玻璃镀铝第二表面镜(0.4mm)	0.10	0.104			0.006 (5.8%)	0.013 (12.5%)
铝合金黑色阳极氧化涂层	0.94	0.935	≈ 0	≈ - 0.02	≈ - 0.02	≈ 0.01

表 6.6-5　热控涂层性能退化的飞行试验二("东方红二号甲")[9]

热控涂层	地面值 α_{s0}	飞行 12h 后 α_s	$\Delta\alpha_s(\Delta\alpha_s/\alpha_s)$		
			6 个月后	1 年后	1 年 6 个月后
S853 白漆	0.21	0.27	0.158 (58.32%)	0.213 (78.89%)	0.270 (100%)
聚酰亚胺镀铝第二表面镜(30μm)	0.33	0.462	0.062 (13.42%)	0.114 (24.68%)	0.144 (31.17%)
F46 镀铝第二表面镜(72.3μm)	0.09	0.153	0.046 (30.07%)	0.088 (57.52%)	0.114 (71.15%)
铝灰漆	0.35	0.40	0.036 (9%)	0.080 (20%)	≈0.080 (≈20%)

由热控涂层在轨性能退化数据可以看出：

在飞行 12h 后热控涂层明显退化，导致太阳吸收比明显高于地面测试值；随着在轨飞行时间的延长，涂层性能递增退化；到达一定年限后，退化速率减缓，最终逐渐趋于稳定状态。

这也再次验证了在长期的空间环境综合作用下，非合作目标将很快接近光度稳定状态。通过获得非合作目标热控涂层的光度变化性能，可粗估其工作的年限。

6.7　具有光学隐身功能的非合作目标光度特性

空间目标隐身能力是指为了减弱或者降低空间目标的微波、可见光、红外线等可探测信息，最大限度地降低被对手系统探测的概率，从而提高自身空间目标的生存能力。隐身卫星等非合作目标，具有在轨隐蔽、侦察以及伺机攻击对手的能力[24]。

非合作目标的光学隐身是希望将其目标的光学辐射特征融入空间背景中，与空间背景的辐射特征一致。具有隐身功能的空间目标通过减少其表面的发射率和反射率来降低其可见光与红外特征。

但这会产生矛盾：为了降低其可见光特征，希望目标尽量不要反射太阳光，故而要尽量多地吸收太阳光，但这会导致目标自身的温度上升，从而使其红外辐射特征增强。

为了寻找解决的途径，从空间延伸至大气层，分析大气透过率及大气窗口特性。

大气透过率的分布与观测高度 H_1、目标高度 H_2、观测天顶角 μ 有关。采用中纬度夏季(midlatitude summer)大气模式，观测高度 H_1=[0km,1km,2km,5km,

10km,20km]，目标高度 H_2=100km，观测天顶角 μ=[0°,15°,30°,45°,60°,75°]进行分析。

6.7.1　观测高度的影响

取观测天顶角 μ=30°，不同观测高度的大气透过率分布随波长的变化曲线如图 6.7-1 所示。

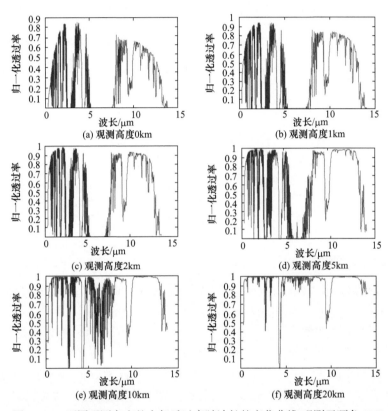

图 6.7-1　不同观测高度的大气透过率随波长的变化曲线(观测天顶角 30°)

可以看出，大气透过率随观测高度的增加而增加。0～10km 观测高度范围内大气透过率随波长的分布差异明显，大气透过率较高的光谱段有：远红外 8～14μm；中红外 2～2.5μm，3.5～4μm，4.5～5μm；可见光与近红外 0.3～1.3μm，1.5～1.9μm。

观测高度增加到 20km 以上时，大气透过率随波长的分布差异逐渐变小。

以图 6.7-1(b)为例，即观测高度 H_1=1km，观测角度 μ=30°，其在 0.3～2μm 可见光与近红外波段、2～6μm 中红外波段以及 6～14μm 远红外波段时的大气透过率如图 6.7-2 所示。

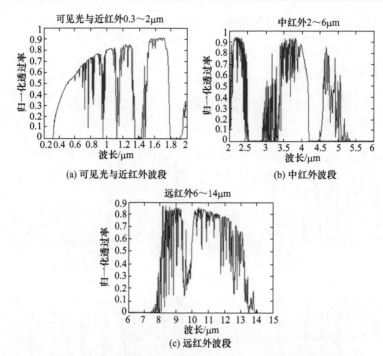

图 6.7-2　不同波段的大气透过率变化曲线(观测高度 1km)

6.7.2　观测天顶角的影响

设观测高度 H_1=1km，目标高度仍为 H_2=100km，则不同观测天顶角的大气透过率随波长的变化曲线如图 6.7-3 所示。

由图 6.7-3 可以看出：

(1) 大气透过率随着观测天顶角的增大而减小；

(2) 观测天顶角大于 60°时，观测天顶角对大气透过率有了较明显的影响。

观测高度由 1km 上升到 5km 的过程中，随着高度的升高，如图 6.7-4 所示，由观测天顶角 15°和 75°时的大气透过率分布可以看出，观测天顶角对大气透过率的影响不明显。

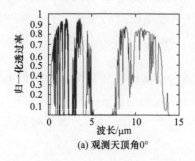

(a) 观测天顶角 0°

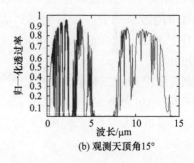

(b) 观测天顶角 15°

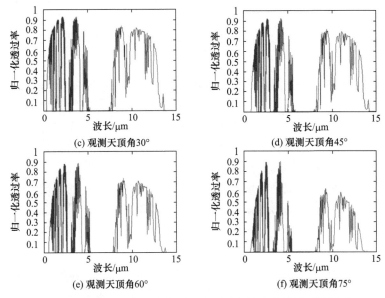

图 6.7-3　不同观测天顶角的大气透过率随波长的变化曲线(观测高度 1km)

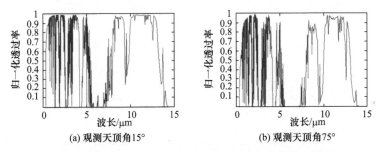

图 6.7-4　不同观测天顶角的大气透过率随波长的变化曲线(观测高度 5km)

　　需要光学隐身的目标可通过降低表面材料及包覆材料的可见光特征，使其在可见光范围具有低的发射率，并使其在大气透过率最低的谱段(如 5～8μm)的红外辐射特性具有高发射率，利于非合作目标的辐射散热。在大气透过率较大的谱段的红外辐射具有低的发射率，可使地基或者低空(＜5km)探测系统不易探测。

　　空间目标可利用规避大气的红外辐射窗口以及减少反射太阳光，实现同时降低可见光与红外特征，达到地基或者低空探测设备不易探测的光学隐身效果。

　　针对轨道周边空间态势光学感知而言，由于没有大气，无法同时实现降低可见光与红外特征，与空间冷背景相比，非合作目标的光学特征比较明显，故而无法光学隐身。其光度特性仍可用本节亮度和热辐射特性表述。

6.8 空间非合作目标的光谱特性

非合作目标的光谱信息由物体内在的性质决定,通过对物体光谱信息的分析,能够获得常规探测方法不能获得的物体内在属性,因而代表物体固有属性的光谱差异信息可以作为识别目标的一种重要手段[25]。如何从非合作目标光谱中提取目标更多的有效信息,是实现对远距离空间目标探测与识别的重要技术途径,对辨别目标的类型、识别目标的真伪以及在轨状态等具有重要意义。

图 6.8-1 为 NASA 观测的地球同步轨道上的碎片和卫星的光谱数据。两条光谱特性曲线呈现出明显的形态差别,通过光谱数据的差异,可以明确区分这两类目标。

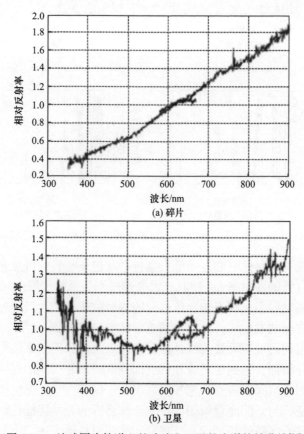

图 6.8-1 地球同步轨道上的碎片和卫星的光谱特性曲线[26]

图 6.8-2 为 NASA 获得的某在轨编目火箭残骸的光谱数据。其中,1981 为 1981

年发射的火箭上面级归一化反射光谱曲线；combo whtal 为"组合白色"(假设"白色"和"金色"油漆的比例为 90%：10%)。光谱特性曲线呈现出两个特征：

(1) 在 400nm 附近出现了拐点，这一点与白漆的光谱特性吻合；

(2) 在 850nm 以上的近红外波段，表现出了与铝类似的光谱特性。

综合这两个数据特征，观测者明确了这一目标是一个喷涂白漆的铝制火箭残骸。

空间目标探测中主要的探测波段分布如图 6.8-3 所示，对于恒星等天体采用标准的天文滤光谱段：U(ultraviolet)波段、V(visible)波段、B(blue)波段、R(red)波段及 I(infrared)波段等不同波段信息具有对天体目标的特性分类与识别能力[27]。对于非合作目标也可借鉴，一方面积累非合作目标的特征光谱数据，另一方面收集背景天体光谱用于目标的精确定位。

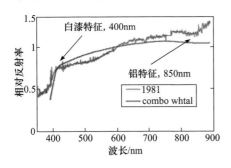 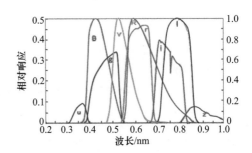

图 6.8-2　火箭残骸光谱特性曲线[26]　　　图 6.8-3　空间目标探测中主要的探测波段分布[27]

多谱段探测中色指数也常作为空间目标识别的重要参数。B-R 波段色指数的定义为[28]

$$B - R = C - 2.5\log(f_B / f_R) \tag{6-20}$$

其中，C ——对于 A_0 类型的恒星，当 B–R=0 时的 C 常量；

　　　f_B ——在 B 波段测得的空间目标辐射通量，W；

　　　f_R ——在 R 波段测得的空间目标辐射通量，W。

表 6.8-1 为在实验室测得的典型卫星用材料的色指数分布情况，在不考虑空间环境的综合作用的情况下，经过色度测量，可以识别不同类型的目标表面材料特性。

表 6.8-1　典型卫星用材料的色指数[29]

材料名称	材料	B–V	B–R	B–I
完整的多层隔热材料	针对空间及航天器的材料	+2.0 ± 0.8	+2.9 ± 1.1	+2.5 ± 0.8
多层隔热材料：面向空间的 Kapton®聚酰亚胺	镀铜 Kapton®聚酰亚胺 镀铝 Kapton®聚酰亚胺	+3.6 ± 1.0, −0.1 ± 0.1	+2.3 ± 1.3, −0.1 ± 0.2	+3.6 ± 1.7, −0.3 ± 0.6

续表

材料名称	材料	B-V	B-R	B-I
多层隔热膜: 面向航天器的 Kapton®聚酰亚胺	镀铜 Kapton®聚酰亚胺 镀铝聚酰亚胺	-0.1 ± 0.1, +2.1 ± 1.2	-0.1 ± 0.1, +2.8 ± 1.7	-0.8 ± 0.5, +2.8 ± 1.1
压紧的多层隔热材料	多层铜 Kapton®聚酰亚胺,中间夹有聚酯薄膜和贝塔布替代品	+0.1 ± 0.2	+0.1 ± 0.2	-0.9 ± 1.0
太阳能电池板	太阳能电池,铝蜂窝内部,碳纤维增强塑料背衬	+1.9 ± 0.1	+2.2 ± 0.3	+0.6 ± 1.0
整块太阳能电池	镀铝背衬,太阳能电池	+0.2 ± 0.2	+0.1 ± 0.5	-2.3 ± 1.9
太阳能电池碎片	镀铝背衬,太阳能电池	+0.2 ± 0.2	-0.8 ± 1.0	/
铝合金	铝合金	+0.0 ± 0.0	-0.1 ± 0.1	-0.8 ± 0.4
玻璃纤维增强树脂	玻璃纤维增强塑料	+0.1 ± 0.1	+ 0.1 ± 0.2	/
碳纤维增强树脂	碳纤维增强塑料	+0.1 ± 0.1	+0.1 ± 0.0	/
焊接封装材料	塑料灌封材料	+0.4 ± 0.1	-1.3 ± 0.8	/
电子线路板	塑料背面,电子设备	+0.3 ± 0.1	+0.1 ± 0.3	-3.0 ± 0.5
片状铝	可能存在未知表面污染物的铝	+0.0 ± 0.0	+0.1 ± 0.4	-0.6 ± 0.4
罐装电子产品	金属和塑料	+0.3 ± 0.1	+0.5 ± 0.1	+0.5 ± 0.1

　　由于太阳、目标和探测器三者之间存在相对运动,空间目标的姿态有可能变化等影响,故而每次观测到的目标光照截面都会变化,亦即每次观测到的表面材料会有所不同,这会导致不同时间观测到的同一个空间目标的光谱曲线既有相关性又有独立性。为了能够准确识别空间目标,需要对同一目标进行大量重复观测,收集不同方位角的目标光谱数据,对空间目标的表面材料进行一个全面分析[30]。

　　双向反射分布函数(BRDF)可以阐述因入射角差异而引起的材料反射光谱曲线特征的变化,其描述了空间目标在 2π 空间中的反射分布特性,量化了太阳光照射在空间目标表面后散射到各个方向的辐照度[31]。

　　BRDF 定义为光辐射的反射辐亮度和入射辐照度的比值,如图 6.8-4 所示,数学表达式为[32]

$$\text{BRDF} = f\left(\theta_i, \varphi_i; \theta_r, \varphi_r\right) = \frac{dL\left(\theta_i, \varphi_i; \theta_r, \varphi_r\right)}{dE\left(\theta_i, \varphi_i\right)} \cong \frac{dP_r / d\Omega_r}{P_i \cos\theta_r} \tag{6-21}$$

式中, θ_i ——入射天顶角, (°);

　　　φ_i ——入射方位角, (°);

　　　θ_r ——反射天顶角, (°);

φ_r——反射方位角，(°)；

P_i——入射功率，W/m²；

P_r——散射功率，W/m²；

Ω_r——反射立体角，sr。

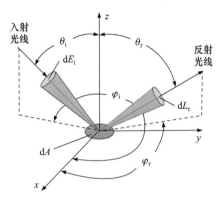

图 6.8-4　BRDF 定义几何示意图

6.9　小　　结

本章从空间非合作目标探测的特点出发，分别对空间背景光度特性、非合作目标反射光特性，三种典型目标模型(长方形、圆柱体及球体)亮度特性、热辐射特性及其随时间变化情况，以及寿命末期和具有光学隐身功能的非合作目标的光度特性进行了分析及仿真，对非合作目标的光谱特性进行了讨论。通过对不同空间目标表面材质、探测距离及位置、不同时间等的光度、光谱特性的分析，可以界定非合作目标的谱段、适用的探测手段及探测器。

对于非合作目标的可见光反射特性，主要按照等效星等估算目标的亮度，分析了不同尺寸、不同外形以及不同距离目标的亮度。可通过星表，结合目标亮度特性识别出非合作目标。

对于非合作目标的红外辐射特性，主要从热控涂层的红外辐射着手，分析了卫星上常用的热控涂层在阳照区的红外辐射特性，并给出了峰值辐射波长。阴影区辐射情况可参考进行。

通过分析已知数据，得出了寿命末期的非合作目标光度特性较稳定。通过获知其光度变化情况，可以粗分非合作目标的"新"与"旧"。

给出了空间目标光学隐身的适用范围。在轨道周边，其与空间目标的可见光与红外特征一致。地基或者低空(< 5km)探测时，可利用规避大气的红外辐射窗口，实现同时降低可见光与红外特征而达到光学隐身的效果。而在空间中，仍然无法

同时降低可见光与红外特征，就此而言，对于空间目标的光学探测，天基较地基探测具有优势。

复习思考题

1. 空间目标的主要特性都有哪些？
2. 非合作目标不同距离的探测要求有什么特点？
3. 非合作目标的特性都包括哪些方面？
4. 简述轨道特性及其对空间非合作目标探测的影响。
5. 非合作目标表面形状通常简化为哪几种模型？光度计算有什么区别？
6. 简述非合作目标的光学隐身原理。

参 考 文 献

[1] 曾德贤, 杜小平. 空间目标在天基光学探测中的特性分析与仿真[J]. 空间科学学报, 2008, 28(6): 560-566.

[2] 侯作勋, 周海岸, 袁远. 空间非合作目标在轨光学捕获方法研究[J]. 空间电子技术, 2023, 20(1): 16-21.

[3] Thienel J K, van Eepoel J M, Sanner R M. Accurate state estimation and tracking of a non-cooperative target vehicle[C]. AIAA Guidance. Navigation and Control Conference, Keystone, United States, 2006.

[4] 李金. 寻找缺失的宇宙——暗物质[M]. 北京: 清华大学出版社, 2017: 7-8.

[5] 刘建斌, 吴健. 空间目标的光散射研究[J]. 宇航学报, 2006, 27(4): 802-804.

[6] 梁红. 基于约翰逊准则的机载光电侦察系统指标验证方法研究[J]. 飞机设计, 2013, 33(1): 74-76.

[7] 李迎春, 唐黎明, 孙华燕. 空间目标的激光主动成像系统性能分析[J]. 装备指挥技术学院学报, 2008, 19(1): 65-69.

[8] 张颖, 牛燕雄, 吕建明, 等. 星载光电成像系统建模与性能评估[J]. 激光与光电子学进展, 2015, 52: 021101-021103.

[9] 敬忠良, 袁建平, 等. 航天器自主操作的测量与控制[M]. 北京: 中国宇航出版社, 2012.

[10] 闵桂荣. 卫星热控制技术[M]. 北京: 宇航出版社, 1991: 172-173.

[11] 汪洪源, 张伟, 王治乐. 基于高次余弦散射分布的空间卫星可见光特性[J]. 光学学报, 2008, 28(3): 593-598.

[12] Birnbaum M M. Spacecraft attitude control using star field trackers[J]. Acta Astronaut.,1996, 39: 763-773.

[13] 刘朝山. 弹载星敏感器原理及系统应用[M]. 北京: 国防工业出版社, 2010: 26-27.

[14] 崔毅. 推扫式宽视场 CCD 成像光谱技术研究[D]. 北京: 中国科学院, 2015.

[15] 周建涛, 蔡伟, 武延鹏. 星敏感器用仪器星等的确定[J]. 空间控制技术与应用, 2009, 35(2): 46-50.

[16] Mehregary M. Micro-electro-mechanical system[J]. IEEE Circuits and Devices Magazine, 1993,

9(4): 14-22.

[17] 王虎. 星敏感器光学系统关键技术研究[D]. 北京: 中国科学院研究生院, 2005: 9-10.

[18] Liebe C C. Accuracy performance of star trackers—A tutorial[J]. IEEE Transactions on Aerospace and Electronic Systems, 2002, 38(2): 587-599.

[19] 陈荣利, 韩乐, 车驰骋, 等. 非自发光空间目标的可见光探测技术研究[J]. 光子学报, 2005, 34(9): 1438-1440.

[20] 王阳, 杜小平, 范椿林. 地基光度曲线反演空间目标特征技术研究进展[J]. 科学通报, 2017, 62(15): 1578-1590.

[21] 孙成明, 袁艳, 张修宝. 深空背景下空间目标红外特性建模方法研究[J]. 物理学报, 2010, 59(10): 7523-7530.

[22] 李玉波, 路远, 凌永顺. 卫星光学特征及其隐身初探[J]. 光电子技术与信息, 2004, 17(4): 63-65.

[23] 张建奇, 方小平. 红外物理[M]. 西安: 西安电子科技大学出版社, 2004: 9-12.

[24] 康开华. 国外隐身卫星技术研究[J]. 国际太空, 2014, 421(1): 36-40.

[25] 操乐林, 武春风, 侯晴宇, 等. 基于光谱成像的目标识别技术综述[J]. 光学技术, 2010, 36(1): 145-150.

[26] Africano J L, Stansbery E G, Kervin P W. The optical orbital debris measurement program at NASA and AMOS [J]. Advances in Space Research, 2004, 34: 892-900.

[27] Seitzer P, Cowardin H M, Barker E, et al. Photometric studies of GEO debris[C]. Proceedings of the Advanced Maui Optical and Space Surveillance Technologies Conference. Maui, Hawaii: the Maui Economic Development Board, 2009: 112-123.

[28] Payne T E, Gregory S A, Tombasco J, et al. Satellite monitoring, change detection, and characterization using non-resolved electro-optical data from a small aperture telescope[C]. Proceedings of the Advanced Maui Optical and Space Surveillance Technologies Conference. Maui, Hawaii: the Maui Economic Development Board, 2007.

[29] Cowardin H, Seitzer P, Abercromby K, et al. Characterization of Orbital Debris Photometric Properties Derived from Laboratory-Based Measurements [C]. Proceedings of the Advanced Maui Optical and Space Surveillance Technologies Conference. Maui, Hawaii: the Maui Economic Development Board, 2010.

[30] 金小龙, 唐轶峻, 隋成华. 空间碎片光谱特性获取与分析方法研究[J]. 空间科学学报, 2014, 34(1): 95-103.

[31] Lucht W, Schaaf C B, Strahler A H. An algorithm for the retrieval of albedo from space using semiempirical BRDF models [J]. IEEE Transactions on Geoscience and Remote Sensing, 2000, 38(2): 977-998.

[32] Nicodemus F E. Directional reflectance and emissivity of an opaque surface[J]. Applied Optics, 1965, 4(7): 767-775.

第7章 空间光学遥感基础

按照第 4 章图 4.1-2 所示对地观测光学成像遥感链路，前几章分别介绍了空间环境、力学环境、大气光学环境等及其对空间光学遥感的影响。

对于如空间碎片、卫星等空间目标，除了不考虑大气影响外，其余与图 4.1-2 所示链路相似，在第 5、第 6 章从空间合作目标和非合作目标光度特性等方面分别进行了介绍。本章重点讲解空间光学遥感基础。

遥感平台为装载遥感传感器的运载工具。遥感传感器即遥感器，是用来远距离检测及记录地物、空间目标和背景环境所辐射或反射的电磁波的仪器。

按平台距地面的高度大体上可分为三类：地面平台、航空平台和航天平台。

7.1 遥 感 器

7.1.1 遥感器的组成

遥感器是远距离记录地物、空间目标(如天体)和背景环境所辐射或反射、发射电磁波能量的装置，是遥感平台的核心部分。其组成如图 7.1-1 所示，分为收集器、探测器、处理器和记录器。

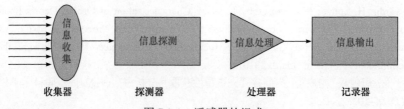

图 7.1-1 遥感器的组成

其中各部分可能的组成如下：

(1) **收集器**：光学系统(透镜、反射镜)、天线；

(2) **探测器**：电荷耦合器件(CCD)、互补金属氧化物半导体(CMOS)、热电偶探测器、光电管、光电二极管(PD)、热释电探测器、天线、胶片、硅光电池等；

(3) **处理器**：对收集到的信号进行处理，信号放大、变换、校正等；

(4) **记录器**：磁盘(软磁盘、硬磁盘)、磁带、胶片等。

例 7-1　人的视觉系统

人的视觉系统是一个优良的传感器，但影像只能短暂保存，没有记录器。理论上眼睛成倒像，但我们看到的依然是正像，这是因为大脑的自我调整。

例 7-2　地面的遥感传感器例：光纤制导导弹

光纤制导导弹为光电制导，即电视制导或热成像制导。摄像头装在导弹上，拍摄的图像通过光纤传输回发射端，射手既可通过光缆控制导弹命中目标，又可通过光缆实时了解目标区的现场画面，是一种利用光导纤维传输制导信息的战术导弹，主要用于打坦克，也可以打低空飞行的直升机。其主要优点是射程远(10km以上)，不易受电磁干扰。光纤制导虽然名字叫"光纤制导"，但它不是使用光纤做探测方式，而是使用光纤做信息通信载体，传输指令信号。

相比无线制导导弹，有线制导导弹由于光纤传输的信息量大、频带宽、功耗低、自身辐射极小，所以光纤制导导弹的目标识别能力强、制导精度高、抗干扰性好，特别适用于反坦克导弹。

7.1.2　遥感器的分类

7.1.2.1　按工作波段分：紫外遥感器、可见光遥感器、红外遥感器和微波遥感器

紫外、可见光到近红外区的光学波段的遥感器称为光学遥感器，针对微波的遥感器称为微波遥感器。图 7.1-2 为不同波段示意图。

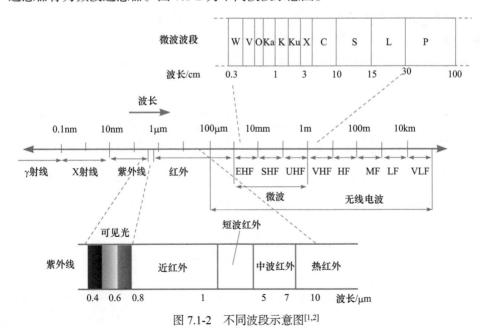

图 7.1-2　不同波段示意图[1,2]

1) 光学遥感器

通过接收紫外、可见光以及红外辐射信号，并将其以图像或者视频等形式传输或储存起来。光学遥感器主要有光学图像遥感器、光学测量遥感器等。

A. 紫外遥感器

使用 0.3～0.4μm 近紫外波段，遥感探测方法主要是紫外摄影。常用的紫外遥感器有紫外摄影机和紫外扫描仪两种。

紫外波段的太阳光会被大气强烈散射以及被对流层、中间层大气中的臭氧等微量气体强烈选择吸收。利用大气紫外散射光谱探测对大气密度、大气臭氧、气溶胶及其他微量气体的密度和垂直分布极为敏感的特性，可以对大气密度和臭氧等的三维分布进行测量，在气象观测上有较大的用处。

B. 可见光遥感器

接收目标物体反射的可见光，波长大致在 0.4～0.76μm 范围内。该类遥感器包括各种常规照相机，以及可见光波段的多光谱相机、多光谱扫描仪和 CCD 扫描仪等。此外，还包括可见光波段的激光高度计和激光扫描仪等。

C. 红外遥感器

红外遥感器谱段波长处于 0.76～15μm 范围，接收目标物体和环境辐射或反射的红外特性差异信息。分为近红外(0.76～1μm)、短波红外(1～3μm)、中波红外(3～5μm)和长波红外(8～14μm)。

近红外和中波红外统称反射红外；长波红外称为热红外、远红外或发射红外。

红外遥感器主要有红外相机、红外扫描仪、红外辐射计等。

红外遥感在军事侦察、目标温度表面反演、林火监测、旱灾监测、查明地质构造和污染监测方面应用很广，表 7.1-1 为红外遥感的部分应用。

表 7.1-1　红外遥感应用

波长范围 /μm	1～3μm 短波红外	3～5μm 中波红外	8～14μm 长波红外	14～16μm 甚长波红外	16～1000μm 远红外
太阳反射	植被	云层			
自身辐射	1000～3000K	600～1000K	214～275K	188～214K	3～188K
		火灾探测	地表温度	低温目标	冷空间目标
			昼夜云图		
			海水温度		
特征吸收	CO	目标羽烟	臭氧	CO_2	

续表

波长范围 /μm	1~3μm 短波红外	3~5μm 中波红外	8~14μm 长波红外	14~16μm 甚长波红外	16~1000μm 远红外
	CH_4	CO_2			
	N_2O				

【应用案例】昼夜工作的红外光学遥感器工作波长选择

(1) 选择目标与背景谱段反差较大的区域。

对于多数背景温度为 300K、目标与背景温差为几摄氏度的陆地目标，其辐射的电磁波的峰值波长约为 9.66μm，位于长波红外谱段内，目标与背景在长波红外谱段的等效辐亮度差比中波红外谱段高约一个量级。

而对于有效温度约为 800℃(1073K)的导弹尾焰，其辐射的电磁波的峰值波长位于中波红外谱段内，当背景为冷空间时，目标与背景在中波红外谱段的等效辐亮度差比长波红外谱段高约一个量级。

(2) 对于干冷空气，长波红外辐射比中波红外辐射的穿透能力强。

干冷空气的绝对湿度低，对长波红外辐射的衰减小。对于海洋地区，空气的湿度较大，对长波红外辐射的衰减较大。例如，区分雪与云，在 1.55~1.64μm，雪比云湿度大、含水量多，在该谱段吸收多，故而在遥感影像中显示出雪比云颜色深。

(3) 探测器的探测率。

对于同一类型的探测器，中波红外比长波红外探测器的探测率高；对于 HgCdTe 探测器阵列，中波红外探测器的探测率理论极限值比长波红外探测器高约 10 倍。

(4) 探测器的积分时间。

长波红外和中波红外谱段探测器的积分时间通常相差较大；中波红外谱段探测器的积分时间比较长。

【应用案例】海洋探测谱段的选择

海洋温度遥感由于水蒸气光谱吸收作用而限制在 3.5~4μm 和 10.0~12.5μm 这两个大气窗口内。前一窗口只限于夜间使用，以避免太阳辐射。分裂窗技术可使全球海洋表面温度测量误差小于 1℃。再结合大气探测仪的数据，能得到十分之几摄氏度的精度。

研究表明，海洋温度只要有十分之几摄氏度的变化，就能使其邻近大陆的主要天气模式发生变化。以十分之几摄氏度的精度测量海洋表面温度，可为海洋与大气相互作用和海洋动力学提供深入的研究手段。

2) 微波遥感器

微波是指频率为 300MHz～300GHz 的电磁波,是无线电波中一个有限频带的简称,即波长在 1mm～1m 之间的电磁波,是分米波、厘米波、毫米波和亚毫米波的统称。

毫米波是指 30～300GHz 频域(波长为 1～10mm)的电磁波。毫米波的波长介于微波和厘米波之间,因此毫米波雷达兼有微波雷达和光电雷达的一些优点。

微波频率比一般的无线电波频率高,通常也称为"超高频电磁波"。微波作为一种电磁波也具有波粒二象性。微波的基本性质通常呈现为穿透、反射、吸收三个特性。对于玻璃、塑料和瓷器,微波几乎是穿越而不被吸收。水和食物等会吸收微波而使自身发热,而金属类物品则会反射微波。微波炉加热食品的原理及适用容器就是充分利用了微波特性。

由于微波波长(1mm～1m)比大气分子(如 H_2O、CO_2、N_2、O_2 等)的直径(约 0.28～0.4nm)大得多,散射属于瑞利散射的范畴,散射强度与波长四次方成反比(即散射强度 $\propto (1/\lambda^4)$),波长越长,散射强度越小,所以微波才可能有最小散射,亦即透射最大,故而微波遥感具有穿云透雾的能力。

微波遥感不仅具有全天候及全天时工作能力,能穿透云层,不易受气象条件和日照水平的影响,且能穿透植被,穿透沙漠,发现地下古城与古河床等,具有探测地表下目标的能力。而且获取的微波图像有明显的立体感,能提供可见光照相和红外遥感以外的信息。

表 7.1-2 为不同波段的遥感器及其分类汇总表。

表 7.1-2　遥感器分类

波段	无源(被动式)遥感器			有源(主动式)遥感器	
	摄影式成像	扫描式成像	非成像式	成像式	非成像式
近紫外波段 (0.3～0.4μm)	紫外照相机	紫外扫描仪			
可见光波段 (0.4～0.76μm)	全色、彩色、多光谱相机	可见光及可见光多光谱推扫、摆扫式扫描仪	辐射度计、能量探测系统	激光扫描仪	激光高度计
反射红外波段 (0.76～5μm) 热红外波段 (8～14μm)	近红外多光谱相机	红外及红外多光谱推扫、摆扫式扫描仪	红外辐射仪		
微波波段 (1mm～1m)		微波扫描辐射计	微波辐射计	真实孔径侧视雷达 (8mm～3cm)、合成孔径侧视雷达(3～25cm)	微波散射计 微波高度计

图 7.1-3 为不同工作波段的典型卫星载荷。其中 1pm=10^{-12}m=10^{-3}nm。

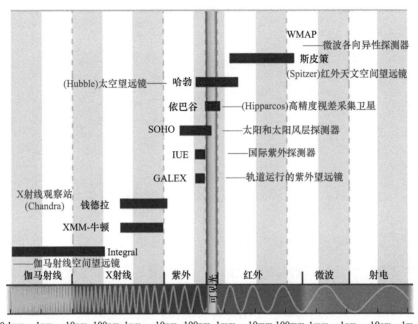

图 7.1-3 不同工作波段的典型卫星载荷[3]

【拓展知识】微波对土壤、植被都有一定的穿透能力

对于地面的砂石，一般地，细砂平均粒径 0.25～0.125mm，中砂平均粒径 0.5～0.25mm，粗砂平均粒径 1～0.5mm。相对 1mm～1m 微波波长而言，砂石粒径特别小，符合瑞利散射条件。砂石中的土壤含水量越多，土壤越能板结形成大粒径，这将促使散射效应由瑞利散射向米氏散射转变。图 7.1-4 为不同频率的微波穿透不同含水量的土壤的深度[4,5]。

由图可知：波长越长，目标地物越干燥，微波对其穿透性越好，基本呈线性关系。而且土壤越干燥越不易板结形成大的粒径。

由于微波的波长比可见光、红外线要长几百至几百万倍，由衍射极限的艾里斑角半径公式 θ=1.22λ/D 可知，在口径 D 一定的情况下，波长 λ 越长，艾里斑角半径越大，艾里斑直径(2ρ=2.44$\lambda F^{\#}$)也越大，即其空间分辨率相比同口径的可见光及红外相机要低。

微波遥感器通常有微波辐射计、散射计、高度计、真实孔径侧视雷达和合成孔径侧视雷达等。为提高微波遥感器的分辨率，可采用相干信号处理技术(如合成孔径技术)进行改进。

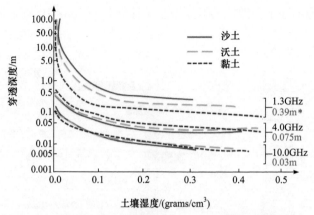

图 7.1-4　不同频率(波长)的微波穿透不同含水量的土壤的深度

*根据 $\lambda=c/f$，其中 c 为光速，f 为频率，$1\text{GHz}=10^9\text{Hz}$

7.1.2.2　按工作方式分：主动遥感器和被动遥感器

主动遥感器即人工辐射源向目标地物、空间目标等发射电磁波，然后接收从目标地物、空间目标反射回来的能量的遥感器，如激光雷达、微波雷达等。被动遥感器即接收自然界地物、空间天体等所辐射的能量的遥感器，如望远镜、相机、多波段扫描成像仪、红外辐射计等。

图 7.1-5 为成像遥感器类型。

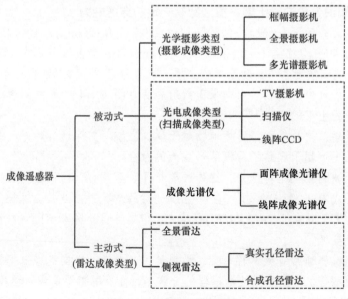

图 7.1-5　成像遥感器类型

7.1.2.3　按记录方式分：成像方式和非成像方式

成像方式即目标辐射(反射、发射或两个兼有)能量的强度用成像方式表示，如侦察相机、多波段扫描成像仪、成像雷达等。

非成像方式即探测到目标辐射强度按照数字或者曲线图形表示，如星敏感器、地球敏感器等天体敏感器，以及探测相机、辐射计、雷达高度计、激光高度计等。

7.2　空间光学遥感器的特性

空间光学遥感器的特性由任务需求、性能要求以及约束条件共同决定。

任务需求包括：
- 任务目标，如利用光学遥感手段来监测环境污染和灾害；
- 观测区域，可能是全球覆盖或者区域覆盖；
- 工作时间，可能是白天和(或)晚上；
- 在给定条件下达到的性能，例如以小于2%的误差测量地表反射率和温度；
- 分辨的目标尺度，如分辨尺寸小于 10m 的不同特性的目标；
- 视场(Field of View，FOV)，即对目标的观测范围；
- 重访周期，即对目标进行重访的时间间隔；
- 寿命，即在轨工作时间以及地面贮存时间。

性能要求包括：
- 工作谱段；
- 空间分辨率、光谱分辨率等；
- 调制传递函数(MTF)；
- 幅宽(或视场)；
- 辐射分辨率(信噪比(SNR)、噪声等效反射率差(NE $\Delta\rho$)或噪声等效温差 (Noise Equivalent Temperature Difference，NETD))；
- 动态范围(Dynamic Range，DR)；
- 定标精度；
- 谱段配准精度等。

约束条件包括：
- 体积、重量、功耗、轨道特性、姿态控制精度、数据传输能力以及力学环境条件和热边界条件等；
- 轨道空间环境的约束条件：真空、辐照、温度交变和微重力等；
- 进度：对航天光学遥感器各研制阶段的进度要求；

- 经费：对航天光学遥感器研制经费的限制；
- 风险：对风险的识别及控制要求，包括对新技术、新材料(含器件)、新工艺、新状态、新环境、新设备、新单位、新岗位、新人员、新流程(技术流程、计划流程)等"十新"状态风险的识别与控制。

通过对功能和性能等技术要求、约束条件、以往的技术基础和关键器件的解决途径等进行综合分析论证，对不同的技术方案进行综合分析对比，优选出相对合理可行的总体方案。确定图像和光谱数据获取方式以及探测器和光学系统类型。

对于一些特殊需求的光学遥感器，在进行总体方案选型时还要考虑星上定标方案、调焦方案等。

光学遥感器的性能指标中最重要的三个特性是光谱特性、辐射度量特性和几何特性。

图 7.2-1 为这三个特性包含的具体内容。

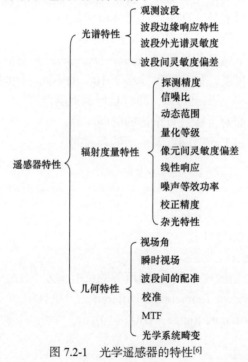

图 7.2-1　光学遥感器的特性[6]

(1) **光谱特性**：主要包括遥感器能够观测的电磁波的波长范围，包括各通道的中心波长、带宽及截止深度等。主要由所用的分光方案、探测及分光元件、滤光片的光谱特性来决定。

一旦目标的光谱特性已知，则探测器与光学系统的光谱范围将与之匹配。这样才能充分发挥光学遥感器的整体光谱探测优势，且在光学系统设计时可进行不同光谱权重的分配，避免设计过难却对探测效率没有提升，甚至添加了不需要谱段引入的杂光干扰。

(2) **辐射度量特性**：辐射度量特性决定了光学遥感器在测量时来自目标反射或者辐射的电磁波的变化情况。主要包括遥感器的**探测精度**(包括所测亮度的绝对精度和相对精度)、**动态范围**(可测量的最大信号与遥感器可检测的最小信号之比)、**信噪比**(有用的信号功率与噪声功率之比)等，除此之外，还有把模拟信号转换为数字量时所产生的**量化等级**、量化噪声及观测视场以外的输入杂光影响等。

(3) **几何特性**：用光学遥感器获取图像的一些几何学特征的物理量描述，主要指标有视场角、瞬时视场、波段间的配准、MTF、光学系统畸变、校准等。

视场角(FOV)指遥感器能够感光的空间范围。

瞬时视场(Instantaneous Field of View，IFOV)是遥感器内单个探测元件的受光角度或观测视野，单位为毫弧度(mrad)。IFOV 也可理解成在对地扫描成像过程中，一个光敏探测元件通过成像系统投射到地面上的直径或者边长。遥感器不能分辨出小于瞬时视场的目标[7]。IFOV 取决于遥感器光学系统和探测器单个探测元件的大小。IFOV 越小，最小可分辨单元越小，空间分辨率就越高。而仪器的视场角(FOV)越大，可探测的视野(地面扫描幅宽)越宽。

波段间的配准指基准波段与其他波段的位置偏差。

畸变是因大视场的光学系统引起的图像比例失真。对测绘类相机是一个关键指标。

调制传递函数(MTF)是用遥感器的空间频率响应特性确定分辨率。

结合具体任务及需求，对相关性能指标进一步细化，表 7.2-1 为某红外相机主要性能指标。

表 7.2-1　红外相机性能指标参数例

序号	项目	参数
1	相机类型	中波红外相机
2	工作模式	推扫(或推帧)成像模式
3	谱段范围	$3.6 \sim 4.2 \mu m$
4	星下点分辨率	10m@500km
5	幅宽	10km@500km
6	视场角	$\geqslant 1.15°$
7	相对畸变	$< \pm 1\%$
8	静态 MTF	静态沿飞行方向 MTF：$\geqslant 0.1$

序号	项目	参数
9	动态范围	最大输入辐亮度：350K 最小输入辐亮度：250K
10	整机 NETD	≤0.2K@300K
11	图像量化等级	12bit
12	相机成像时间	单轨最大连续成像时间：300s； 单轨最大累计成像时间：360s
13	实验室定标精度	绝对定标精度≤2K 相对定标精度≤3%
14	响应不均匀度	≤5%
15	响应曲线非线性度	≤±5%
16	黑体温控精度	≤±0.2K
17	输出数据率	原始图像数据率：≤16Mbit/s 数据不压缩
18	制冷机降温时间	≤10min
19	制冷机在轨开关机次数	≥100000 次(开机+关机算一次)
20	相机在轨开关机次数	≥100000 次(开机+关机算一次)

7.3　空间光学遥感器的基本性能指标

光学成像遥感器的分辨率(分辨力)是衡量遥感数据质量特征的重要指标。分为：

- 空间分辨率(spatial resolution)；
- 光谱分辨率(spectral resolution)；
- 辐射分辨率(radiometric resolution)；
- 时间分辨率(temporal resolution)。

7.3.1　空间分辨率

空间分辨率指遥感器能区分的两相邻目标之间的最小单元的大小。不同类型空间相机空间分辨率定义也不同：

对对地观测而言，空间分辨率也称为**地面像元分辨率**，指可识别的最小地面距离或最小目标物的大小。对于光学镜头和对地成像的摄影胶片系统，其空间分辨率亦即影像分辨率，即摄影胶片能分辨被摄影物体的细节能力。**胶片式相机的**

影像分辨率通常用单位长度内包含的可分辨的黑白"线对"数表示，单位为线对每毫米(lp/mm)。

对采用 CCD、CMOS 等探测器的传输型对地观测空间相机来说，其空间分辨率也称为**地面像元分辨率**，即探测器单元(单个像元)对应的最小地面尺寸。**通常用瞬时视场角(IFOV)的大小来表示，单位为毫弧度(mrad)。**

空间分辨率所表示的尺寸、大小，在图像上是离散的、独立的，它反映了图像的空间详细程度。空间分辨率越高，其识别物体的能力越强。但是实际上，空间分辨率的大小仅表明影像细节的可见程度，每一目标在图像上的可分辨程度并不完全取决于空间分辨率的具体数值，而是与目标的形状、大小以及它与周围物体颜色及亮度的比对、结构的相对差异等有关。

不同的空间分辨率，其视觉效果也不同。对于同一探测器，空间分辨率越高，视场越小，反之亦然。不同的空间分辨率的图像都有一定的适用性。一般情况下，低分辨率图像虽然分辨率低，但具有大的幅宽，可以实现广域普查；高分辨率的图像虽然幅宽窄，但细节清晰，具有详查意义。

空间分辨率的高低与任务目的有关，也与数据传输能力有关，空间分辨率越高，数据量越大，要求数据的传输能力越强，这一点在深空探测中尤为明显。

【拓展知识】线对

线对(line pairs)指单位长度范围内一对同等大小的明暗条纹或规则间隔的明暗条对数目。线对必须是相邻等间隔的一黑一白相互映衬的两条线。图 7.3-1 为不同频率下的线对数。

图 7.3-1　不同频率下的线对数

空间分辨率的三种具体表示方式：像元分辨率、地面像元分辨率、角分辨率。

◆ **像元分辨率**

与胶片等连续型感光单元不同，CCD、CMOS 探测像元是离散的。在对地球观测或者对空间目标观测中，单个像元所对应的地面(或者空间)实际尺寸即像元分辨率。

【拓展知识】像元大小与空间分辨率的关系

一般地，图像大小一定的情况下，像元尺寸小(即像元数量多)，影像分辨率高，信息量大；反之，影像分辨率低，信息量小。但像元尺寸越小，单个像素接收到的光通量就越少，信号变弱，信噪比低。受光学系统衍射斑的限制，小像元器件在空间频率较高时，传递函数也会较低，对比度变差。

同一相机中全色和多光谱空间分辨率不一致的原因：两者像元大小不一样。一般地，全色的探测器像元尺寸小。探测器的瞬时视场角扫过地面分辨单元的时间称为凝视时间(dwell time)，其大小为行扫描时间与每行像元数的比值。凝视时间越长，探测器接收到的能量越多，光谱响应越强，图像的信噪比也就越高。

目标能量在像元上驻留时间一致的情况下，多光谱探测器中每一光谱能量收集少，为了与全色能量尽量保持一致，故增大多光谱像元面积，即多光谱像元尺寸要比全色探测器像元尺寸大一些，对应的空间分辨率就低一些。

◆ 地面像元分辨率

对 CCD、CMOS 等传输型影像系统而言，地面像元分辨率指单个像元所对应的地面尺寸大小，单位为 m×m 或 km×km。地面像元分辨率的计算公式如式(7-1)所示：

$$GSD = d\frac{H}{f'} \tag{7-1}$$

式中，GSD ——地面分辨率(Ground Sample Distance，GSD)，m；

　　　d——像元尺寸，μm；

　　　H——轨道高度，km；

　　　f'——相机焦距，m。

对于光学系统或者胶片式摄影影像系统而言，**影像分辨率**常用通过 1mm 间隔内包含的线对数确定。线对数也符合奈奎斯特(Nyquist)频率的定义。奈奎斯特频率 f_{Nyquist} 是离散像素化传感器能成功记录的最大空间频率。奈奎斯特频率 f_{Nyquist} 定义为

$$f_{\text{Nyquist}} = \frac{1}{2d} \tag{7-2}$$

其中，d 为探测器像元尺寸，单位为 mm。

奈奎斯特采样定理表明了采样频率与信号频谱之间的关系，是连续信号离散化的基本依据。当离散系统的采样空间频率 ≤ f_{Nyquist} 时，空间频谱不会混叠(aliasing)，可以真实还原被测信号，像不失真；反之，空间频谱会产生混叠，导致像失真。根据奈奎斯特频率采样定律，CCD、CMOS 光电成像遥感器的一个感

光像元对应一根白线或者黑线，即两个像元构成空间周期(一对线)。

而感光胶片相机通常把影像分辨率(lp/mm)相对应的地面大小作为地面分辨率，与 CCD、CMOS 等光电成像遥感系统的像元分辨率相比，这两种定义的地面分辨率相差 2 倍。

例 7-3 若镜头的最高分辨率为 N lp/mm，根据 Nyquist 采样定理，每毫米至少需要配以 $2N$ 个空间采样点，即 1mm 内有 N 条黑白线对，亦即包含 N 条白线和 N 条黑线总共 $2N$ 条线。

例 7-4 法国 SPOT 1~4 卫星上的高分辨率可见光(High Resolution Visible, HRV)扫描仪是一种线阵列 CCD 推扫式扫描仪，全色与多光谱像元数分别为 6000 个和 3000 个，全色与多光谱像元尺寸 a 分别为 13μm 和 26μm。相机焦距 f'=1.082m，卫星轨道高度 H=832km。由式(7-1)可知其全色及多光谱地面**像元分辨率**分别为 10m 和 20m。

全色和多光谱影像分辨率由式(7-2)可得，全色为 $1/(2\times13\mu m)\approx38.5 lp/mm$，多光谱为 $1/(2\times26\mu m)\approx19.23 lp/mm$。影像分辨率对应的**地面分辨率**全色为 20m，多光谱为 40m。

◆ 角分辨率(瞬时视场)(IFOV)

角分辨率为遥感器内单个探测元件的受光角度或观测视野，单位为毫弧度(mrad)，对于扫描影像而言，一般也称为瞬时视场。IFOV 取决于遥感器光学系统和探测器单个像元的大小，即与光学系统焦距 f' 和单个像元尺寸 d 直接有关。IFOV 越小，最小可分辨单元越小，空间分辨率越高。

7.3.2 光谱分辨率

光谱分辨率指传感器在接收目标辐射波谱时能分辨的最小波长间隔。波长间隔越小，光谱分辨率越高，即在等长的波段宽度下，传感器的波段数越多，各个波段宽度越窄，目标的信息越容易区分和识别，识别性越强。

光谱分辨率通过遥感器所选用的通道数(波段数量的多少)、每个通道的中心波长、带宽这三个因素共同决定。其中：

多光谱成像：光谱分辨率在 $\Delta\lambda/\lambda$=0.1 量级，在可见光和近红外区域一般只有几个波段；

高光谱成像：光谱分辨率在 $\Delta\lambda/\lambda$=0.01 量级，在可见光和近红外区域有数十到数百个波段，高光谱分辨率一般为 1~10nm。

超光谱成像：光谱分辨率在 $\Delta\lambda/\lambda$=0.001 量级，在可见光和近红外区域可达数千个波段。

【基本概念】波数 k

光谱数据通常用波数记录。波数 k 为在波传播方向上单位长度内的光波数量，其倒数为波长 λ(波长的单位为 m)，即 $k=1/\lambda$，单位为 m^{-1}。光谱线的差距为能级的差别；能级与频率成正比，与波数也成正比。

7.3.3 辐射分辨率

辐射分辨率指遥感器探测元件在接收波谱辐射信号时，能分辨的最小辐射度差(能量上、强度上的分辨)。辐射分辨率越高，识别两同等空间分辨率目标的能力越强。

针对热红外遥感和可见光遥感图像，辐射分辨率的含义分别如下：

(1) 对于热红外遥感器，其辐射分辨率也称温度分辨率，与探测器的响应率和遥感器的噪声有关，为噪声等效温度的 2～6 倍。为了获得较好的温度鉴别力，红外系统的噪声等效温度限制在 0.1～0.5K 之间，从而系统的温度分辨率达到 0.2～3.0K。

(2) 对于可见光遥感图像，辐射分辨率一般用影像灰度的分级数(量化位数)表示。如辐射分辨率为 10bit，即有 $2^{10}=1024$ 个灰度级，从 0 到 1023。

辐射分辨率反映了传感器对电磁波探测的灵敏度。辐射分辨率越高，对电磁波能量的细微差别越灵敏，因此需要较高的量化比特数(对应于遥感图像的灰度级数目)才能记录电磁波能量的细微差别，即把遥感器输出信号的总范围，从黑到白，分解成大量刚好能辨别的灰度等级，反映目标在波谱辐射度或反射率上的微细差异，表现出色调层次更加丰富。

【拓展知识】空间分辨率和辐射分辨率的矛盾

在探测器灵敏度一定的情况下，提高空间分辨率，则瞬时视场(IFOV)要小。IFOV 小，导致探测元件接收到的辐射能量相应减少，即瞬时获得的入射能量小，对微弱能量差异的检测能力差，最终辐射分辨率低。

7.3.4 时间分辨率

时间分辨率为对同一地点进行遥感采样的时间间隔，即采样的时间频率，也称重访周期。这个周期取决于卫星的轨道高度、类型及遥感器视场角等。

【拓展知识】重复(回归)周期与重访周期

重复周期也称为回归周期(regression period)，是卫星在轨道上运行一圈所需要的时间，即卫星相对地球而言，两次轨道完全重合所需时间间隔。

重访周期(revisiting period)是卫星经过同一个星下点(地球中心与卫星的连线在地球表面上的交点)的时间间隔。

若不考虑地球自转，重复周期等于重访周期。考虑地球自转，重访时间小于重复周期。

　　缩短重访周期的途径：单星倾斜观测(侧摆)、大幅宽观测(重叠)和多星组网等。

7.4　空间光学遥感器的综合性能评价

　　对于空间光学遥感器，影响其最终成像质量的因素主要有：

　　(1) 光学系统的成像质量；

　　(2) CCD、CMOS 器件对成像质量的影响，包括积分离散采样过程的影响、CCD 或 CMOS 探测器自身的电荷转移、扩散等对图像质量的影响。

　　CCD、CMOS 探测器是一种空间离散采样系统，积分成像过程包含[8]：

　　(1) 像元积分成像过程，即每个像元输出信号与在该像元面上的入射光辐射强度的面积分成正比；

　　(2) 以像元中心距为采样间隔对连续函数的离散采样过程。

　　遥感成像过程中，光学遥感器获取的图像传递目标的空间信息和辐射信息。在空间结构上，各个传输环节的空间响应差异使得不同空间频率辐射信号的对比度产生衰减，图 7.4-1 所示为调制传递函数(MTF)受到的衰减主要因素。在光谱结构上，各个传输环节的光谱响应差异使不同波长辐射信号的光谱分布产生改变。从辐射信号的强度考虑，由于各个环节各种形式噪声的引入，探测辐射信号的灵敏度受到了一定的限制。

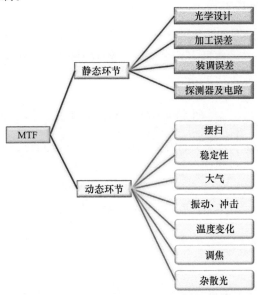

图 7.4-1　MTF 衰减的主要因素

对应辐射信号的响应形式，光学遥感器的综合性能指标有信噪比(SNR)、调制传递函数(MTF)及能量集中度(Encircled Energy，EE)。

7.4.1 信噪比[6,9]

信噪比(SNR)定义为信号 s 与噪声 σ 的比值。噪声包括光子散粒噪声、暗电流散粒噪声、读出噪声等。

【拓展知识】 噪声类型

光子散粒噪声(photon shot noise)是由于光子在时间和空间上到达遥感器的随机离散特性导致的信号统计涨落，光子散粒噪声 σ_{photon} 与信号 s 的关系为 $\sigma_{photon}^2 = s$ 。

暗电流散粒噪声(dark current shot noise)是由于暗电流电子激发的时间和位置的随机离散特性导致的统计涨落，暗电流散粒噪声 σ_{dark} 与暗电流 s_{dark} 的关系为 $\sigma_{dark}^2 = s_{dark}$ 。

读出噪声(readout noise)是所有与信号无关的噪声，包括电路放大噪声、量化噪声、复位噪声等。

光子散粒噪声、暗电流散粒噪声满足泊松分布，即与信号有关；读出噪声为高斯分布，与信号无关。

7.4.1.1 信噪比方程

设目标的光谱辐亮度为 $L(\lambda)$ ，$\tau_a(\lambda)$ 为大气的光谱透过率，遥感器光学系统有效口径为 D ，光学透过率为 $\tau_o(\lambda)$ ，瞬时视场为 β ，则经过光学系统后到达探测器的光谱辐射通量 $P(\lambda)$ 为

$$P(\lambda) = \frac{\pi}{4} D^2 \beta^2 \tau_o(\lambda) \tau_a(\lambda) L(\lambda) \tag{7-3}$$

设探测器的量子效率为 $\mathrm{QE}(\lambda)$ ，则在 $\lambda_1 \sim \lambda_2$ 波段，积分时间 t_{int} 内遥感器的输出信号电子数为

$$s = \int_{\lambda_1}^{\lambda_2} \frac{P(\lambda)}{hc/\lambda} \mathrm{QE}(\lambda) t_{int} \mathrm{d}\lambda = \frac{\pi D^2 \beta^2 t_{int}}{4hc/\lambda} \int_{\lambda_1}^{\lambda_2} \tau_a(\lambda) \tau_o(\lambda) \mathrm{QE}(\lambda) L(\lambda) \mathrm{d}\lambda \tag{7-4}$$

此时总噪声电子数可以表示为

$$\sigma = \sqrt{\sigma_{photon}^2 + \sigma_{dark}^2 + \sigma_{read}^2} \tag{7-5}$$

式中，σ_{photon} ——光子散粒噪声；

σ_{dark} ——探测器的暗电流散粒噪声；

σ_{read}——探测器的读出噪声。

信噪比可表示为

$$\text{SNR} = \frac{s}{\sigma} = \frac{s}{\sqrt{s + s_{\text{dark}} + \sigma_{\text{read}}^2}} \tag{7-6}$$

当暗电流噪声和读出噪声远小于信号光子噪声，即 $\sigma_{\text{dark}}^2 \ll s$，$\sigma_{\text{read}}^2 \ll s$，且光谱波段较窄时，可近似地将积分号内的各项参数都取平均值，$\Delta\lambda = \lambda_2 - \lambda_1$，则窄谱段系统的信噪比为

$$\text{SNR} = \sqrt{s} = \sqrt{\frac{\pi D^2 \beta^2 t_{\text{int}}}{4hc/\lambda} \tau_{\text{a}}(\lambda)\tau_{\text{o}}(\lambda)\text{QE}(\lambda)L(\lambda)\Delta\lambda} \tag{7-7}$$

从信噪比公式(7-6)、(7-7)可以看出，其中的 $\pi\tau_{\text{a}}(\lambda)L(\lambda)$ 是外部参量，与系统设计无关，因此对光学遥感器来说，式(7-6)可写为

$$\text{SNR} \propto \sqrt{D^2 \beta^2 t_{\text{int}}\tau_{\text{o}}(\lambda)\text{QE}(\lambda)\Delta\lambda} \tag{7-8}$$

根据瞬时视场 β 的定义，它与探测器单像元面积 A_{detector} 和光学系统焦距 f 的关系如下：

$$\beta = \frac{\sqrt{A_{\text{detector}}}}{f} \tag{7-9}$$

光学系统的 $F^{\#}$ 定义为

$$F^{\#} = \frac{f}{D} \tag{7-10}$$

因此，信噪比方程也可表示为

$$\text{SNR} \propto \frac{\sqrt{A_{\text{detector}}}}{F^{\#}}\sqrt{t_{\text{int}}\tau_{\text{o}}(\lambda)\text{QE}(\lambda)\Delta\lambda} \tag{7-11}$$

由以上结论，可以得出**提升系统信噪比的途径**：

(1) 系统信噪比(SNR)和探测器的量子效率 QE、波段带宽 $\Delta\lambda$ 的开方呈线性关系，应根据应用目的、用户的需求和实现的可能性来选定。

(2) **选用面积大的探测器**，可以提高系统的信噪比，但在一定的瞬时视场要求的情况下，增大探测器面积就要增加系统的焦距，遥感器的体积将显著增加，相应重量也随之增加。

(3) 一旦系统的探测器和瞬时视场已被确定，在光学系统设计中，在保证像质的情况下，光学系统的 $F^{\#}$ 应尽量地小，**系统的信噪比与 $F^{\#}$ 成反比**。

(4) 增加探测器像元的积分时间 t_{int}，即**增加积分时间**，可以提高信噪比。可通过提高光机扫描效率、多元并扫或面阵推扫的办法实现。

对于不同光谱波段的光学遥感器，由于探测目标的特性不同，信噪比的表达方式也不同。

对于太阳反射光谱区，与 SNR 等效的参数是噪声等效反射率差(NE$\Delta\rho$)。

在目标的热辐射光谱区，常用的参数是噪声等效温差(NETD)。

7.4.1.2 噪声等效反射率差(NE$\Delta\rho$)

NE$\Delta\rho$ 对于定量研究遥感器可探测的地表反射率差值很有用，它定义为 SNR=1 时，与遥感器噪声均方根相等的地物反射率，即遥感器可探测的地物反射率阈值。

$$\text{NE}\Delta\rho = \frac{\rho_t}{\text{SNR}} \tag{7-12}$$

式中，ρ_t 为地物像元的反射率。

7.4.1.3 噪声等效温差 (NETD)

噪声等效温差(NETD)指试验目标和背景均为黑体，热成像系统输出的峰值信号和均方根噪声之比等于 1 时，目标与背景的温差 ΔT。这是表征热成像系统对自然目标热辐射灵敏度的一个重要指标，通常在实验室条件下测定。

$$\text{NETD} = \frac{\Delta T}{\text{SNR}} \tag{7-13}$$

在热红外谱段，通常用噪声等效温差(NETD)来表示航天光学遥感器的辐射分辨率。

【应用案例】测量 NETD 需要明确背景温度

NETD 的测试结果与背景温度有关，因此，测量 NETD 需要明确背景温度。当光学遥感器热红外谱段用于对常温目标进行观测时，一般规定背景温度为300K。

【拓展知识】信噪比与空间分辨率、光谱分辨率的关系

信噪比和图像的空间分辨率、光谱分辨率是相互制约的，空间分辨率和光谱分辨率的提高都会使信噪比降低。实际应用中，这三个指标的选择都是在一定的目标要求下，综合考虑各方面因素之后进行取舍的。

如果空间分辨率和光谱分辨率同时提高，信号将只能在更小的空间(像元)和更窄的波段上积累，使得信号相对减弱，信噪比降低，导致成像质量变差。所以，当光谱分辨率和空间分辨率中某一个达到极值时，另一个指标势必要降低，以保证接收到的信号足够强。

7.4.2　调制传递函数[6]

调制传递函数(MTF)描述了遥感系统对于正弦波输入的振幅响应，反映了线性系统各子系统对于各频率分量对比度的传递特性，即随频率增加，图像对比度的衰减。MTF 为零时的空间频率 f_c 称为**截止频率**。MTF 确定了成像系统对于目标细节的分辨能力。通常以奈奎斯特频率下的调制传递函数值作为其特征值。

MTF 不仅用于评定一般光学系统的成像质量，还可用于遥感系统其他成像环节的空间频率分析。MTF 被广泛用来定量描述遥感成像过程中由于卫星姿态、大气扰动、遥感器滤波效应、几何畸变、位移和噪声等造成的像质下降幅度。MTF 最突出的特性是可以将线性空间系统的各个单元进行级联，并确定整个系统综合的空间频率响应。当整个系统幅值响应具有线性或相移不变性时，系统的总体响应可表述为一个 MTF，它是各个分系统 MTF 的乘积：

$$\text{MTF}_S = \prod_{i=1}^{n} \text{MTF}_i \tag{7-14}$$

在频率域，输入频谱乘以系统的 MTF，得到输出频谱。

一般地，遥感图像的动态综合频率响应(图像对比度) M_i 可表示为

$$M_i = M_t \cdot \text{MTF}_o \cdot \text{MTF}_{jit} \cdot \text{MTF}_{def} \cdot \text{MTF}_a \cdot \text{MTF}_d \cdot \text{MTF}_e \tag{7-15}$$

式中，M_t——地面目标亮度(或者反射率)对比度，且

$$M_t = \frac{\rho_{\max} - \rho_{\min}}{\rho_{\max} + \rho_{\min}} = \frac{L_{\max} - L_{\min}}{L_{\max} + L_{\min}} \tag{7-16}$$

M_i——图像对比度；

MTF_o——光学系统 MTF；

MTF_{jit}——像移 MTF；

MTF_{def}——离焦 MTF；

MTF_a——大气系统 MTF；

MTF_d——探测器 MTF；

MTF_e——电子系统 MTF。

下面针对水平方向，给出一维情形各个传递函数的表达式。

7.4.2.1　光学系统 MTF_o

影响光学系统(光机扫描型的情况下包括扫描镜在内)调制传递函数的因素有：孔径衍射极限的限制、中心遮拦、光学设计残余像差、制造装配误差等。

孔径衍射 MTF_{diff} 是光学系统孔径衍射极限调制传递函数，是理想的可能达到的最高调制传递函数，对于圆形孔径可表示为

$$\text{MTF}_{\text{diff}} = \frac{2}{\pi}\left[\arccos X - X\left(1 - X^2\right)^{\frac{1}{2}}\right] \tag{7-17}$$

式中，X——f_x / f_c；

$\quad f_c$——空间截止频率(即当 MTF=0 时)，$f_c = \dfrac{D}{f\lambda} = 1/\left(\lambda F^{\#}\right)$；

$\quad f_x$——水平方向的空间频率。

光学像差 MTF_{abe} 是对于非衍射受限的光学系统，MTF 将取决于系统的特定像差。对于扫描系统，主要的像差有：彗差、球差和像散。这些像差对应的 MTF 利用光线追迹程序诸如 Code V 或 Zemax 通过波前分析得到。光学系统各种像差影响的组合 MTF_o 可由计算机计算得出。由于像差使图像产生模糊，近似地，MTF 表示成高斯形式

$$\text{MTF}_{\text{abe}}(f_x) = \exp\left(-bf_x^2\right) \tag{7-18}$$

其中，$b = \dfrac{\pi^2 \omega^2}{4}$，$\omega$ 为 1/e 点处弥散圆的直径。

于是，光学系统总的 MTF_o 为

$$\text{MTF}_o = \text{MTF}_{\text{diff}} \cdot \text{MTF}_{\text{abe}}$$

由于光学设计残余像差、制造装配误差等原因，调制传递函数将下降。光学系统的调制传递函数要实际测量。

7.4.2.2 像移 MTF_{jit}

卫星轨道速度、姿态角(偏航、俯仰、滚转)的变化，地球自转，飞行器和遥感器的随机摇动等原因使得图像在探测器上移动，这种移动在积分时间(曝光时间)内造成图像模糊，降低了调制传递函数。

总的像移可按下式计算：

$$\sigma_d = \sqrt{d_1^2 + d_2^2 + d_3^2 + d_4^2 + d_5^2 + d_6^2} \tag{7-19}$$

式中，d_1——卫星速度变化的像移；

$\quad d_2$——偏航产生的像移；

$\quad d_3$——姿态角变化产生的像移；

$\quad d_4$——地球自转产生的横向像移；

$\quad d_5$——卫星和遥感器随机振动产生的像移；

$\quad d_6$——积分(曝光)时间的抖动产生的像移。

以上产生的像移,有的虽然可通过补偿,或者根据有关数据图像预处理校正,但仍然有残余像移。最后,由式(7-20)求得像移调制传递函数

$$\mathrm{MTF_{jit}} = \exp\left(-2\pi\sigma_\mathrm{d}^2 f_x^2\right) \qquad (7\text{-}20)$$

7.4.2.3　离焦 $\mathrm{MTF_{def}}$

由于机械振动以及环境温度变化,有可能引起像面离焦,表示成传递函数,则有

$$\mathrm{MTF_{def}} = \frac{2\mathrm{J}_1(X)}{X} \qquad (7\text{-}21)$$

式中, $\mathrm{J}_1(X)$ 为一阶贝塞尔函数; $X = \dfrac{\pi f_x \varDelta}{F}(1 - f_x \lambda F)$; $\varDelta$ 为离焦量; λ 为波长; F 为光学系统的 $F^\#$(即天文望远镜的焦比), $F^\#=f/D$; f_x 为水平方向的空间频率。

7.4.2.4　大气系统 $\mathrm{MTF_a}$

当通过大气的长程成像时,遥感器系统性能会受到大气畸变的限制。通常,大气传输中图像的模糊主要由气溶胶的散射和吸收效应以及光学湍流效应引起。

1) 湍流 $\mathrm{MTF_{turb}}$

一般地,湍流引起的模糊主要位于高频部分。

以模糊和跳动为特征的长曝光湍流,其 MTF 为

$$\mathrm{MTF_{turb}^L} = \exp\left[-57.53 f_x^{\frac{5}{3}} C_n^2 \lambda^{-\frac{1}{3}} R\right] \qquad (7\text{-}22)$$

对于短曝光情形,湍流一级跳动效应被消除,并有

$$\mathrm{MTF_{turb}^S} = \exp\left\{-57.53 f_x^{\frac{5}{3}} C_n^2 \lambda^{-\frac{1}{3}} R\left[1 - \mu\left(\frac{\lambda f_x}{D}\right)^{\frac{1}{3}}\right]\right\} \qquad (7\text{-}23)$$

式中, C_n^2 ——大气折射率结构系数;

　　　　R ——路径长度;

　　　　μ ——系数,远场时为 1,近场时为 0.5;

　　　　D ——入瞳直径。

2) 气溶胶 $\mathrm{MTF_{aero}}$

大气分辨率的限制主要是由气溶胶的前向散射引起。假设光子与气溶胶粒子的相互作用是单次的,则有极限形式的气溶胶 MTF,为

$$\mathrm{MTF_{aero}} = \begin{cases} \exp\left[-A_\mathrm{a}R - S_\mathrm{a}R\left(\dfrac{f_x}{f_\mathrm{c}}\right)^2\right], & f_x < f_\mathrm{c} \\[4mm] \exp\left[-(A_\mathrm{a} + S_\mathrm{a})R\right], & f_x > f_\mathrm{c} \end{cases} \tag{7-24}$$

式中，A_a——气溶胶吸收系数；

　　　S_a——气溶胶散射系数；

　　　f_c——气溶胶 MTF 的空间截止频率。

于是，大气效应引起的 MTF 由式(7-25)给出

$$\mathrm{MTF_a} = \mathrm{MTF_{turb}}\mathrm{MTF_{aero}} \tag{7-25}$$

7.4.2.5　探测器 $\mathrm{MTF_d}$

1) 单元探测器的 $\mathrm{MTF_d}$

A. 空间响应 $\mathrm{MTF_{spat}}$

通常，假设探测器在空间域的点扩散函数是矩形函数，则

$$\mathrm{MTF_{spat}}(f_x) = \mathrm{sinc}(\pi f_x \Delta x) \tag{7-26}$$

其中，Δx 是考察方向光学系统的瞬时视场(IFOV)。

在探测器所处像面上调制传递函数是空间频率域的，经探测器的光电变换后则是电子学(时间)频率域的，奈奎斯特空间频率变换成电子系统的工作频率 f_t，它决定于电子系统的频带宽度。对于扫描系统，二者的关系是

$$f_\mathrm{t} = S\frac{f_x}{f} \tag{7-27}$$

式中，f_t——时间频率；

　　　S——扫描速率；

　　　f_x——沿扫描方向的空间频率；

　　　f——焦距。

B. 时间响应 $\mathrm{MTF_{temp}}$

探测器对入射辐射信号的时间响应不是瞬时的，对于扫描系统，在扫描方向有

$$\mathrm{MTF_{temp}}(f_\mathrm{t}) = \left[1 + \left(\frac{f_\mathrm{t}}{f_\mathrm{t}^*}\right)^2\right]^{-\frac{1}{2}} \tag{7-28}$$

其中，f_t^* 是探测器时间响应的 –3dB 点频率值。–3dB 指的是比峰值功率小 3dB(就是峰值的 50%)的频谱范围的带宽。

于是，单元探测器的调制传递函数为 $\mathrm{MTF_d = MTF_{spat} \cdot MTF_{temp}}$。

【拓展知识】–3dB 带宽

–3dB 也叫半功率点或截止频率点，这时功率是正常时的一半，电压或电流是正常时的 $\sqrt{2}/2\,(0.707)$。在电声系统中，±3dB 的差别被认为不会影响总特性，所以各种设备指标，如频率范围、输出电平等，不加说明的话都可能有 ±3dB 的出入。

随着输入频率上升，放大电路的电压放大倍数下降，当电压幅度降至最大值的 0.707 倍时的频率为截止频率。此时功率值恰好是最大功率的一半，所以又称为半功率点。用分贝表示正好下降了 3dB(根据电压幅度计算：20log(0.707)= –3dB，根据功率计算：10log(0.5)= –3dB)，对应频率称为上截止频率，又称为 –3dB 带宽。

2) 阵列探测器(CCD) $\mathrm{MTF_{CCD}}$

如果采用 CCD 从焦平面读出信号，考虑到电荷迁移效率，有

$$\mathrm{MTF_{CCD}}\left(f_t\right) = \exp\left\{-n\varepsilon\left[1-\cos\left(2\pi\frac{f_t}{f_{\mathrm{sample}}}\right)\right]\right\} \tag{7-29}$$

式中，n——CCD 转移电荷数；

f_{sample}——CCD 信号的采样频率；

ε——电荷转移效率。

于是，对于阵列探测器，有

$$\mathrm{MTF_d = MTF_{spat} MTF_{temp} MTF_{CCD}} \tag{7-30}$$

7.4.2.6　电子系统 $\mathrm{MTF_e}$

1) 前置放大器 $\mathrm{MTF_{preamp}}$

探测器产生的信号通常为模拟信号，目的是消除大的背景基准电平。它可以模拟成简单的 RC 高通滤波器，MTF 为

$$\mathrm{MTF_{preamp}}\left(f_t\right) = \frac{\dfrac{f_t}{f_{\mathrm{on}}}}{\sqrt{1+\left(\dfrac{f_t}{f_{\mathrm{on}}}\right)^2}} \tag{7-31}$$

其中，截止频率 f_{on} 是前置放大器响应–3dB 点的频率值。

2) 后置放大器 $MTF_{postamp}$

后置放大器可以模拟成 RC 低通滤波器，有

$$MTF_{postamp}\left(f_t\right)=\frac{1}{\sqrt{1+\left(\dfrac{f_t}{f_{off}}\right)^2}} \tag{7-32}$$

其中，截止频率 f_{off} 是后置放大器响应–3dB 点的频率值。

3) 提举电路 MTF_{boost}

当噪声水平相对于信号很可观时，常用提举电路或孔径校正来平滑系统的频率响应。提举电路传递特性由式(7-33)给出

$$MTF_{boost}\left(f_t\right)=1+\left(\frac{K-1}{2}\right)\left[1-\cos\left(\frac{\pi f_t}{f_{max}}\right)\right] \tag{7-33}$$

式中，f_{max} ——增压最大值时的频率；

　　　K —— f_{max} 处的幅值。

提举操作只是应用于扫描方向。

于是，电子系统的 MTF_e 可以表示为

$$MTF_e=MTF_{preamp}MTF_{postamp}MTF_{boost} \tag{7-34}$$

由以上六部分，可计算整个系统的动态频率响应(图像对比度)M_i。

整系统动态频率响应 M_i 的计算

若探测器为 CCD，并同时考虑遥感系统在水平和垂直方向的传递特性，依据式(7-15)系统的动态频率响应(图像对比度)M_i 的表达式，即

$$M_i = M_t \cdot MTF_o \cdot MTF_{jit} \cdot MTF_{def} \cdot MTF_a \cdot MTF_d \cdot MTF_e$$

在水平方向上：

$$M_{ix} = M_{tx}[MTF_{diff} \cdot MTF_{abe} \cdot MTF_{jit} \cdot MTF_{def} \cdot MTF_{turb} \cdot MTF_{aero} \cdot MTF_{spat} \\ \cdot MTF_{temp} \cdot MTF_{CCD} \cdot MTF_{preamp} \cdot MTF_{postamp} \cdot MTF_{boost}]_x \tag{7-35}$$

在垂直方向上：

$$M_{iy} = M_{ty}\left[MTF_{diff} \cdot MTF_{abe} \cdot MTF_{jit} \cdot MTF_{def} \cdot MTF_{turb} \cdot MTF_{aero} \cdot MTF_{spat}\right]_y \tag{7-36}$$

以上分析了诸多影响遥感图像分辨能力因素的调制传递函数。对不同分辨率

要求的遥感器系统来说，各种因素的调制传递函数对图像的影响是不同的。对中、低分辨率的遥感器来说，有不少因素可忽略。图像的调制传递函数，还应包括图像处理的调制传递函数。无论对遥感图像的光学处理还是计算机数字处理，都要考虑调制传递函数。

为了利用遥感获取的图像进行各专业领域的应用(制图、分类、识别目标等)，对处理后的遥感图像的调制传递函数也是有指标要求的。

除了理论分析外，对 MTF 还需要进行测试。有实验室内的直接测量法(测试卡法)或者间接测试法，以及在轨 MTF 测试。在轨测得的结果不仅包含光学遥感器自身和飞行运动的影响，还包括其他影响(如大气的湍流和散射、卫星平台的颤振等)，如果不将其他影响扣除，得到的将是一个综合测试结果。

【拓展知识】MTF 实验室测试方法

直接测量法(测试卡法)： 通过测量光学遥感器对正弦靶标或方波靶标的响应来得到 MTF。

间接测量法： 测量光学遥感器的线扩展函数(LSF)或边缘扩展函数(ESF)，通过变换处理得到 MTF。其中，对于 LSF，通过对其进行傅里叶变换得到 MTF；对于 ESF，通过对其求导得到 LSF，然后再对 LSF 进行傅里叶变换得到 MTF。

其中，LSF 为系统对线状靶标(或宽度很窄的狭缝)的响应；ESF 为系统对阶跃靶标(或刃边靶标)的响应。

【应用案例】MTF 评价注意事项[10]

由于 MTF 算法中并不计及矢量衍射，因此孔径越大，误差可能越大，故用 MTF 评价大孔径系统一般并不合适。

对于大像差系统，例如波像差大于 10 个波长，适合使用几何 MTF，它在低频部分精度高，计算速度快；对于小像差系统则采用衍射 MTF 算法，一般可以采用快速傅里叶变换法计算，少数系统还需采用惠更斯直接积分法计算，相对费时。

【拓展知识】瑞利判据的内涵[11,12]

瑞利(Rayleigh)判据： 如果到达像面的实际波前与最接近的参考球面波前之间的光程差为 $\lambda/4$，则系统近乎完善像质。按照瑞利判据，若系统的波像差小于 $\lambda/4$，则认为该系统的成像是理想的，$\lambda/4$ 称为波像差允限。

注意：瑞利判据的 $\lambda/4$ 是指 PV 值，而不是 RMS 值， 换算到 RMS 值约为 $\lambda/14\sim\lambda/20$。此外，这时中心亮斑——艾里斑(Airy disk)的能量约占总能量的 68%，中心点亮度(斯特列尔(Strehl)比)为 0.81，而对衍射极限的完善系统(即波像差为 0 时)来说，当衍射斑能量占总能量的 84%时，斯特列尔比为 1。几何像差的公差，包括焦深，都是根据瑞利判据 $\lambda/4$ 换算得到的。

波前误差的 RMS 值：近似等于 PV 值的 $1/5\sim1/3.5$。

7.4.3　能量集中度

在点目标探测系统中，光学系统的能量集中度(EE)决定了单个像元收集到点目标能量的水平和能力，直接影响点目标探测系统的图像信噪比[13]。对于同样的目标，能量集中度高的探测系统获得的点目标像斑能量更高，可以达到更高的图像信噪比，系统对点目标的探测能力也更强。

能量集中度表示了能量百分比随点像弥散斑半径的变化关系，是以像面上主光线或中心光线为中心，以离开此点的弥散斑半径与总能量的比值来表示的，也称为包围圆能量。典型的计算方法从点目标像斑出发，以像斑中心像元的灰度值除以该像元与周围八个邻域像元灰度值的总和来计算能量集中度，称之为"中心像元法"。

【拓展知识】弥散斑

点光源(即星点)经过光学系统后在像面前后不同截面上所成的衍射像的光强分布即为弥散斑。理论上，星点成像时，像平面前后的光强呈对称分布，并随着视场不同而变化。实际光学系统成像时，受像差等缺陷影响，这种对称性很容易被破坏。弥散斑能量的分布情况能够非常灵敏地反映光学的像差和缺陷。通常在光学设计及测试时采用弥散斑进行像差质量评判。

【拓展知识】几何弥散斑半径与均方根弥散斑半径的区别

在光学设计点列图(spot diagram)曲线上的每个视场点的几何弥散斑半径(Geometric Spot Radius, GEO radius)，是参考点(参考点可以是主波长的主光线、所有被追迹的光线重心或点集的中心)到距离参考点最远的光线的距离，也即由包围了所有光线交点的以参考点为中心的圆的半径，几何弥散斑含 100%能量[14]。对于完善透镜的圆孔衍射能量分布，艾里斑所处的中央主极大位置，理论上占总能量的83.78%，在工程上一般将能量的80%对应的弥散斑半径作为像质评判的依据。要提高光学系统的能量集中度，不仅要使弥散斑尽量圆，还期望其80%的能量所包含的弥散斑尺寸尽量小。

均方根弥散斑半径(RMS spot radius)指径向弥散斑尺寸的均方根值(RMS)，RMS 弥散斑能量大约占总能量的68%。

从第 6 章图 6.1-3 目标探测 Johnson 准则可知，若仅是为了探测目标，目标弥散至少 2 个像元时才能够被探测到。但对于星敏感器等重点考虑目标定位精度的应用，为了利用亚像元法提升探测目标的定位精度，可进一步将弥散斑扩充至多个像元形成灰度值,通过计算目标弥散像的能量质心确定目标的亚像元精度位置。显然，如果弥散斑大小仅在一个像元之内，则目标的定位精度只能达到一个像元精度，达不到亚像元精度。同时在系统信噪比的约束下，也不能弥散太多，一般选在 3 像元×3 像元。

7.5　空间光学遥感器发展趋势

光学遥感器的地面像元分辨率(GSD)不断提高，分辨物体细节的能力不断增强。成像谱段不断增加，使用多光谱图像提高了目标与背景的可区分程度和识别能力。提高模拟/数字(A/D)的量化位数使物体的细节和层次更为丰富，增加了图像的信息量和层次感。相机系统也具有较高的调制传递函数(MTF)和信噪比(SNR)，提高了目标与背景的对比度[15]。

要提高光学遥感器的空间分辨率，由角分辨率(即衍射极限的艾里斑角半径 $\theta=1.22\lambda/D$)可知，必须减小艾里斑角半径。在波长 λ 一定的情况下，增大光学遥感器的有效口径 D 最直接。故而目前最常用的是采用特大口径、特长焦距的光学系统。

超大口径光学系统面临的主要技术挑战：一是超大口径的镜面制造技术；二是光学遥感器视轴稳定性控制。对于超大口径光学有效载荷而言，随着反射镜口径增大，反射镜的自重以三次方的比例增加，由环境温度变化引起的主反射镜热变形以平方的比例增加[16]。对于最终成像而言，为了接近衍射极限成像，要求光学系统的均方根(RMS)波像差至少达到 $\lambda/14$。根据此条件，两反射镜系统的面形加工误差分别给定优于 $\lambda/40$(RMS)。

从图 7.5-1 所示的美国国家航空航天局(NASA)天基高分辨率成像系统技术发展趋势可以看出，成像系统结构从刚性结构(传统的单体反射镜成像系统)、柔性结构(具有可展开结构的成像系统)到"无"结构(基于编队飞行卫星的成像系统)，光学系统的口径越来越大，遥感器的分辨率越来越高，当然其技术难度和成本也越来越高。柔性结构系统包括分块可展开反射成像和在轨可展开的薄膜衍射成像系统等。"无"结构的成像系统是由两颗或多颗卫星编队，采用光学合成孔径技术或薄膜衍射技术等[17]。

目前解决超大口径光学系统的技术手段主要有：单孔径成像技术，天基薄膜衍射成像技术，空间分块可展开光学成像技术，天基光学合成孔径成像技术，以及在轨装配与在轨制造技术等。

以 JWST 望远镜为代表的空间分块可展开成像技术随卫星在 2021 年 12 月发射在 2022 年实现在轨应用，该技术已逐渐发展成熟。以"莫尔纹"(MOIRE)项目为代表的天基衍射成像系统可以实现超大口径，但其视场小和难以多光谱成像是限制其应用的两大核心问题。

在光学合成孔径成像方面，我国计划在 2030 年左右建成探索太阳系以外的人类宜居行星的空间望远镜——"觅音计划"，通过空间分布式合成孔径阵列望远镜等关键技术，在中红外波段实现等效 300m 左右口径衍射极限空间分辨率。以直接成像手段率先发现和认证太阳系外宜居行星。同时将对太阳系天体开展光谱巡天，揭示水的分布，以 0.01″ 的空间分辨率开启中红外波段天文学观测新纪元[19]。

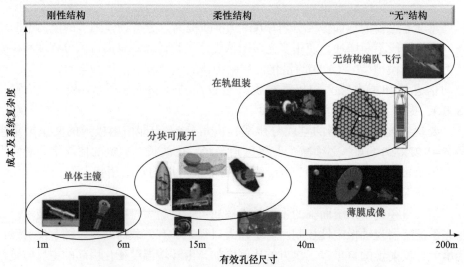

图 7.5-1　NASA 天基高分辨率成像系统技术发展趋势[18]

对于诸如空间天体等目标的探测，除了提升空间分辨率外，还根据目标特性，通过不同谱段的光学设备进行复合探测。表 7.5-1 为哈勃(HST)、詹姆斯·韦伯(JWST)以及大型紫外/光学/红外望远镜(LUVOIR)不同谱段的性能参数。其中 LUVOIR 为国际上在 2016 年发起的四项十年天文任务概念研究之一，计划于 2035 年前后发射，这是天文学家提出设计的未来最大的空间望远镜，比 JWST 功能更强大。

表 7.5-1　遥感器分类

波长范围	参数	HST	JWST	LUVOIR
紫外	波长/nm	90~320		100~300
	视场	2.5″		1′~2′
	空间分辨率			<0.2″
	光谱分辨率/K	3~20		20~30
可见光	波长/nm	300~950	600~950	300~950
	视场		1′~2.2′	4′~8′
	空间分辨率		2μm 奈奎斯特采样	500nm 奈奎斯特采样
	光谱分辨率		4~1700	100~10K

续表

波长范围	参数	HST	JWST	LUVOIR
近红外(NIR)	波长/nm	800~2100	600~5000	950~2500
	视场	11~512	1′~2.2′	3′~4′
	空间分辨率		2μm 奈奎斯特采样	1μm 奈奎斯特采样
	光谱分辨率	200	4~1700	100~10K
中红外(MIR)	波长/nm		5000~28500	2500~8000
	视场		1″~113″	3′~4′
	空间分辨率		6.25μm 奈奎斯特采样	3μm 奈奎斯特采样
	光谱分辨率		5~3250	5~500

在技术方面，超大口径固然可以实现高分辨率，但分辨率已经不是衡量系统能力的唯一指标。在关注高的空间分辨率、光谱分辨率、辐射分辨率及时间分辨率的同时，还在卫星及卫星星座布局等方面进行优化组合。一方面继续提升大口径光学遥感器的成像效能，另一方面也通过微纳、立方星等商业低成本卫星及载荷组网布局。

7.6　小　　结

本章介绍了遥感器的组成、分类以及空间光学遥感器的特性。结合工程应用介绍了空间分辨率、光谱分辨率、辐射分辨率及时间分辨率等基本性能指标。对于综合性能评价指标中的信噪比、MTF 及能量集中度进行了介绍。最后对空间光学遥感器的发展趋势进行了综述。

复习思考题
1. 阐述遥感器的组成及分类。
2. 光学遥感器的基本特性都有哪些？
3. 空间分辨率、光谱分辨率、辐射分辨率及时间分辨率的概念是什么？
4. 光学遥感器综合性能评价指标都有哪些？
5. 已知图像的分辨率为 1lp/m，请问其地面分辨率是多少？
6. 分析光学遥感器的视场角(FOV)与瞬时视场角(IFOV)的关系。

参 考 文 献

[1] Ali M F, Jayakody D N K, Chursin Y A, et al. Recent advances and future directions on underwater wireless communications [J]. Archives of Computational Methods in Engineering, 2020, 27: 1379-1412.

[2] Cahyadi W A, Chung Y H, Ghassemlooy Z, et al. Optical camera communications: Principles, modulations, potential and challenges[J]. Electronics, 2020, 9(9): 1339.

[3] 李金. 寻找缺失的宇宙——暗物质[M]. 北京: 清华大学出版社, 2019.

[4] 张文吉, 张晓娟, 李芳. 分层土壤后向散射及其在深层土壤湿度探测中的应用[J]. 电子与信息学报, 2008, 30(9): 2107-2110.

[5] 王定文, 黄春林, 顾娟. 干旱区地表 L 波段微波辐射特性分析: 穿透深度的影响[J]. 遥感技术与应用, 2016, 31(3): 580-589.

[6] 姜景山. 空间科学与应用[M]. 北京: 科学出版社, 2001: 51-57.

[7] 马德敏, 孙凡, 金星, 等. 机载高光谱图像质量定量化评价方法的研究[C]. 第五届成像光谱技术与应用研讨会, 2004: 164-171.

[8] 张晓辉, 韩昌元, 潘玉龙, 等. 传输型 CCD 相机综合像质评价方法的研究[J]. 红外与激光工程, 2008, 37: 697-701.

[9] Fiete R D, Tantalo T. Comparison of SNR image quality metrics for remote sensing systems[J]. Optical Engineering, 2001, 40(4): 574-585.

[10] 王之江. 实用光学技术手册[M]. 北京: 机械工业出版社, 2007.

[11] Wyant J C, Creath K. Applied Optics and Optical Engineering[M]. New York: Academic Press, Inc. , 1992.

[12] Telescope Optics. Telescope Aberrations: Effects on Image Quality[EB/OL].(2024-01-02) https://www.telescope-optics.net/effects1.htm#forms[2024-07-14].

[13] 杨天远, 周峰, 行麦玲. 一种点目标探测系统能量集中度计算方法[J]. 航天返回与遥感, 2017, 38(2): 41-47.

[14] 王进. 光栅尺读数头微型光学显微成像系统设计与研究[D]. 广州: 广东工业大学, 2016.

[15] 李旭阳, 李英才, 马臻. 高分辨率相机系统原理分析与光学设计[C]. 国防空天信息技术前沿论坛, 2010: 1-6.

[16] 李书亚. 空间反射镜加强结构的多目标拓扑结构轻量化设计[D]. 秦皇岛: 燕山大学, 2017.

[17] 刘韬, 周润松. 国外地球静止轨道高分辨率光学成像系统发展综述[J]. 航天器工程, 2017, 26(4): 91-100.

[18] Kendrick S E, Stahl H P. Large aperture space telescope mirror fabrication trades[C]//Space Telescopes and Instrumentation 2008: Optical, Infrared, and Millimeter. SPIE, 2008, 7010: 705-716.

[19] 孟令杰, 郭丁, 唐梦辉, 等. 地球静止轨道高分辨率成像卫星的发展现状与展望[J]. 航天返回与遥感, 2016, 37: 1-6.

第8章　空间运动目标光学探测方法

前几章分别介绍了合作目标与非合作目标的光度特性，以及空间光学遥感基础。本章将从光学探测的角度，介绍各类载荷的工作方式及探测方法。

对于空间运动目标，其探测的对象涵盖已知卫星、对接航天器、空间碎片、不明飞行物等，需要进行相对位置、速度、姿态信息以及轨道等信息的采集。

一般地，测量和确定两个航天器之间的相对位置、速度和姿态采用微波交会雷达、激光雷达、全球定位系统(GPS)以及光学成像方式等相对测量传感器来完成，即采用相对导航方式。由于空间运动目标针对的大部分为非合作目标，故而成熟的 GPS 无法应用。

若目标为正常工作的卫星，不论其是否为合作目标，一般都具有姿态控制能力，若非合作目标为空间碎片或者失效卫星，则没有姿态控制和轨道控制能力，其运动表现为不规则的翻滚。通过对目标姿态轨迹控制(简称姿轨控)状态的监控，可以获得判断目标的初步信息。

其中目标的距离信息(深度信息)是探测需要获知的关键数据，也是三维视觉传感技术中的重要组成部分。目标距离信息的获取方法有 GPS、微波雷达测距、光学测距等。由于光学波长相对较短，测量精度较高，在一些有高精度需求的领域应用广泛。

8.1　光学测距法

基于天基的空间目标探测方法，根据其是否主动向目标发射电磁波分为有源(主动探测)和无源(被动探测)两种探测方法。

有源探测指传感器平台向目标发射雷达、激光等信号，再接收和利用目标反射回来的信号进行定位探测。有源探测的定位精度高，但存在隐蔽性差、能量消耗高且作用距离有限的缺点。

天基无源探测方法属于被动探测，传感器平台仅通过接收目标辐射源反射、辐射和散射的电磁波(如可见光/红外相机等)获得的图像、角度等数据，通过信息处理获取目标位置等信息。无源探测以光电传感器和无线电信号探测为主要工作方式，其特点是不发射电磁信号，一般需要探测太阳照射目标后反射的光度信息，或者探测目标的自身红外辐射能量；对于无线电，通过探测回波信号获知信息等。

相比于有源探测，无源探测具有作用距离远和隐蔽性良好的优点。其中，以光电传感器为主的光学成像探测具备测量和跟踪精度高、目标图像信息直观的独特优势，更适用于对空间"小、暗、多、快"运动目标进行监视和定位[1]。

光学测距法分为主动测距法和被动测距法两大类。如图 8.1-1 所示。其中主动测距法和被动测距法相应地也被称为有源测距法与无源测距法。

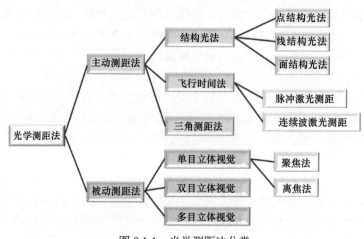

图 8.1-1　光学测距法分类

8.1.1　主动测距法

主动测距法主要有结构光法、飞行时间法以及三角测距法等。

1) 结构光法

结构光法(structured light)是将具有特殊结构的图案(如离散光斑、条纹光及编码结构光等)投影到三维空间物体表面，使用相机等探测手段采集该三维物理表面成像的形变情况，通过分析其与原始图案之间的畸变信息，得到图案上的各个像素的视差。

如果被投影的物体表面是平面，那么获取的结构光影像图案与投影的图案类似，没有变形，只是因为距离远近产生一定的尺度变化。如果被投影的物体表面不是平面，获得的结构光影像图案会随被投影物体表面的几何形状产生相应的扭曲变形，且因距离的不同而不同，根据已知的结构光图案及获取到的变形信息，就能根据算法计算被测物的三维形状及深度信息。

如图 8.1-2 所示，根据投影光束形态的不同分为点结构光法、线结构光法和面结构光法等。

图 8.1-3 为从激光点阵的数据采集到数字高程模型(Digital Elevation Model，DEM)全过程。利用外方位元素完成坐标系的转换与统一。

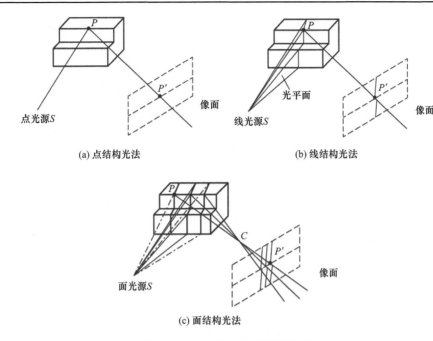

(a) 点结构光法　　　　　　　　(b) 线结构光法

(c) 面结构光法

图 8.1-2　三种结构光法测量原理图

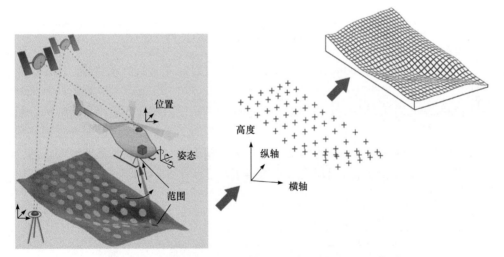

图 8.1-3　利用结构光采集制作的数字高程模型过程示意图

结构光法由于要主动投射结构图案,适合在比较昏暗的场景使用。为了避免背景可见光的干扰,一般采用红外光源。

2) 飞行时间法

飞行时间法(Time of Flight,ToF),又叫激光雷达测距法。脉冲激光信号投射到物体表面，其反射信号沿几乎相同的路径反向传至接收器，利用发射和接收脉冲激光信号的时间差或者相位差，实现对被测量表面每个像素的距离测量。

飞行时间法分为直接飞行时间法和间接飞行时间法。

直接飞行时间法(Direct ToF，D-ToF)属于脉冲调制(pulsed modulation)方式，即直接发射一个光脉冲，测量反射光脉冲和发射光脉冲之间的时间间隔，可得到光的飞行时间。如图 8.1-4 所示，结合光速，利用式(8-1)可获得目标的距离。

$$L = \frac{1}{2}cT \tag{8-1}$$

式中，L —— 目标距离，m；

　　　c —— 光速，$c = 299792458\mathrm{m/s} \approx 3 \times 10^8\mathrm{m/s}$；

　　　T —— 激光脉冲一个来回的时间，s。

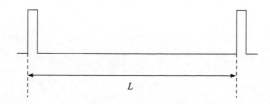

图 8.1-4　脉冲测距原理

间接飞行时间法(Indirect ToF，I-ToF)中，发射的并非一个光脉冲，而是调制过的光，即连续波调制(continuous wave modulation)方式。接收到的反射调制光和发射的调制光之间存在一个相位差，通过检测该相位差就能测量出飞行时间，从而估计出距离。如图 8.1-5 所示。其中往返行程时间是从光强度的时间选通测量中通过间接外推获得。在这种情况下，不需要精确的秒表，而是需要时间选通光子计数器或电荷积分器，可以在像素级实现。

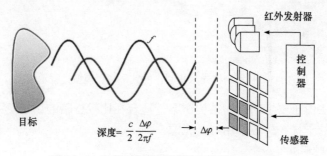

图 8.1-5　飞行时间深度测量法的原理示意图

实际应用中，通常采用的是正弦波调制。由于接收端和发射端正弦波的相位偏移与物体和测量相机的距离成正比，因此可以利用相位偏移来测量距离。

ToF 直接利用光传播特性，不需要进行灰度图像的获取与分析，因此距离的获取不受物体表面性质的影响，可快速准确地获取景物表面完整的三维信息。

3) 三角测距法

三角测距法也称为激光三角法(laser triangulation)、主动三角法，是基于光学三角原理，根据光源、物体和检测器三者之间的几何成像关系来确定空间物体各点的三维坐标。

如图 8.1-6 所示，随着直射式激光依次扫描被测物体表面，根据高斯成像公式以及几何关系，物体相对测量系统位移 y 与线阵 CCD 探测器接收到的光斑位移 x 之间的关系为

$$y = \frac{ax\sin\alpha}{b\sin\beta \pm x\sin(\alpha+\beta)} \tag{8-2}$$

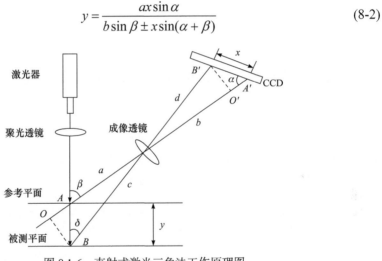

图 8.1-6　直射式激光三角法工作原理图

8.1.2　被动测距法

被动测距法也即无源探测，是利用场景在自然光照下的二维图像来重建景物的三维信息，不需要人为设置辐射源，具有适应性强的优点。这种方法用低维信号来计算高维信号，故而算法复杂。

被动测距法分为单目立体视觉、双目立体视觉和多目立体视觉三大类。

1) 单目立体视觉

单目立体视觉测量法指仅用一台相机一次拍摄单张图像进行测量工作，是利用透视投影成像原理，在一定约束条件下，通过迭代求解二次非线性方程的近似解，进而求出观测体与目标体的相对位置。单目测量系统从设备的配置上相对简

单，但算法复杂。

单目立体视觉测量原理如图 8.1-7 所示。观测目标上的特征点在目标坐标系中位置已知，几何关系已知。为了描述方便，设特征点形成的四边形为正四边形，即 $AB=BC=CD=DA$。相机焦距为 f。

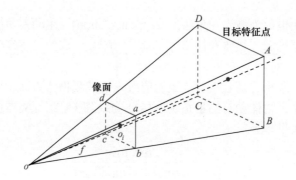

图 8.1-7　特征点成像关系示意图

根据透视投影原理，特征点在像面上的位置可以测得。由三角关系有

$$\begin{cases} ao^2 = ao_i^2 + f^2 \\ bo^2 = bo_i^2 + f^2 \\ co^2 = co_i^2 + f^2 \\ do^2 = do_i^2 + f^2 \end{cases} \tag{8-3}$$

且有

$$\begin{cases} \angle aob = \angle AoB \\ \angle aoc = \angle AoC \\ \angle aod = \angle AoD \end{cases} \tag{8-4}$$

由余弦定理有

$$\begin{cases} AB^2 = oA^2 + oB^2 - 2 \cdot oA \cdot oB \cdot \cos \angle AoB \\ AC^2 = oA^2 + oC^2 - 2 \cdot oA \cdot oC \cdot \cos \angle AoC \\ AB^2 = oA^2 + oD^2 - 2 \cdot oA \cdot oD \cdot \cos \angle AoD \end{cases} \tag{8-5}$$

式(8-5)为非线性方程组，可采用迭代法求解，或者由已知特征点参数快速迭代求解。

单目立体视觉测量只能获得目标的二维信息，但在增加纵向的深度信息约束后，也可进行三维测量。激光雷达可以提供距离信息。

单目立体视觉测量对于合作目标而言，特别容易实现，可设置合适的特征点，而且特征点之间的相互关系、尺寸已知，完全可以通过透视成像的方法实现对目标的位姿测量。典型的合作目标如美国马歇尔空间飞行中心的视频制导敏感器(Video Guidance Sensor，VGS)上的合作目标，如图 8.1-8(a)所示。先进视频制导敏感器(Advanced Video Guidance Sensor，AVGS)是在 VGS 的基础上改进而来的，用于自主交会技术验证，其合作目标如图 8.1-8(b)所示。

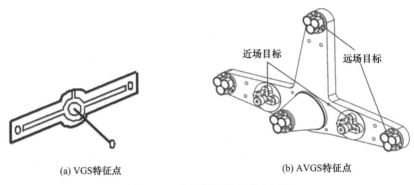

(a) VGS特征点　　　　　　　　　　　(b) AVGS特征点

图 8.1-8　合作目标特征点布局[2]

除了距离信息外，也可借助于其他约束条件。空间目标一般为球形、圆柱体或者长方体，充分利用目标几何形状上的约束条件，通常采用椭圆度法、目标长宽比法、目标滚动角的螺旋线法。结合上述约束条件，用单目相机便可确定空间目标的三维姿态。

对于非合作目标，也可通过寻找特殊标记构建特征点。如图 8.1-9 所示卫星太阳能帆板支架、太阳能帆板外形等。对于非合作目标，其相关特征尺寸未知，只能根据先验知识，得出其较粗的相对大小。

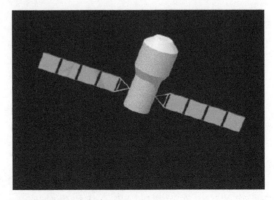

图 8.1-9　太阳能帆板及支架标记

单目立体视觉测量方法分为聚焦法和离焦法两类。

聚焦法是指首先使相机相对于被测点处于聚焦位置，然后根据透镜成像公式求得被测点相对于相机的距离。相机偏离聚焦位置会带来测量误差，因此寻求精确的聚焦位置是关键。

离焦法不要求相机相对于被测点处于聚焦位置，而是根据标定出的离焦模型计算被测点相对于相机的距离，这样就避免了由于寻求精确的聚焦位置而降低测量效率的问题，但离焦模型的准确标定是该方法的主要难点。

【应用案例】相机真空下的离焦量测试

在工程中，需要测试相机在真空状况下焦面的离焦量情况。通常将被测试相机放置在真空罐内，在常压和真空状况下，分别调节真空罐外的平行光管焦面，使得这两次相机的星点像最清楚或者满足某一评判规则(如弥散斑集中在几个像元内)，则平行光管对应的焦面移动量与其放大倍率的乘积即为离焦量。其原理是根据平行光管和相机成像的共轭关系以及两者之间的离焦量关系，将相机的离焦量转换为平行光管的离焦量，如图 8.1-10 所示。

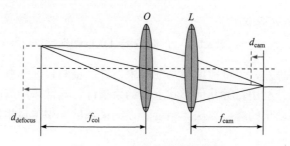

图 8.1-10   离焦量测量原理图

$$d_{\text{defocus}} = \left(\frac{f_{\text{col}}}{f_{\text{cam}}}\right)^2 d_{\text{cam}} \tag{8-6}$$

式中，d_{defocus} —— 平行光管的离焦量，mm；

$\quad\quad f_{\text{col}}$ —— 平行光管的焦距，mm；

$\quad\quad f_{\text{cam}}$ —— 被测试相机的焦距，mm；

$\quad\quad d_{\text{cam}}$ —— 被测试相机的离焦量，mm。

测出平行光管的离焦量 d_{defocus} 后，通过式(8-6)，即可获得相机真空下的离焦量 d_{cam}。

2) 双目立体视觉

双目立体视觉(binocular stereo vision)的工作原理是用两台参数一致且相隔一定距离的相机作为测量设备，相机光轴平行，以三角计算方法为基础，通过透视投影变换，得到目标三维信息。双目测量法利用双相机同时观测同一目标时产生的视差来测量相对目标的位置。

　　如图 8.1-11 所示，具有相同参数且在空间中没有旋转的左右两个相机，其基线长度为 e。以左相机坐标系作为世界坐标系，表示为 $O_1x_1y_1z_1$，原点设在左相机主点处。P_1 和 P_2 分别是空间一点 P 在左右像面上的投影点，P_1 在左像面中的坐标为 (x_1, y_1)，右相机坐标系为 $O_2x_2y_2z_2$，P_2 在右像面中的物理坐标为 (x_2, y_2)。左右相机焦距都为 f。依据相似三角形关系，空间一点 P 的世界坐标 (x, y, z) 可表示为

$$
\begin{cases}
x = \dfrac{z \cdot x_1}{f} \\[2mm]
y = \dfrac{z \cdot y_1}{f} \\[2mm]
z = \dfrac{f \cdot e}{x_2 - x_1}
\end{cases}
\tag{8-7}
$$

$(x_2 - x_1)$ 为视差，视差越大，P 点 (z 向) 距离相机越近。视差与两相机之间的基线距离 e 成正比，如果视差误差固定，基线长度越长，探测目标的深度精度越高。

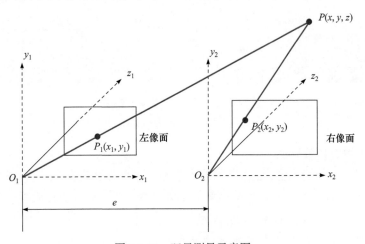

图 8.1-11　双目测量示意图

　　图 8.1-12 为"嫦娥三号"(CE-3)巡视器左、右导航相机所拍摄的关于月球表面的一个立体视对。从月面远处的浅坑开始，到离巡视器最近的月岩，视差的变化是非常明显的。从远及近，视差变得越来越大。这是因为左、右导航相机的基线为 270mm，而最近的月岩与相机的距离只有几米远。

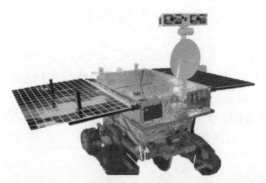

(a) "嫦娥三号"巡视器

(b) 左、右导航相机所摄月面图像

图 8.1-12　"嫦娥三号"左、右导航相机及所摄月面图像

【拓展知识】基高比

基高比(base to height ratio)是指摄影基线 e 与相对航高 H 的比值。基高比越大，高程精度相对来说就越好。在分辨率给定的前提下，为获得尽可能高的高程精度，基本上都采用大基高比(0.6～1)的方案。在影像获取系统严格标定和影像匹配精度较高的情况下，小基高比摄影测量同样可以重建可靠的三维信息。

对于一般的近距离摄影，如双目成像(比如人的双眼)，其基线 e 即双目之间的物理距离，它对于不同距离的目标的基高比不一样，因此双目立体视觉的距离分辨率是不一样的。

对于三线阵立体推扫相机，其三个视角依次扫描过地物成像，每个视角成像时星下点距离是一样的。对于线阵推扫立体相机，基高比就是星下前视点与后视点之间的距离(即基线距离)e 与轨道高度 H 的比值，即

$$e / H = [H(\tan \alpha + \tan \beta)] / H = \tan \alpha + \tan \beta \qquad (8\text{-}8)$$

式中，α、β 分别为星下前视角与后视角，(°)；基线长度 $e=H(\tan\alpha+\tan\beta)$。

以"嫦娥一号" CCD 立体相机为例，其轨道高度 $H=200\mathrm{km}$，前视角 $\alpha=16.7°$，正视角 0°，后视角 $\beta=16.7°$。如图 8.1-13 所示，由式(8-8)计算出其基高比 e/H 为 0.6，为大基高比。

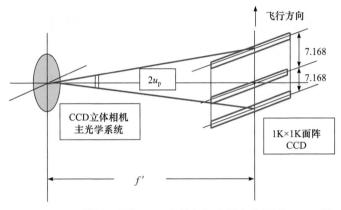

图 8.1-13　"嫦娥一号" CCD 立体相机光学方案(单位：mm)[3]

1K × 1K 为专业约定，指 1024 × 1024

对于只用一台 38° 相机通过只采集探测器边缘两列数据构成立体成像，该体系在设计初期不考虑畸变对基线的影响。在进行立体重建时要考虑。

3) 多目立体视觉

图 8.1-14 为多目立体视觉测量示意图。多目立体视觉是对双目立体视觉的拓展，通过多个视点观察同一个场景，进行多次匹配计算实现距离测量。多目立体视觉测距精度高、性能好，除了多目视觉本身外，还可以作为双目视觉的冗余方案备选，提升了系统的可靠性，但该方法不适用于单调缺乏纹理的场景。双目和多目立体视觉法只适用于特定的条件环境中，比如机器人空间定位、空间姿态测量等。

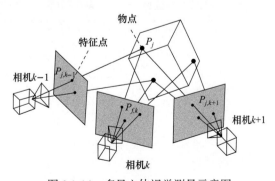

图 8.1-14　多目立体视觉测量示意图

如图 8.1-15 所示，对于空间目标，从电磁波对应的谱段划分，有光电系统、红外系统及雷达系统。从探测方式划分，有激光雷达探测、微波探测、光电成像等探测方式。通过分析探测载荷特征，可以为制定较为适合的探测体制提供依据。以下将分别讨论上述波段相关载荷工作原理。

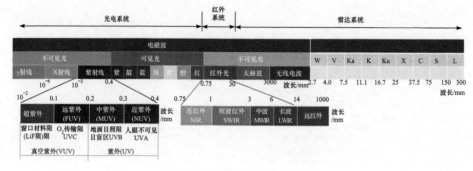

图 8.1-15　系统及相应的谱段

8.2　激 光 雷 达

激光雷达不仅具有跟踪测距、测角能力，还可进行径向和横向测速；激光成像雷达还具有成像功能。

由于工作波长短，单色性好，相干性好，所以激光雷达具有较高的分辨率以及较强的抗干扰能力。在光电探测领域，可以进行测距、测速、测角、目标捕获和跟踪。

8.2.1　激光雷达的基本构成

激光雷达由发射、接收和信号处理部分等组成，如图 8.2-1 所示。

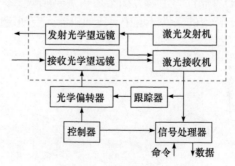

图 8.2-1　激光雷达的组成

8.2.2　激光测距雷达

激光测距雷达需要可见光相机、红外相机或者微波雷达等配合瞄准目标，其不具备对目标的跟踪能力[4]。

激光测距雷达通过测量发射的激光在目标与测试设备之间往返的时间，再乘以光速计算出往返距离，通常采用脉冲法、相位法以及相干法等实现距离测量。

1) 脉冲探测法

脉冲探测法基于能量探测的非相干检测。由激光发射一个窄脉冲，照射到目标后会返回，测量激光发射与返回的时间差，再乘以光速，可获得激光往返的路程。计算公式与式(8-1)相同。

采用脉冲计数的方法进行时间的测量。若采用 30MHz 的时钟计数测量，距离精度可达 5m。若采用 300～500MHz 的时钟计数测量，测距精度可优于 0.5m。测量精度受回波幅度变化的影响较大。

2) 相位测量法

相位测量通过发射连续调制的激光束，测量回波信号与本振信号的相位差，由相位差确定激光的传播时间，从而计算出目标的距离，如式(8-9)和图 8.2-2 所示。

$$L = \frac{1}{2}c \cdot \frac{\varphi}{2\pi} \cdot \frac{1}{f} \tag{8-9}$$

式中，L —— 目标距离，m；

　　　c —— 光速，$c = 299792458\text{m}/\text{s} \approx 3 \times 10^8 \text{m}/\text{s}$；

　　　φ —— 回波信号与本振信号的相位差；

　　　f —— 激光调制频率，s^{-1}。

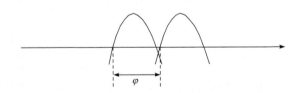

图 8.2-2　相位测距原理

相位测量法只能测量 $\varphi = 0 \sim 2\pi$ 之间的相位差，超出 2π 相位范围将会引起距离测量精度的下降。对于相位差超出 2π 范围可通过降低调制频率来解决。因此不同频率的测量相位不同，测量精度也不同。若测量范围在 10m 内，测距精度为±0.01m；若测距范围在 100km 内，测距精度为±100m。

3) 相干测量法

采用激光相干技术，将接收到的激光回波与本振激光进行光信号混频，通过测量干涉条纹来测量距离，可抑制背景噪声对回波信号的影响。

距离分辨率可以达到半个激光波长以下，但由于只能测量合作目标(如角反射器)的动态位移量，故仅能用于距离的相对测量，而不能进行绝对距离测量。

相干探测对系统的要求比较高：激光的相干性要好；本振信号的频率稳定度要高；光学系统要求严格；信息处理复杂。

8.2.3 激光测速雷达

直接测量速度采用多普勒测速原理，间接测量速度采用距离微分法[5]。

1) 多普勒测速

运动的物体会对一定频率的激光产生多普勒频移(Doppler shift)，信号光的振荡频率随着速度的不同而变化，差频信号也随之变化，差频信号即反映了目标运动的多普勒频移 f_d。频移的大小与目标的运动速度成正比，如式(8-10)所示。因此，可通过测量由于物体运动而引起的多普勒频移，从而计算出物体的运动速度。

$$f_d = 2\frac{V_d}{\lambda}\cos\theta \qquad\qquad (8-10)$$

式中，f_d —— 多普勒频移量，s^{-1}；

V_d —— 物体运动的径向速度，m/s；

λ —— 激光波长，μm；

θ —— 运动方向与电磁波发射方向的夹角，(°)。

根据差频信号的变化即可得到目标瞬时运动速度 V_d

$$V_d = \frac{1}{2\cos\theta}\lambda f_d \qquad\qquad (8-11)$$

由于光频很高，其多普勒频移量较大，对速度的测量可以达到较高的灵敏度，最高可达 1mm/s。

2) 距离微分测速

距离微分测速是通过测出单位时间的距离变化量，计算出速度值，如式(8-12)所示。

$$V_d = \frac{\Delta L}{\Delta t} \qquad\qquad (8-12)$$

式中，V_d —— 物体运动的速度，m/s；

ΔL —— 距离变化量，m；

Δt —— 时间变化量，s。

距离的测量可由测距法中的脉冲或者相位测量获得。速度的测量精度不光取决于距离的测量精度，也与时间的测量精度相关，故而速度的测量精度一般低于距离的测量精度。

8.2.4 激光跟踪雷达

激光跟踪雷达不仅能测距、测速，还具有对运动目标进行角度测量的功能。能探测出目标大小、运动方向，可测量脱靶量，供伺服系统转向修正，从而实现对目标的跟踪。激光跟踪雷达可测量目标的俯仰角、偏航角和目标运动的角速度，可获得目标运动轨迹。测角精度可达 0.1～1mrad 以内。

角度测量方法有四象限跟踪测角法和成像跟踪测角法。

四象限跟踪原理如图 8.2-3 所示。其中，四象限探测器可由四象限硅光电池或者四个相同的光电二极管构成。目标回波的激光光斑落在每个象限中的输出分别为 A，B，C，D。当目标位于光轴上时，回波光束位于四个象限探测器的中心，四个象限输出对等。如果目标偏离光轴，则回波在四个象限上所占面积不均等，从而输出不同幅值，依据该差异可形成脱靶误差指令，由自动跟踪控制器与伺服系统共同完成系统指向的调整，最终对准目标，系统的测角机构也据此获得角度信息。

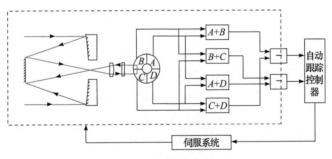

图 8.2-3 四象限跟踪原理

四象限探测器输出的脱靶量 ΔX，ΔY 与相应的角度偏移成正比。在跟踪的同时，伺服平台所带的角编码器同时测量出角度量，从而测得仰角和偏航数据。测速电机同时测量角度的变化率，即可获得角速度。

回波光斑质心相对于四象限探测器中心的偏移量即脱靶量如式(8-13)、式(8-14)所示。

$$\Delta X = \frac{(A+D)-(B+C)}{A+B+C+D} \tag{8-13}$$

$$\Delta Y = \frac{(A+B)-(C+D)}{A+B+C+D} \tag{8-14}$$

四象限探测器跟踪测角只需一次激光回波即可得到目标位置信息,属于单点跟踪,可获得较高的角度、角速度,具有较高的跟踪精度。但其探测视场较小,对目标搜寻困难,需要其他测量方式导引。

8.2.5　激光成像雷达

激光成像雷达的成像方式分为激光点阵成像和距离-多普勒成像两种。

激光点阵成像利用扫描,对探测空域一定范围内进行扫描探测,也可采用面阵探测器凝视探测,由目标各个部分反射的激光强度构成目标轮廓,同时也获得距离信息。强度像或者轮廓像一般反映的是目标上各个部分的反射率,从而实现对目标的距离、角度等参数的测量,并可对运动目标进行跟踪。角速度可从角度微分间接得到。

距离-多普勒成像利用相干激光雷达对距离/多普勒频移效应得到距离和速度信息,通过累积合成目标图像。距离像所反映的是目标的深度信息。

激光成像雷达获得的三维图像包括二维的强度像和距离。按照对目标的取样方式,分为扫描成像与凝视成像。

扫描成像顾名思义是通过扫描目标,实现对目标的取样。线阵推扫成像是在线阵探测器垂直方向随飞行器整机运动,对目标进行被动推扫,与原一维线阵共同形成二维扫描取样。凝视成像基于面阵或者线阵探测器,通过面阵凝视成像或者线阵推扫成像。图 8.2-4 为凝视激光三维成像雷达基本组成框图。凝视成像最大的优点是不需要扫描机构等运动部件,增加了激光成像雷达在空间环境中的可靠性。

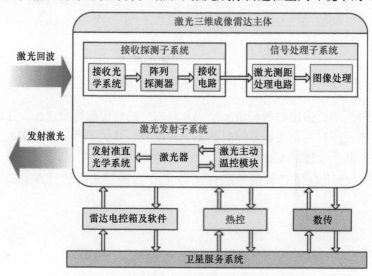

图 8.2-4　凝视激光三维成像雷达基本组成框图

激光成像雷达所获得的激光图像，可以提供目标大小、形状、距离以及表面材质等特征参数，极大地丰富了空间目标的描述信息。

8.3　微波雷达

微波是指波长为 1mm～1m(频率 300MHz～300GHz)之间的电磁波。

微波雷达与激光雷达在结构原理上无本质差别,全都是由发射系统发送信号,经目标反射后被接收系统接收,其距离信息通过测量反射光的来回时间来确定;径向速度信息通过反射光的多普勒频移来确定。微波雷达与激光雷达的差别是微波的波束比激光宽,其测量精度比激光雷达低一些[6]。

微波波长比可见光、红外光都长,故微波的空间分辨率不及可见光和红外光。

8.3.1　微波雷达的构成

根据有无应答机可将微波雷达分为两类:反射式主动雷达系统和应答合作式雷达系统,也分别称为一次雷达和二次雷达。

应答合作式雷达系统是相对于反射式主动雷达系统(一次雷达)而言的,其由雷达和被探测飞行器上安装的应答机共同组成,先由雷达发出询问脉冲信号,应答机接收到询问信号后,形成并发射同频率或者不同频率的回答信号回传给雷达。这种雷达系统的信号要经过两次发射(一次询问和一次应答),因此这种雷达系统也被称为二次雷达系统,如图 8.3-1 所示。由于应答式雷达需要在目标上安装应答机应答来工作,故不适合非合作目标的探测。本节重点分析反射式主动雷达系统。

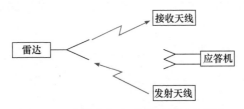

图 8.3-1　应答合作式雷达系统(二次雷达)

反射式主动雷达系统发射微波,并接收经目标表面蒙皮反射回来的微波,经信息处理得到目标相对微波雷达的距离、方位以及相应的速度信息。其基本的雷达系统由发射机、接收机、天线和信号处理机等组成,如图 8.3-2 所示。

图 8.3-3 所示为相干雷达系统,它在基本的雷达系统上增加了频率综合器,采用频率比较高的晶体振荡器作为雷达系统发射机、接收机、信号数据处理机统一使用的时间及频率标准。

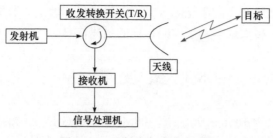

图 8.3-2 反射式主动雷达系统

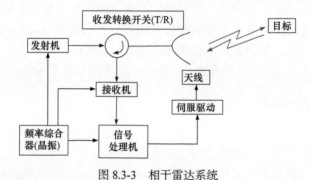

图 8.3-3 相干雷达系统

8.3.2 微波测距雷达

微波雷达测距通常采用脉冲和连续波两种体制。脉冲体制测距较为简单，原理可参照激光雷达脉冲测距。连续波体制可采用调频连续波测距、副载波调制相位法测距等。

调频法测量距离的基本原理是利用发射信号和接收信号的差频与目标距离的延时有关的特性，当距离为零时，差频为零。以三角波形调制为例，三角波形调制原理如图 8.3-4 所示。

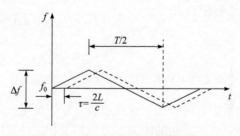

图 8.3-4 三角波形调制原理

回波信号延时为

$$\tau = \frac{2L}{c} \tag{8-15}$$

式中，τ——回波延时，s；

    L——目标距离，m；

    c——光速，$c = 299792458\text{m}/\text{s} \approx 3\times10^{8}\text{m}/\text{s}$。

若三角波周期为 T，则发射频率和回波频率分别为

$$f_{\text{t}} = f_0 + \frac{\Delta f}{T/2}t \tag{8-16}$$

$$f_{\text{r}} = f_0 + \frac{\Delta f}{T/2}(t-\tau) \tag{8-17}$$

式中，f_{t}——发射频率，s^{-1}；

    f_0——起始频率，s^{-1}；

    Δf——调频带宽；

    T——周期，s；

    t——发射时间，s；

    f_{r}——回波频率，s^{-1}；

    τ——回波延时，s。

发射信号与接收信号的差频 f_{b} 为

$$f_{\text{b}} = \frac{\Delta f}{T/2}\tau = \frac{4\Delta f L}{cT} \tag{8-18}$$

从而可求得距离为

$$L = \frac{f_{\text{b}}cT}{4\Delta f} \tag{8-19}$$

由式(8-19)可知，光速 c 和调频带宽 Δf 是已知的，只要知道发射信号和接收信号的差频 f_{b}、雷达与目标的距离就可确定。

8.3.3 微波测速雷达

微波雷达测速同样是采用脉冲和连续波两种体制。利用脉冲多普勒和连续波多普勒测速均能获得较高的测量精度。采用距离微分的方法进行速度测量的精度比多普勒测速的精度差，但方法简单，不受运动速度的影响，然而测量精度与平滑时间有关，适宜作为粗测速应用。其与 8.2.3 节激光雷达测速原理一致。

8.3.4 微波测角雷达

微波雷达测角是利用电磁波在均匀介质中传播的直线性和雷达天线的方向性来实现的。雷达天线将电磁波能量汇集在窄波束内，当天线波束轴对准目标时，

回波信号最强，当目标偏离天线波束轴时回波信号减弱。根据接收回波信号最强时的天线波束轴指向，就可以确定目标的方向，这就是角坐标测量的基本原理。雷达测角的方法有相位法、振幅法等。

1) 相位法

相位法测角也叫干涉仪测角，即利用两个或多个天线所接收到的回波相位差测角。如图 8.3-5 所示。

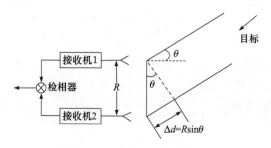

图 8.3-5　相位法测角原理图

设天线间距为 R，微波波长为 λ，在远处 θ 方向有一个目标，由于波程差 Δd 而存在一个相位差 $\Delta\phi$，即

$$\begin{cases} \Delta d = R\sin\theta \\ \Delta\phi = \dfrac{2\pi}{\lambda}\Delta d = \dfrac{2\pi R}{\lambda}\sin\theta \end{cases} \tag{8-20}$$

通过检相器求出相位差 $\Delta\phi$ 后，就可以确定 θ 值了。但是，两天线单基线干涉测角的范围和测角精度是一对不可调和的矛盾，要测角精度高就必须增大基线长度，而增大基线长度又会引起测角范围的缩小，通常采用多个接收天线来解决这个问题。

2) 振幅法

对于理想点目标，由于天线波束有一定的方向，如图 8.3-6(a)所示。雷达扫过目标一定角度后，形成如图 8.3-6(b)所示的回波信号，最大值出现时的角度即为目标的指向角度。

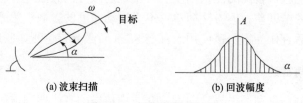

(a) 波束扫描　　　　　　　　(b) 回波幅度

图 8.3-6　振幅法测角原理

8.4　光电成像系统

　　光电成像系统可提供空间目标的相关形状、大小、颜色、距离、姿态参数等信息。根据所使用的谱段不同，可分为可见光、红外、紫外等成像系统。光电成像系统具有分辨率高、探测直观方便、抗电磁干扰能力强、功耗低等优点。

　　光电成像系统将目标像通过光波传递，经光电转换，变成直观图像，包括三方面内容：光学成像与光电转换；图像处理；视觉计算。如图 8.4-1 所示。

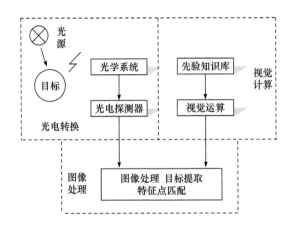

图 8.4-1　光电成像系统

　　三维空间非合作目标经光电成像系统转换为二维图像，像面上每一像点的亮度对应目标相应物点的反射(或辐射)强度，其在像面二维图像的位置又反映了目标物点在三维空间中的位置。整个测量过程中就是由物到像(正变换)到由像到物(逆变换)的过程，如图 8.4-2 所示。

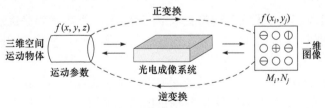

图 8.4-2　测量变换对应关系[7]

　　从三维目标到二维图像的转换，其成像几何模型为小孔成像模型，如图 8.4-3 所示。

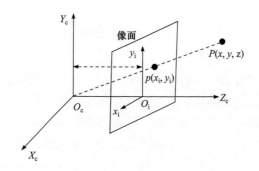

图 8.4-3 小孔成像模型

设 Z_c 是相机光轴，像平面(y_i，x_i)垂直于光轴，空间一物点 $P(x，y，z)$ 在像平面上的成像位置为 $p(x_i，y_i)$，即主点 O_c 与 P 的连线 O_cP 与像面的交点。实际中由于物距远大于像距，故而可认为像平面和焦平面重合，则理想的针孔成像变换为

$$x_i = f\frac{x}{z}，\quad y_i = f\frac{y}{z} \tag{8-21}$$

其中，f 为相机焦距。

用矩阵形式表示为

$$\begin{bmatrix} x_i \\ y_i \\ 1 \end{bmatrix} = \frac{1}{z} \begin{bmatrix} f & 0 & 0 & 0 \\ 0 & f & 0 & 0 \\ 0 & 0 & 1 & 0 \end{bmatrix} \begin{bmatrix} x \\ y \\ z \\ 1 \end{bmatrix} \tag{8-22}$$

由式(8-22)可知，对于由像点坐标求解出空间物理坐标的逆变换，需要在一定约束条件下才能完成。

8.4.1 可见光探测

非合作目标本身不发光，通过获取空间目标在光照区被照亮反射的可见光亮度以及光学图像，解算出目标的姿态情况。其成像过程是三维空间影像投影到二维平面的过程。

在分辨率足够的情况下，可见光探测可以实时获取目标的直观外形图片，结合目标光度变化特性，可获得不同时刻目标的运动轨迹。通过摄取的序列图像，可得到目标的速度等信息。

单个可见光探测系统，即单目成像，可获得目标相对于可见光探测器光轴的高低角和方位角，目标在自身惯性坐标系中的俯仰角、滚动角等由在像面上的投影变化信息获得。

目标相对于可见光探测器光轴的高低角和方位角可通过脱靶量，亦即目标在图像中的坐标值获得。设目标中心在图像上的坐标为(x,y)，探测器像元尺寸为 d，可见光探测系统的焦距为 f，则方位角 α 和高低角 β 分别为

$$\begin{cases} \alpha = \arctan\left(\dfrac{d \cdot x}{f}\right) \\ \beta = \arctan\left(\dfrac{d \cdot y}{f}\right) \end{cases} \tag{8-23}$$

目标的俯仰角及滚动角可通过分析图像中特征部件如太阳能帆板、卫星本体等的变化信息获得。特征部件较长尺寸影像与图像横轴的夹角即为目标在自身坐标系中的俯仰角在图像中的投影。由特征部件如太阳能帆板、卫星本体影像尺寸的变化得到目标的滚动角。

对于运动速度比较快的目标，或者需要大范围跟踪测量的目标，可以基于伺服机构(转台)进行目标轨迹的测量。

转台三轴关系如图 8.4-4 所示，光电探测系统安装在转台水平轴上，其光轴与水平轴垂直。通过光电系统瞄准目标，相应地可获得转台的垂直轴和水平轴上测角编码盘上的角度信息，亦即可以获得方位角和俯仰角。

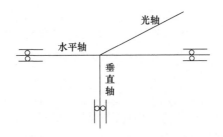

图 8.4-4　转台三轴关系示意图

对于定位而言，在没有其他辅助测量手段或者约束条件的情况下，单凭单幅照片无法给出目标的空间坐标，至少需要两套光电测量系统通过交会测量实现目标的定位。

应获得的非合作目标信息包括：方位角、俯仰角、速度、距离、几何外形图像等。根据测量的方位角、俯仰角可判断目标方位，结合非合作目标距离，可求出目标相对光电探测系统的空间坐标，利用长期观测数据，进而换算出其运行轨道信息。汇总一段时间的方位观测数据，可以作为目标是否具有姿态能力的判断依据。空间碎片或者失效卫星没有姿态控制和轨道控制能力，几乎都是做无规则的翻滚运动。目标的图像可以反映出目标外形信息以及表面三维结构。

8.4.2 红外测量

红外探测系统探测非合作目标的红外辐射量的大小以及目标在空间的方位，并计算出目标的红外特征。

红外辐射测量原理如图 8.4-5 所示。红外探测系统主要包括红外光学系统、红外探测器、信息处理系统以及制冷器及标准黑体等辅助系统。

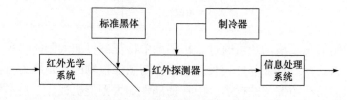

图 8.4-5　红外辐射测量原理图

红外光学系统会聚目标的红外辐射能成像于像面，像面上的红外器件将红外能量进行光电转换，通过后续的信息处理系统完成目标的辐射强度、温度等的探测。其中，标准黑体用来在测量前进行标定。为了降低探测器件的噪声，一般要用制冷系统。

红外成像按照波段分为近红外(NIR, $0.76\sim1\mu m$)、短波红外(SWIR, $1\sim3\mu m$)、中波红外(MWIR, $3\sim5\mu m$)、长波红外(LWIR, $8\sim14\mu m$)以及远红外(FIR, $16\sim1000\mu m$)。近红外区成像与可见光成像类似，利用目标在近红外波段反射光成像。短波红外、中波红外及远红外成像主要利用目标辐射的热效应，通过收集辐射能量实现探测。

由于红外波长比可见光波长长，较无线电波波长短，故红外测量设备的空间分辨率比可见光的空间分辨率低，但比微波的空间分辨率高。与可见光探测系统一样，红外探测系统需要进行立体测绘，可获得目标的姿态、速度等信息。

8.4.3 紫外测量

紫外波段是介于 X 射线和可见光之间的频率范围，波段为 $0.01\sim0.4\mu m$。在大气层内，太阳的紫外线 $0.2\sim0.3\mu m$ 几乎被大气层中的氧和臭氧完全吸收。在空间中，由于没有大气的吸收，紫外信息非常丰富，可以充分利用目标的紫外特性，获取被测目标更多的特征光谱信息[8]。

卫星的推进系统包括用于轨道控制的轨控推进器和用于姿态控制的姿控推进器。轨控推进器主要用于改变或保持卫星的运行轨道。卫星在发射过程中，当星箭分离之后，尚未进入指定轨道之前，其轨控推进器将点火工作，提供推力，将卫星送入指定轨道。卫星在轨运行阶段，由于受到日月引力和地球非球形等摄动的影响，其倾角和升交点赤经将不断变化，此时，轨控推进器将工作，对摄动引起的轨道变化进行校正。航天器的推进系统比火箭的推进系统推力小，主要用主动控制式，如冷气、化学推进以及电推进等，而被动控制式有重力或引力推进、太阳帆推进、激光推进等。

在紫外波段可以完成天空背景光和陆地背景光探测。利用波长为220~280nm的紫外波段的"日盲区"来探测导弹的尾焰进行紫外告警[9]。在此波段内的太阳紫外辐射几乎被地球的臭氧层所吸收，而导弹固体发动机的尾焰在紫外波段具有较强的辐射特性，如果能探测出紫外辐射，极有可能是导弹。

轨控和姿控推进器尾焰的紫外特性没有公开资料可以查询，可以通过设置紫外光电探测系统进行轨控和姿控推进器尾焰的紫外特性摸底。如果轨控和姿控推进器的紫外辐射也与导弹固体发动机的尾焰特性一致，就可以通过探测其紫外辐射进行目标的识别与跟踪。而且在大气层外层，由于空气稀薄并且几乎没有掺混效应，具有强红外辐射的尾焰扩展面积非常大，而紫外辐射主要集中在喷口，有利于提高对目标的跟踪精度。

通过对已知飞行器轨控和姿控推进器的尾焰的紫外特性的摸底，积累数据，可以指导特定需求的探测方案，通过探测轨控和姿控推进器喷口尾焰的紫外辐射，可以快速掌握非合作目标的异常变轨，以及离轨等空间事件的变化情况，从另一个方面获知非合作目标是否具有姿态控制能力。

8.4.4 不同载荷优缺点

激光雷达可以测距、测速，由于属于主动成像，自身拥有光源，故而能够不受日照、星光等的限制，不受背景和温差大小的影响，可全天候探测，单色性好，相干性好，具有较强的抗干扰能力。通过光束扫描或者多普勒成像的激光成像雷达可以直接获得目标的几何形状，能够获得精确的三维点距离信息。

激光雷达工作波长较短，与微波雷达相比，波长短3个数量级，所需要的接收系统口径小，相应的体积、质量较小，而微波雷达接收天线体积较大。

激光雷达测距分辨率高。采用一般的脉冲测距方法，测距分辨率可达到 1m以内；采用高精度的脉冲测距，距离分辨率可达到厘米量级；采用相位法，测距分辨率可达到毫米量级。可见光、红外成像能获得二维图像，激光成像可获得非合作目标的三维图像。

由于激光光源波长短、频率高，多普勒频率灵敏度极高，激光雷达具有极高的速度分辨率。激光容易获得极窄的波束角，因此可以获得极高的角度分辨率。激光束需要较小的光学天线就可以获得 50μrad 左右的激光束，可以分辨 50~100km 远的小目标。如果采用激光多普勒成像探测，可以分辨目标的细节。

但激光雷达成像的质量受目标表面材质等影响较大，可能存在目标不能有效反射激光，检测不到目标中某些部件的情况。此外，由于受成像速率和作用距离的影响，激光成像雷达所成图像的分辨率相对于光电探测相机图像而言较低，视场明显偏小。激光雷达只能获得灰度图像，不能获得纹理和色彩，限制了对目标的识别。

而且，微波和激光雷达在远距离探测时所需功率太大：返回的能量与距离的4次方成反比，与发散立体角成反比。为了扩大探测范围，需要采用伺服系统进行扫描工作。

对于已知的合作目标，激光雷达散射截面(Laser Radar Cross Section，LRCS)可以实际测量，也可根据卫星表面材料的 BRDF 测量数据进行分析计算得出。但对于非合作目标的 LRCS，只能通过成像系统获得的目标全色和多光谱图像，根据地面同类卫星的测量数据库资料进行估计，然后进行在轨验证。

相对而言，以可见光、红外成像为代表的光电探测系统获知的是周围环境中物体反射或辐射的能量，具有较高分辨率，且能获得目标色彩和纹理信息，能很好地对目标进行识别。但其图像不稳定，易受周围光照条件的影响，对环境依赖性很强，并且无法直接提供距离等信息。

基于空间探测环境特点，光电探测与雷达系统相比，具有如下特点：

(1) 可以充分利用卫星等目标表面反射的太阳光探测，不易被发现；

(2) 光电探测系统波长短，分辨率较高，目标提取精度较高；

(3) 光电探测系统采用凝视成像模式，帧信息量大，可以进行多目标实时识别跟踪；

(4) 光电探测系统易于解决空间小型化问题；

(5) 光电探测系统能源消耗低，成本低，更易于空间应用。

8.5 复 合 探 测

可见光、红外、激光、雷达等探测手段获取到的空间目标特征各不相同，而且有限。结合空间探测环境特点，重点分析可见光、红外以及激光雷达复合探测。

8.5.1 双(多)目探测与激光雷达的复合载荷探测

双(多)目探测和激光雷达获得的两种数据具有很强的互补性，在探测轨道周边近距离非合作目标的相对位置、相对速率、相对姿态等方面具有比较高的测量精度，这两种载荷能够以不同的方式获取信息，在不同层次进行融合。

采用宽视场相机，通过伺服系统扩大搜寻范围。获得非合作目标的二维信息。当非合作目标进入宽视场相机的视场后，调整跟踪系统将非合作目标锁定在视场范围内，通过自闭环跟踪系统实现对非合作目标的搜寻与跟踪，可以避免功率的过多消耗。待捕获到目标后，由于目标在远距离为点目标，故激光雷达只测距离。

当相机逆着太阳光观察时，由于受太阳的影响，背景光噪声复杂，信噪比很低，不利于观察；而顺太阳光方向观察时，一方面非合作目标受太阳光照射，另一方面非合作目标的背景是暗的，因此信噪比很高，有利于观察。

采用双目还是多目的测量模式，主要依据不同距离的测量精度。例如，采用三目测量模式，根据三目之间基线组合，用短基线组合提供超近距离(如 5m 以内)测量，用长基线系统提供近距离(5m 以外)测量。

采用三目模式，虽然设备数量增加，需要标定的参数增多，但测量的可靠性大大提高，即使有一目出现故障，也可切换成双目工作模式。

使用双目视觉探测的方法，可以精确测量近处目标的距离，但却无法精确测量远处目标的距离，故而对远距离的测距用激光雷达测距实现。先由光电探测系统在远距离搜寻到目标，然后进行激光测距。不用激光雷达搜寻的原因是在远距离时激光功率消耗大。采用光学尤其是可见光探测，最容易增加作用距离，而且是无源系统。在近距离，随着目标可视区域增加，光电成像分辨率比较高，为了扩大搜寻范围，将双目探测与激光雷达共同放置在跟踪转台上，形成了双目与激光雷达复合探测体制。如图 8.5-1 所示，整个系统由相机测量子系统、激光雷达子系统和二维跟踪子系统组成，三个子系统在主控系统的控制下协调工作。

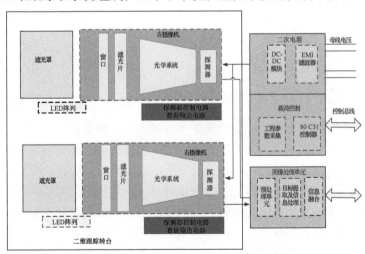

图 8.5-1　双目工作模式组成框图

其中，相机的测量过程是空间三维景物通过光学系统成像在探测器上，通过对获得的二维图像进行分析计算处理，得出三维目标的形状、运动参数等信息。

激光雷达由大功率、窄脉冲、高重复频率调 Q 激光器，大口径光学接收系统等组成。

二维跟踪子系统由跟踪转台和电控箱组成，跟踪转台包括方位轴系、俯仰轴系、电机和编码器等部件，电控箱包括中央处理计算机单元、测角单元、电机驱动单元和通信单元等。

是否采用主动照明可通过图像质量确定。采用设置在双相机周围的 LED 阵列主动照明，或充分利用激光雷达所发射的激光进行照明。

双目复合载荷探测工作流程：

双目工作模式各模块功能及工作流程分别如图 8.5-2、图 8.5-3 所示，完成由三维目标向二维图像的转换，给出了包含视觉信息的原始二维图像；背景和噪声干扰消除，从原始二维图中分割出来目标的运动信息，提取目标点的位置坐标，目标点可以是目标质心，也可以选择特征比较明显的区域，譬如太阳能帆板与卫星的连接支架上的某点。在同时获得的两幅图像中找出一一对应的目标点，根据数据库的先验知识和视差进行理论计算。

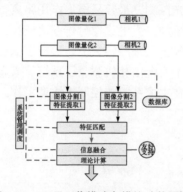
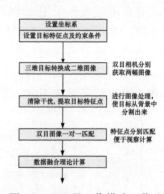

图 8.5-2　双目工作模式各模块功能图[10]　　　　图 8.5-3　双目工作模式工作流程图[11]

在相机内外参数标定后，整个测量过程按图示步骤完成。

在双目探测基础上增加激光雷达，一方面提高距离探测精度，另一方面为了相互冗余。激光雷达在远距离用脉冲法测距，在近距离用相位法测距。

用两台相隔一定距离的相机作为测量设备，利用相机同时观测同一目标时产生的视差来测量与目标体的相对位置和深度信息。二维跟踪转台根据相机和激光雷达提供的目标位置参数，对目标进行实时跟踪。其优点是后续算法简单；缺点是需要两个相机内外参数进行标定，两个相机像面上的两个像点需要匹配，两相机之间的基线长度的选择等都会影响测量精度。

8.5.2　单目视觉与激光雷达复合探测

单目视觉与激光雷达复合探测框图如图 8.5-4 所示，激光雷达接收端与光学相机共光路。

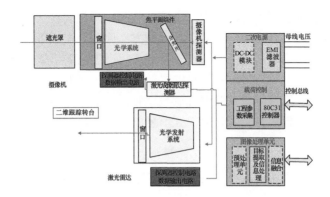

图 8.5-4　单目视觉与激光雷达复合探测框图

　　由于与非合作目标的距离不断变化，在远距离时非合作目标几乎可看作点目标，随着逐渐接近，由点目标逐渐成为体目标。激光雷达提供了一个斜距信息，这给单目测量增加了一个约束条件，使得单目测量能较快地求出测量的真实值。图 8.5-5 为单目测量流程框图。

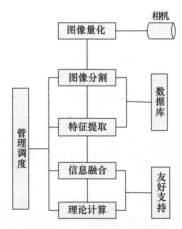

图 8.5-5　单目测量流程框图

8.5.3　基于星敏感器的泛在探测

　　星敏感器是当前卫星制导、导航与控制系统(Guidance, Navigation and Control, GNC)标配的基础高精度姿态测量载荷。星敏感器通过观测恒星来完成姿态的确定，只要目标亮度高于星敏感器的极限观测星等，都会被星敏感器观测到，通过与已知星图匹配，可以获得较高的指向精度。

　　基于星敏感器的泛在探测是一种被动"无意识"探测模式。在常规星敏感器测星定姿工况的基础上，充分利用已获得的星图，增设非合作目标的识别功能。

通过多轨道星敏感器新工况的应用与组网，共同构建空间目标的泛在探测网络。

基于星敏感器的多轨道组网式泛在探测方法原理上类似于多目探测。多目探测之间的基线即为不同轨道卫星。由于共享多轨道卫星的星敏感器的数据，故而基线也是已知的。也可通过单一卫星的星敏感器所观测的空间目标获得的目标方位数据，结合多颗卫星星敏感器的方位数据和卫星本体空间坐标，完成空间非合作目标的定位，融合多帧空间目标位置信息，可完成轨道方程的解算。

8.5.3.1　基于星敏感器的泛在探测模型

星敏感器可以计算出航天器当前相对于某个恒星的方位，通过搜寻已知星表上的恒星位置坐标来反演出当前的姿态信息。根据任务轨道特点，先从分布在全天球的恒星中选取合适的恒星作为目标星，然后将这些数千或者上万颗目标星建立一个导航星表。星敏感器对某一天区的恒星进行摄像观测，以恒星为参考系，通过星等、星间张角等特征与导航星表比对，进行星图识别，把上述恒星一一识别出来，并获取相关坐标信息，经过坐标变换得到星敏感器光轴在天球系中的指向。

在星敏感器所拍摄的原始星图中，除了恒星目标，还包含了空间目标，如空间碎片等背景。基于星敏感器的泛在探测系统是在原星敏感器基础上，增加对除恒星外的目标的再次利用，利用不同轨道卫星的星敏感器集群对空间目标进行探测与识别。在保持星敏感器固有寻星定姿功能外，充分利用其"无意识"摄取的信息实现空间目标探测。几乎所有卫星都装备星敏感器，有些在两台以上，完全可以充分利用已知的在轨卫星数量多、分布广的特点，发挥数量和体系的优势。

基于星敏感器的泛在探测流程如图 8.5-6 所示。首先，在轨卫星平台上的星敏感器对星空进行正常拍星，拍摄所获得的数据同时进行两方面的处理。一方面，按照星敏感器固有功能进行星图识别，获知卫星平台的姿态信息；另一方面，在剔除了恒星的图像中，对空间目标进行特征提取，搜寻空间目标的信息，对不同轨道卫星所获得的同一空间目标进行处理，并结合不同轨道卫星平台自身的位置信息以及空间目标相对于卫星平台的位置信息，依照多目探测原理，获得空间目标的位置信息。

8.5.3.2　空间目标的可观测性

星敏感器对空间目标的观测，需要考虑地球和太阳的影响：当空间目标处于地球阴影区时，星敏感器无法探测；当卫星对空间目标的观测是逆向太阳光时，由于背景噪声太大，观测无法实现。以三种可观测情况进行分析。

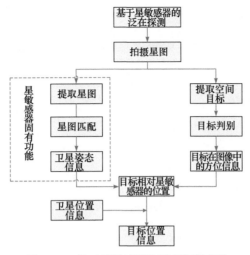

图 8.5-6　基于星敏感器的泛在探测流程

1) 地影的影响

空间目标在太阳照射下才能被拍摄到。由于空间目标(空间碎片)也绕地球运动，地球受日光照射产生地影，空间目标只有在地影之外，被动光电探测设备才能探测到。

2) 太阳光顺逆的影响

当星敏感器逆向太阳光观测空间目标时，由于背景光强烈，杂光背景淹没目标。定义太阳光抑制角 θ 为星敏感器光轴与空间目标和太阳的连线的夹角，如图 8.5-7 所示，根据星敏感器的性能指标，θ 大于一定的值时才能有效进行观测。

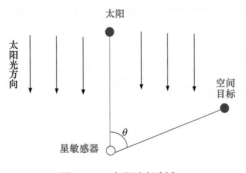

图 8.5-7　太阳光抑制角

3) 地气光的影响

当地球及大气的反射光和散射光等进入光学系统后，视场内的杂光背景将影响星敏感器正常工作，使探测器的曝光量达到饱和，将星像淹没在背景杂光的光密度当中，导致星敏感器功能失效。表 8.5-1 为 5 等星、6 等星与太阳、月亮、地气反照光在地表上的照度比较值。

表 8.5-1　恒星与主要背景杂光光源在地表上的照度比较[12]

杂光光源在地表上的照度	与 5 等星在地表上的照度之比	与 6 等星在地表上的照度之比
太阳直射(太阳高度角 90°～20°) $1.35 \times 10^5 \sim 2.73 \times 10^4$ lx	$4.90 \times 10^{12} \sim 1.03 \times 10^{12}$	$1.24 \times 10^{13} \sim 1.08 \times 10^{12}$
月亮反射(月亮高度角 90°～20°) $2.67 \times 10^{-1} \sim 5.87 \times 10^{-2}$ lx	$1.0 \times 10^7 \sim 2.2 \times 10^6$	$2.57 \times 10^7 \sim 5.59 \times 10^6$
地气反照光(地球平均反照率按 0.33 计, 太阳高度角为 90°～20°) $4.29 \times 10^4 \sim 9.0 \times 10^3$ lx	$1.62 \times 10^{12} \sim 3.39 \times 10^{11}$	$4.09 \times 10^{12} \sim 8.59 \times 10^{11}$

从表 8.5-1 中的数据可知,地表上杂光光源的照度已远大于 5 等星、6 等星的照度,如果不考虑地气光的干扰,星敏感器在空间上摄星时会受到杂光的严重干扰,故而背景杂光的直射光线不允许进入星敏感器视场。

8.5.3.3　空间目标运动特性

空间目标、空间碎片与人造卫星一样,其运动规律遵循开普勒三大定律[13],即运动轨道是一个椭圆,且地球位于椭圆的一个焦点上;空间目标与地球之间的连线在相同时间内扫过的面积相同;空间目标轨道周期的平方正比于它到地球的平均距离的立方。

椭圆轨道空间目标具有时变的在轨飞行速度,其值为

$$V = \sqrt{\mu\left(\frac{2}{r} - \frac{1}{a}\right)} \tag{8-24}$$

圆形轨道具有恒定的运动速度

$$V = \sqrt{\frac{\mu}{r}} \tag{8-25}$$

式中,V —— 运动速度,km/s;

　　　μ —— 地球的引力常数,398600.5km³/s²;

　　　r —— 空间目标到地心的距离,km;

　　　a —— 半长轴,km。

从空间目标的可观测性分析可知,同一时刻星敏感器轨道高度一定小于等于

空间目标轨道高度，星敏感器观测到的相对速度为

$$V_{相对} \begin{cases} \leqslant V_{star} + V_{target}, & 绕地球方向相反 \\ \leqslant V_{star} - V_{target}, & 绕地球方向相同 \end{cases} \tag{8-26}$$

式中，$V_{相对}$ —— 相对运动速度，km/s；

　　　V_{star} —— 星敏感器所处平台运动速度，km/s；

　　　V_{target} —— 空间目标的运动速度，km/s。

图 8.5-8 为相对速度随星敏感器观测轨道高度的变化趋势。

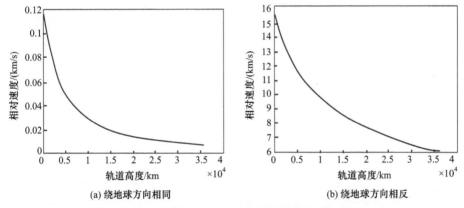

(a) 绕地球方向相同　　　　　　　　(b) 绕地球方向相反

图 8.5-8　相对速度随星敏感器观测轨道高度的变化趋势

相对速度决定着星敏感器观测时相隔两帧图像中的质心偏移，以 15km/s 相对速度，200km 的观测距离为例，其角速度为 0.075rad/s(≈4.3(°)/s))，由于其运动过快，星敏感器无法探测到。

再以 0.1km/s 相对速度为例，其相对角速度为 5×10^{-4} rad/s(≈0.029(°)/s)，如采用 2048×2048 的探测器，视场 20°，其每秒运动 3 个像元，按照星敏感器 5Hz 的数据更新率，空间目标在相隔两帧图像中运动不到 1 个像元。可通过图像帧间的相关性，完成空间目标的检测。

8.5.3.4　单个星敏感器观测的有效信息

单个星敏感器能给出空间运动目标的瞬时指向(赤经、赤纬)、亮度、速度和运动轨迹，如图 8.5-9 所示。其中从瞬时的指向与运动轨迹联合计算，可以得到目标的轨道倾角，由于星敏感器的指向精度较高，其轨道倾角的计算也较为精确，故将作为主要的目标识别分类指标依据。

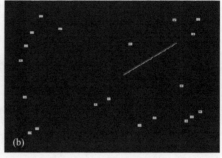

图 8.5-9　星敏感器测量示意图

由于目标亮度信息跟观测角度和太阳角度有关，邻近两颗卫星星敏感器如能同时观测到某一空间目标，其亮度信息也会因为观测角度和太阳角度的影响而变化。相对速度是空间目标速度矢量在星敏感器探测器上的投影，也因为两颗卫星观测角度的不同，相对速度变化很大。利用星敏感器所摄的星图背景，结合星图定位及星敏感器轨道信息，可以识别空间目标。

8.5.3.5　目标检测

对于 K 帧 $M \times N$ 的空间图像，数据样本用 $f(i,j,k)$ 表示，其中 $i = 1, 2, \cdots, M$；$j = 1, 2, \cdots, N$；$k = 1, 2, \cdots, K$。图像满足：取自图像序列的数据样本为相互独立的高斯随机变量，并且噪声可被视为高斯白噪声；当没有运动目标时，数据样本可被视为时间上稳定但空间上可以不稳定的数据模型，这意味着全部图像在空间上已得到了配准，并且没有运动杂波存在。

K 个样本的最大值投影，其表达式如式(8-27)所示[14]：

$$z(i,j) = \max \left[f(i,j,1), f(i,j,2), \cdots, f(i,j,k) \right] \tag{8-27}$$

即三维数据 $f(i, j, k)$ 被投影到二维平面 $z(i, j)$ 上。

图 8.5-10 所示三帧连续图像(a)、(b)和(c)，其中除了运动目标和一些扰动外，其他图像的信息都相同。经过最大值投影后，目标的运动轨迹被连接到一起，如图 8.5-10(d)所示。另外，同时可获得每个像素位置处最大值产生时所对应的时间标号，如图 8.5-10(e)所示，时间标号可被用来估计目标的运动速度。图 8.5-11 为最大值投影后的图像(k=5)。

用最大值投影图像减去恒星检测时图像，可以减除图像中的恒星背景。

8.5.3.6　多星敏感器组网式目标识别

用星敏感器对空间目标观测可给出目标相对星敏感器坐标系在天球上的投影

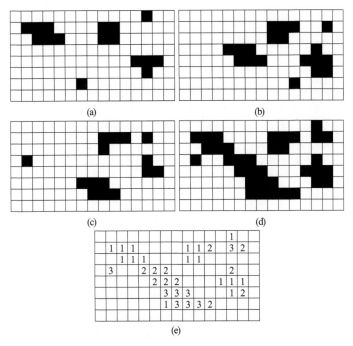

图 8.5-10　最大值投影原理示意图[15]

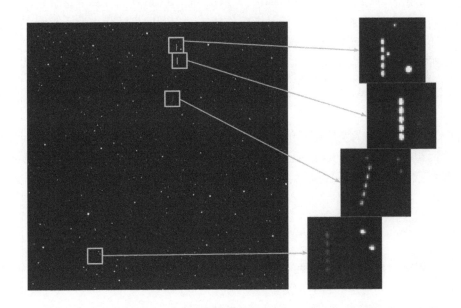

图 8.5-11　最大值投影后图像(k=5)[15]

信息及赤经、赤纬。目标在星敏感器图像形成一条运动轨迹后，投影在天球上形成一段轨迹，如图 8.5-12 所示。

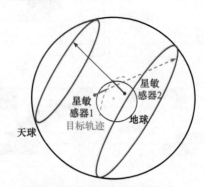

图 8.5-12　轨道倾角示意图

1) 同一轨道弧段观测的目标识别

从单个星敏感器获取的信息有效性分析可知，不同星敏感器观测同一非合作目标(如空间碎片)，获得的亮度和速度分量都随着观测位置的不同而不同，故而无法作为星敏感器之间进行目标识别的特征值。但根据空间非合作目标的地心观测不变性可知，非合作目标的地心观测向量可由星敏感器的观测向量与过地心坐标系和星敏感器坐标系的旋转矩阵进行变换，而旋转矩阵的计算由星敏感器的星图识别与姿态计算来完成，从而目标图像轨迹的识别即可转化成地心观测向量的相似性，通过比对所观测非合作目标的运动轨迹相似点个数来识别判断不同星敏感器所观测的目标。定义向量 b 如下：

$$b=\frac{1}{\sqrt{\alpha^2+\delta^2}}\begin{bmatrix}\alpha\\\delta\end{bmatrix} \tag{8-28}$$

式中，α 和 δ 分别为空间碎片的赤经和赤纬。

两组样本的相关性采用巴塔恰里亚系数(Bhattacharyya coefficient，简称巴氏系数)测量，巴氏系数是对两个统计样本的重叠量的近似计算。巴氏系数定义如下：

$$\hat{\rho}(b')\equiv\rho[b,b']=\sum_{m=1}^{n}\sqrt{b(m)b'(m)} \tag{8-29}$$

计算巴氏系数涉及对该两个样本的重叠部分进行基本形式的积分。两个样本值的积分被分成指定数目的部分。

从巴氏系数定义可以看出，两种模式越接近，$\hat{\rho}(b')$ 值越大，把式(8-29)变换成

$$\xi(b')=1-\hat{\rho}(b') \tag{8-30}$$

即测量模式结构和标准模式结构越相似，$\xi(b')$ 的值越小，当 $\xi(b')<\varepsilon$ 时可判断为相似轨迹中的点。

图 8.5-13 为模拟 100 组不同运动速度的空间碎片的轨道轨迹，通过相似性准则识别分析这 100 组碎片，给 100 组数据加上 20″ 的误差形成另一组星敏感器的观测数据。经 100 次的测量，识别率在 85% 以上。

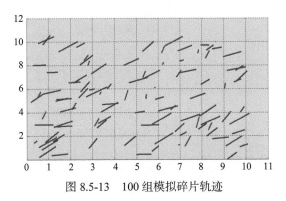

图 8.5-13　100 组模拟碎片轨迹

2) 不同轨道弧段观测的目标识别

不同轨道弧段观测的目标识别是基于各自的轨道弧段已有的多个星敏感器完成，且星敏感器可一并完成定位信息的解算，来识别不同轨道弧段空间碎片中相同的碎片目标。不同轨道弧段的观测相关性低，无法用相似性来提取相同的碎片目标，只能通过每个弧段的定位信息，完成空间碎片的初始轨道参数的解算，然后采用轨道参数的相似性来完成不同轨道弧段的目标识别。

相关算法为：以已知卫星轨道为基准，选择待估状态量(包括轨道根数和可选的待估参数)，建立状态方程和条件方程，选择最小二乘法改进待估状态量。采用传统定轨方法以监视星星历来替换测站坐标，完成轨道改进[16]。

8.6　空间目标定位方法[1]

利用以上天基光学探测手段获取空间"小、暗"运动目标图像、角度等信息，以及波达时间或频率等信息，并采用数据处理方法进行分析，结合探测器的位置或姿态数据以及坐标变换方法等辅助信息，最终得到目标在所需坐标系下(如天球坐标系等)的位置参数(方位、距离和速度等)。以参与探测的卫星数目为分类依据，分为单星、多星和异源传感器协同定位三种。不同的方法适用于对不同数目、运动特性和位置分布的目标进行定位。

具体分类如图 8.6-1 所示。

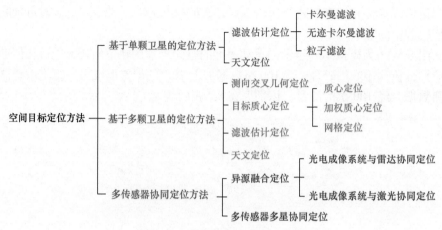

图 8.6-1　空间目标定位方法分类

8.6.1　基于单星定位方法

1) 滤波估计定位

滤波估计定位是一种以目标角度或图像信息作为先验知识,实现目标状态估计的定位方法。滤波估计定位适用于运动速度较快、轨迹多变的机动空间目标,能够估计运动目标的位置和速度矢量。滤波估计定位本质上就是根据动力学方程建立系统状态方程,再由空间几何关系建立目标状态量与观测量之间的观测方程,最后利用滤波方法进行更新迭代,估计出目标的状态参数和位置信息。

运动目标的跟踪定位是典型的非线性问题,可以利用滤波算法求解,经典的滤波算法包括高斯-牛顿(Gauss-Newton)迭代法、卡尔曼滤波(Kalman Filter, KF)及其扩展算法等。

2) 天文定位

天文定位是一种基于图像信息定位的方法,多用于空间碎片等无机动目标的位置解算和空间目标的定轨问题。算法实时性不高。

当目标进入视场中时,拍摄目标及背景恒星的系列星图,再对每帧图像进行星点提取和星图匹配,计算像平面坐标系到地心惯性坐标系的姿态转换矩阵 M_{ic};对图像进行目标检测,得到像平面坐标 (x_c, y_c),最后根据光学系统焦距 f 计算出空间目标的视位置(视赤经 α_0,视赤纬 δ_0)。

$$V_i = M_{ic} V_c \tag{8-31}$$

式中

$$V_i = \begin{bmatrix} \cos\delta_0 \cos\alpha_0 \\ \cos\delta_0 \sin\alpha_0 \\ \sin\delta_0 \end{bmatrix} \tag{8-32}$$

$$V_c = \frac{\begin{bmatrix} -x_c \\ -y_c \\ f \end{bmatrix}}{\sqrt{x_c^2 + y_c^2 + f^2}} \tag{8-33}$$

式(8-31)显示,光电平台姿态误差和目标位置提取误差是影响天文定位精度的主要因素。

8.6.2　基于多星定位方法

相比于单星探测,多星协同观测具有范围广、跟踪和抗干扰能力强、突发情况应对快的优点;合理分配观测任务,获得多维目标信息,能有效提高定位精度。基于光学探测的多星定位方法有目标质心定位、测向交叉定位、滤波估计定位和天文定位。

1) 质心定位

将探测卫星视为多质点系统(设为 N),假设每一个测站的位置为 $P(x_i, y_i, z_i)$,在所有测站的权重都相同的情况下,可以计算得到目标位置的估计值(x, y, z)

$$\begin{cases} x = \dfrac{\sum x_i}{N} \\ y = \dfrac{\sum y_i}{N} \\ z = \dfrac{\sum z_i}{N} \end{cases} \tag{8-34}$$

当测站数量 N 少或分布稀疏时,定位误差会很大。

加权质心定位算法是在质心定位算法的基础上根据卫星位置距离的远近等规则给予不同观测卫星一定权重,再对目标位置进行估计,其定位精度相较于质心定位算法有所提升。

网格定位算法则是将观测卫星均匀部署并排列成网格的形式,对进入探测区域的目标进行探测和位置估计。该方法的定位精度最高,但只适用于大量部署探测器的条件下。

2) 多星测向交叉定位

测向交叉定位方法是在多星同步观测的情况下,根据星载传感器直接或间接获得目标视轴角(一般为方位角和俯仰角)来建立几何模型，然后利用多星视轴的交会关系建立方程组进行目标位置的解算。在星座联合探测的情况下，还需要结合选星算法以期达到最优的定位精度。

以双星测向交叉定位为例，如图8.6-2所示。首先定义传感器坐标系 *S-UEN*：以传感器中心为原点 S，地心 O 与 C 的连线为 U 轴，N 轴位于地球自转轴与 U 轴组成的平面内，指向正北方向，E 轴与 U 轴、N 轴形成右手系。设测量卫星 S_1，S_2 在 J2000 坐标系中的位置是 r_1，r_2。每颗卫星对目标 M 的测量信息是在传感器坐标系 *S-UEN* 下测得的视轴角(方位角和俯仰角)，其中，ψ 为方位角、γ 为俯仰角。

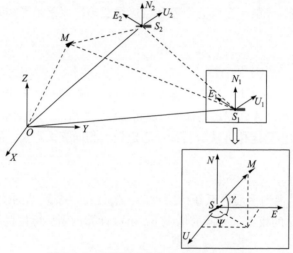

图 8.6-2　双星测向定位角度关系示意图

由图 8.6-2 可得目标 $M(x, y, z)$ 方位角和俯仰角与各探测卫星 (x_i, y_i, z_i) 的位置关系如下：

$$\tan\psi_i = \frac{x - x_i}{y - y_i} \quad (i = 1, 2, \cdots, n) \tag{8-35}$$

$$\tan\gamma_i = \frac{z - z_i}{r_i} \quad (i = 1, 2, \cdots, n) \tag{8-36}$$

式中

$$r_i = \sqrt{(x - x_i)^2 + (y - y_i)^2} \tag{8-37}$$

由式(8-35)可得

$$x_i - y_i \tan\psi_i = x - y \tan\psi_i \tag{8-38}$$

当有 n 个测站时，式(8-38)可表示为

$$\begin{bmatrix} x_1 - y_1 \tan \psi_i \\ \cdots \\ x_n - y_n \tan \psi_i \end{bmatrix} = \begin{bmatrix} 1 - \tan \psi_1 \\ \cdots \\ 1 - \tan \psi_n \end{bmatrix} \begin{bmatrix} x \\ y \end{bmatrix} \tag{8-39}$$

由式(8-36)可得

$$z = r_i \tan \gamma_i + z_i \tag{8-40}$$

联立式(8-39)、式(8-40)可以得到目标的三维坐标。一般而言，高度值取多个测站得到目标高度的平均值，作为最终目标在 z 轴的高度。

8.6.3　异源传感器信息融合协同定位

光电成像探测系统只能获取目标角度信息以及图像位置等二维信息，在缺失距离信息的条件下，计算目标的三维位置需要更多的目标量测和复杂的计算。因此，激光、雷达等组合探测手段的定位方法逐渐发展起来，为实现单星探测解算目标空间位置提供可能。如 8.5 节复合探测中的单目、多目与激光雷达复合定位。

1) 光电成像系统与雷达协同定位

将光电系统的测向性能和雷达的测距性能进行融合，快速解算目标三维空间位置，同时还能提升对目标的连续探测和跟踪能力。

该协同定位多采用分布式融合结构，在选定探测目标后，调度不同传感器节点进行数据协同，将光电系统中目标的成像特征和雷达传感器中的电磁反射特征进行处理，再传送到主节点进行数据融合，确定目标位置。

分布式融合可以使光电和雷达探测器具有独立处理信息的能力，降低探测系统的通信量，同时增强系统的抗干扰能力和可靠性。

2) 光电成像系统与激光协同定位

光电-激光协同定位的方式与光电-雷达协同类似，首先将光学相机和激光传感器获取的目标图像和距离信息进行融合，再通过坐标变换解算出目标位置信息。

我国的载人航天任务空间交会对接中广泛采用了上述两种定位方法，进一步提升了对接定位精度。如图 8.6-3 所示，空间交会对接采用了基于卫星导航设备、微波雷达、激光雷达、光学成像敏感器等的导航敏感器进行远近接力配置。相对测量系统能够在相距百千米范围内提供相对位置测量，并在百米范围同时测量相对位置和相对姿态参数。不同敏感器的测量范围存在交叠，以确保同一区域至少两种敏感器可用，且测量精度由远及近逐渐提高。其中卫星导航设备作

为自主控制段直至 140m 的主导航敏感器，由微波雷达和激光雷达作为备份，主要测量相对位置；140m 以内由光学成像敏感器作为主导航敏感，测量相对位置和姿态。

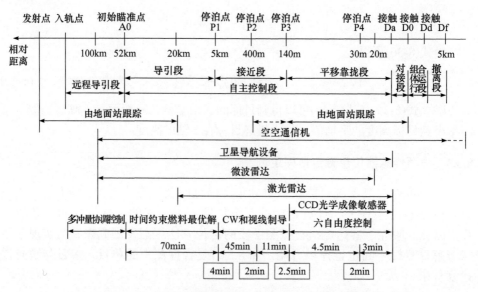

图 8.6-3　神舟飞船自动交会对接飞行阶段示意图[17]

　　不同的定位方法适用于特性各异的空间运动目标。对于空间碎片这类仅受摄动力作用而无机动性能的目标，因其运动速度相对较慢，以上几种定位方法均可适用。在轨航天设备的轨道一般是固定的，因此可以利用滤波估计、质心定位、测向交叉定位算法进行定轨。机动目标的变轨能力强、运动范围广，对定位算法的实时性要求较高，只有滤波估计定位和异源传感器信息融合协同定位算法能满足要求。

8.7　小　　结

　　本章根据空间非合作目标的特点，从光学探测的角度，分析不同探测单元的优缺点。特别是从光学探测角度，分别介绍了双(多)目探测与激光雷达复合探测方法、单目探测与激光雷达复合探测方法。这两种探测方法依托转台系统，实现大范围的搜寻与跟踪定位。

　　在上述基础上，介绍了一种基于星敏感器的多轨道组网式泛在探测方法，可以实现远近目标的搜寻、编目。这种泛在探测方法可以有效利用卫星姿态测量通用设备——星敏感器，在原有测星定姿功能的基础上，用所拍摄原图就可进行非合作目标辨识与定位。扩大了原星敏感器的使用工况。

　　针对"小、暗"运动空间目标重点介绍了单星定位、多星定位以及异源信息融合协同定位方法。

复习思考题

1. 空间主被动光学探测的特点是什么？
2. 什么是激光雷达？由哪几部分组成？
3. 简述激光雷达的测距、测速方法及原理。
4. 简述微波雷达的分类与原理。
5. 光电成像系统按照波段可以分为哪几类？各有什么特点？
6. 如何利用紫外日盲区探测导弹等飞行器？
7. 什么是复合探测？举例说明复合探测的优点。
8. 简述空间目标定位方法。

参 考 文 献

[1] 李瑶, 陈忻, 饶鹏. 空间目标天基光学定位方法综述[J/OL]. 中国空间科学技术: 1-13.http://kns.cnki.net/kcms/detail/11.1859.V.20230222.1501.004.html[2024-01-20].

[2] Keller B S, Tadikonda S S K, Mapar J. Autonomous acquisition, rendezvous, & docking using a video guidance sensor: Experimental testbed results[C]. AIAA Guidance, Navigation and Control Conference, 2002: 1560-1569.

[3] 赵葆常, 杨建峰, 汶德胜, 等. 嫦娥一号卫星 CCD 立体相机的设计与在轨运行[J]. 航天器工程, 2009, 18(1): 30-36.

[4] 戴永江. 激光雷达原理[M]. 北京: 国防工业出版社, 2002.

[5] 华灯鑫, 宋小全. 先进激光雷达探测技术研究进展[J]. 电网技术, 2008, 37: 21-24.

[6] 娄嘉冀, 马静, 李晓威, 等. 微波雷达高精度跟踪环路建模与仿真技术研究[J]. 系统仿真学报, 2022, 34(12): 2619-2628.

[7] 许敬, 张合, 郑鹏飞, 等. 光电成像探测中目标方位测量方法[J]. 强激光与粒子束, 2013, 25(3): 574-578.

[8] 王保华, 李妥妥, 郑国宪. 日盲紫外探测系统研究[J]. 激光与光电子学进展, 2014, 51(2): 159-164.

[9] 贺志强. 日盲紫外探测技术研究[D]. 南京: 南京理工大学, 2016.

[10] 徐培智, 徐贵力, 王彪, 等. 基于立体视觉的非合作目标位姿测量[J]. 计算机与现代化, 2013, 8: 85-91.

[11] 张声浩. 双目 CCD 光电成像测量系统研究[D]. 南京: 南京理工大学, 2008.

[12] 陈世平. 空间相机设计与试验[M]. 北京: 中国宇航出版社, 2003: 132-133.

[13] 张永生, 王涛, 张云彬. 航天遥感工程[M]. 2 版. 北京: 科学出版社, 2010: 90-94.

[14] 段泽伟. 多光谱目标探测与识别技术研究[D]. 北京: 中国科学院, 2014.

[15] Liu M, Wang H, Yi H, et al. Space debris detection and positioning technology based on multiple

star trackers[J]. Applied Sciences, 2022, 12(7): 3593.

[16] 周凤岐, 张轲, 叶修松, 等. 基于星间光学测量的多星联合定轨[J]. 西北大学学报(自然科学版), 2013, 43(1): 27-32.

[17] 解永春, 张昊, 胡海霞, 等. 我国载人航天工程交会对接控制技术发展[J]. 航天器工程, 2022, 31(6): 130-138.

附录一 主要参数

1AU=1.495978930×10^{8}km，一个天文单位(日地平均距离)

$S_{\cdot}$=(1367±7)W/m^2(等效 5777K 黑体)，太阳总辐照度，即惯称的太阳常数

L_e=2.01×10^{7}W/(m^2·sr)，太阳的平均辐亮度

L=1.95×10^{9}cd/m^2，太阳的平均光亮度

R_s=6.9599×10^{8}m，太阳半径

M=5.997×10^{24}kg，地球质量

r_0=6371.23km，地球平均半径

R_e=6378.145km，地球赤道半径

μ=398600.5km^3/s^2，地球的引力常数

M_{earth}=237W/m^2，地球的辐射出射度

p_0=1atm=1.01325×10^{5}Pa=1.01325×10^{5}N/m^2，1 标准大气压

$c_{水}$=4.184J/(g·℃)，水的比热容

$c_{岩石}$=0.8368J/(g·℃)，岩石的比热容

n=1.000273，常温常压下空气的折射率

n=1，c=299792458m/s≈3×10^{8}m/s，真空状况下光的折射率与光速

n_{He}=1.000033，氦气的折射率

1eV=1.6×10^{-19}J，1eV 的能量

1Gy=1J/kg=100rad(Si)≈119R，辐射剂量单位换算

h=6.62607015×10^{-34}J·s，普朗克常量

g≈9.8m/s^2=9.8N/kg，重力加速度

v_1=7.9km/s，第一宇宙速度

E_0=2.96×10^{-14}W/mm^2，0 等星的辐照度

E=8.3×10^{-9}lx，目视星等为 1 的星在地面的照度

R=8.3145J/(mol·K)，摩尔气体常数

G=6.672×10^{-11}N·m^2/kg^2，万有引力常数

k=1.381×10^{-23}J/K，玻尔兹曼常数

c_1=3.7418×10^{8}W·μm^4/m^2，第一辐射常数

c_2=1.4388×10^{4}μm·K，第二辐射常数

σ=5.6697×10^{-8}W/(m^2·K^4)，斯特藩-玻尔兹曼常数

附录二 主要缩略词及中英文对照

第 1 章

AOTF	Acousto-optic Tunable Filter	声光可调谐滤波器
CSS	China Space Station	中国空间站，又称天宫空间站
CSST	China Space Station Telescope	中国巡天空间望远镜
DAMPE	Dark Matter Particle Explorer	暗物质粒子探测卫星，"悟空号"
EMC	Electro Magnetic Compatibility	电磁兼容性
EOL	End of Lifetime	寿命末期
ESD	Electrostatic Discharge	静电放电
FMEA	Failure Mode and Effect Analysis	失效模式和影响分析
FTA	Fault Tree Analysis	故障树分析
GRB	Gamma-ray Burst	伽马射线暴，伽马暴
HXMT	Hard X-ray Modulation Telescope	硬 X 射线调制望远镜
HERD	High Energy Cosmic-Radiation Detection facility	高能宇宙辐射探测设施
HST	Hubble Space Telescope	哈勃空间望远镜
InSAR	Interferometry Synthetic Aperture Radar	合成孔径雷达干涉
JWST	James Webb Space Telescope	詹姆斯·韦伯空间望远镜
LHAASO	Large High Altitude Air Shower Observatory	高海拔宇宙线观测站
LiDAR	Light Laser Detection and Ranging	激光雷达
LUVOIR	Large UV/Optical/Infrared Telescope	大型紫外/光学/红外望远镜
MIR	Mid Infrared	中红外
NASA	National Aeronautics and Space Administration	(美国)国家航空航天局
OAO	Orbiting Astronomical Observatory	轨道天文台

R-C	Ritchey-Chrétien	里奇-克雷蒂安
SAR	Synthetic Aperture Radar	合成孔径雷达
SVOM	Space-based Multi-band Astronomical Variable Objects Monitor	天基多波段空间变源监视器
SWIR	Short-wave Infrared	短波红外

第 2 章

AO	Atom Oxygen	原子氧
CCD	Charge Coupled Device	电荷耦合器件
CF	Carbon Fiber	碳纤维
CF/EP	Carbon Fiber Reinforced Epoxy Resin	碳纤维增强环氧树脂
CIRs	Corotating Interaction Regions	共旋相互作用区
CMEs	Coronal Mass Ejection	日冕物质抛射
CMOS	Complementary Metal Oxide Semiconductor	互补金属氧化物半导体
CTE	Charge Transfer Efficiency	电荷转移效率
CVCM	Collectable Volatile Condensable Materials	可凝聚挥发物
DCD	Deep Charging and Discharging	深层（或内部）充放电
DDD	Displacement Damage Dose	位移损伤效应
DSP	Digital Signal Processor	数字信号处理器
EMP	Electromagnetic Pulse	电磁脉冲
ELDRS	Enhanced Low Dose Rate Sensitivity	低剂量率辐射损伤增强效应
EP	Epoxy Resin	环氧树脂
ERB	Earth Radiation Belt	地球辐射带
ESA	European Space Agency	欧洲航天局，简称欧空局
ESD	Electrostatic Discharge	静电放电
EUV	Extreme-Ultraviolet	极紫外
EUVSH	Equivalent Ultraviolet Solar Hour	等量紫外线日照时间
FEP	Fluorinated Ethylene Propylene	聚全氟乙丙烯

FUV	Far Ultraviolet	远紫外
FPGA	Field Programmable Gate Array	现场可编程门阵列
GCR	Galactic Cosmic Ray	银河宇宙线
GEO	Geostationary Earth Orbit	地球同步轨道，也称地球静止卫星轨道
GTO	Geostationary Transfer Orbit	地球同步转移轨道
HEO	Highly Elliptical Orbit	高椭圆轨道
IADC	Inter-Agency Space Debris Coordination Committee	机构间空间碎片协调委员会
ITO	Indium Tin Oxide	氧化铟锡
LEO	Low Earth Orbit	低地球轨道
LET	Linear Energy Transfer	线性能量传输，传能线密度
MEO	Medium Earth Orbit	中地球轨道
MOSFET	Metal-Oxide-Semiconductor Field-Effect Transistor	金属-氧化物-半导体场效应晶体管
NIEL	Non Ionizing Energy Loss	非电离能量损失效应
NUV	Near Ultraviolet	近紫外
PCB	Printed Circuit Board	印制线路板
PE	Polyethylene	聚乙烯
PEO	Polar Earth Orbit	极地地球轨道，极轨
PI	Polyimide	聚酰亚胺
POL	Standard Polar Orbit	标准极轨道
POSS	Polyhedral Oligomeric Silsesquioxane	笼状聚倍半硅氧烷
PTFE	Polytetrafluoroethylene	聚四氟乙烯
PV	Peak to Valley	峰谷
QVD	Quasi Volume Diffuser	石英体积漫反射板
RDM	Radiation Design Margin	辐射设计余量
RML	Recovered Mass Loss	恢复后的质量损失
SAA	South Atlantic Anomaly	南大西洋异常区

SCD	Surface Charging and Discharging	表面充放电
SCR	Solar Cosmic Ray	太阳宇宙线
SEB	Single Event Burnout	单粒子烧毁
SEE	Single Event Effect	单粒子效应
SEGR	Single Event Gate Rupture	单粒子栅击穿
SEL	Single Event Latchup	单粒子锁定
SEM	Scanning Electron Microscope	扫描电镜
SEP	Single Event Phenomena	单粒子现象
SESD	Spacecraft-charging Induced Electrostatic Discharging	充放电效应
SET	Single Event Transient	单粒子瞬变
SEU	Single Event Upset	单粒子翻转
SRAM	Static Random-Access Memory	静态随机存取存储器
SSN	Space Surveillance Network	美国空间监视网
SSO	Sun-Synchronous Orbit	太阳同步轨道
TDE	Total Dose Effect	总剂量效应
TID	Total Ionizing Dose	电离总剂量
TML	Total Mass Loss	总质量损失
TSI	Total Solar Irradiance	太阳总辐照度
ULE	Ultra-Low Expansion	超低膨胀系数
UNCOPUOS	United Nations Committee on the Peaceful Uses of Outer Space	联合国和平利用外层空间委员会
VUV	Vacuum Ultraviolet	真空紫外
WVR	Water Vapor Regained	水蒸气回吸率

第 3 章

CFRP	Carbon Fiber Reinforced Polymer	碳纤维增强塑料
CTE	Coefficient of Thermal Expansion	热膨胀系数
ESS	Enviroment Stress Screening	环境应力筛选

GRMS	Generalized Root Mean Square	总均方根值
LOS	Line of Sight	视轴
MTF	Modulation Transfer Function	调制传递函数
SNR	Signal-to-Noise Ratio	信噪比
STOP	Structure-Thermal-Optical Performance	结构-热-光学性能
VSR	Vibrating Stress Relief	振动应力释放
WFE	Wave Front Error	波前误差

第 4 章

AU	Astronomical Unit	天文单位，即日地平均距离
AVHRR	Advanced Very High Resolution Radiometer	先进甚高分辨率辐射仪
DOAS	Differential Optical Absorption Spectroscopy	差分吸收光谱技术
DS	Diffraction Spike	衍射尖峰，星芒
TSI	Total Solar Irradiance	太阳总辐照度

第 5 章

CCR	Corner Cube Reflector	角反射器，角锥棱镜
LAGEOS	Laser Geodynamics Satellite	激光地球动力学卫星
LD	Laser Diode	激光二极管
LED	Light Emitting Diode	发光二极管
RMS	Root Mean Square	均方根

第 6 章

BRDF	Bidirectional Reflectance Distribution Function	双向反射分布函数
MLI	Multilayer Insulation	多层隔热材料
RCS	Radar Cross Section	雷达截面积

第7章

DR	Dynamic Range	动态范围
EE	Encircled Energy	能量集中度
FOV	Field of View	视场
GSD	Ground Sample Distance	地面分辨率
HRV	High Resolution Visible	高分辨率可见光(扫描仪)
IFOV	Instantaneous Field of View	瞬时视场
MTF	Modulation Transfer Function	调制传递函数
NETD	Noise Equivalent Temperature Difference	噪声等效温差
PD	Photodiode	光电二极管
SNR	Signal-to-Noise Ratio	信噪比

第8章

AVGS	Advanced Video Guidance Sensor	先进视频制导敏感器
GNC	Guidance，Navigation and Control	制导、导航与控制系统
GPS	Global Positioning System	全球定位系统
LRCS	Laser Radar Cross Section	激光雷达散射截面
LWIR	Long-wave Infrared	长波红外
MWIR	Mid wave Infrared	中波红外
NIR	Near Infrared	近红外
VGS	Video Guidance Sensor	视频制导敏感器

附录三　角反射器入射角与有效反射面积及相位角的关系

```
%　角反射器口径 33mm，材料 JGS1，在 850nm 波长下折射率为 1.4525
n=1.4525；　% 初始折射率值，可按照实际波长下的折射率修改数据
R=33/2；　%圆形角反射器底面半径，可修改为实际半径
I=0:1:50；　%入射角
L=R*2^0.5；　% 角锥棱镜的高度
I1=(asin(sin(I*pi/180)/n))*180/pi；　%折射角
D=2*L*tan(I1*pi/180)　% 入射出射光束中心距
thet=(acos(D/(2*R)))*180/pi；
phi=0；　% 相位角。初始相位角为 0，可按照需要修改
D1=D/cos(phi*pi/180)
S=(2.*thet.*(R.^2)).*(pi./180)-D.*((R.^2)-((D).^2./4)).^0.5；

delta_S=S/(pi*R^2)；　% 相对有效面积
%figure,plot(I,S)　　%此句是要求画出两侧的拟合曲线图
%xlabel('入射角(°)');
%ylabel('有效反射面积(mm^2)')
%grid on
phi2=16
D2=D/cos(phi2*pi/180)
thet2=(acos(D2/(2*R)))*180/pi
S2=(2.*thet2.*(R.^2)).*(pi./180)-D2.*((R.^2)-((D2).^2./4)).^0.5
delta_S2=S2/(pi*R^2)　　% 相对有效面积


phi3=30；
D3=D/cos(phi3*pi/180)；
thet3=(acos(D3/(2*R)))*180/pi；
S3=(2.*thet3.*(R.^2)).*(pi./180)-D3.*((R.^2)-((D3).^2./4)).^0.5
delta_S3=S3/(pi*R^2)；　% 相对有效面积


phi4=50；
D4=D/cos(phi4*pi/180)；
thet4=(acos(D4/(2*R)))*180/pi；
```

```
S4=(2.*thet4.*(R.^2)).*(pi./180)-D4.*((R.^2)-((D4).^2./4)).^0.5
delta_S4=S4/(pi*R^2);    % 相对有效面积


figure,plot(I,delta_S,'y',I,delta_S2,'g',I,delta_S3,'r',I,delta_
S4,'b')    %此句是要求画出两侧的拟合曲线图
xlabel('入射角(°)');
ylabel('归一化的有效反射面积')
grid on
clear all
```

关键词索引

应用案例索引

第 7 章

第 8 章